装配式装修技术与部品应用手册

APPLICATION MANUAL FOR ASSEMBLED DECORATION TECHNOLOLY AND PARTS

中国房地产业协会内装产业专业委员会
北京中创建科信息技术有限公司 组织编写

中国建材工业出版社

图书在版编目（CIP）数据

装配式装修技术与部品应用手册/中国房地产业协会内装产业专业委员会，北京中创建科信息技术有限公司组织编写．--北京：中国建材工业出版社，2023.4

ISBN 978-7-5160-3692-1

Ⅰ.①装… Ⅱ.①中… ②北… Ⅲ.①装配式构件—建筑装饰—工程装修—手册 Ⅳ.①TU767-62

中国国家版本馆CIP数据核字（2023）第005842号

装配式装修技术与部品应用手册

ZHUANGPEISHI ZHUANGXIU JISHU YU BUPIN YINGYONG SHOUCE

中国房地产业协会内装产业专业委员会
北京中创建科信息技术有限公司 组织编写

出版发行：中国建材工业出版社

地　　址：北京市海淀区三里河路11号

邮　　编：100831

经　　销：全国各地新华书店

印　　刷：北京天恒嘉业印刷有限公司

开　　本：787mm×1092mm　1/16

印　　张：14.5

字　　数：350千字

版　　次：2023年4月第1版

印　　次：2023年4月第1次

定　　价：168.00元

本社网址：www.jccbs.com，微信公众号：zgjcgycbs

请选用正版图书，采购、销售盗版图书属违法行为

本书编委会

主任委员：陈宜明

副主任委员：陈　琬　张建新

编　　委：（排名不分先后）

杨承红　黄心怡　刘长春　刘　勃

李　亘　董　蕾　刘云龙　孔占康

马红军　陈大男　顾　骁　赵志刚

唐海军　刘明海　房永超　于京浩

张轶然　于文龙　余　广　林　超

顾　程　谭　勇　詹路英　熊少波

陈　锐　张　恪　刘　妍　杨春林

指导单位：中国房地产业协会

主要编写单位：（排名不分先后）

中国房地产业协会内装产业专业委员会
南京长江都市建筑设计股份有限公司
苏州柯利达装饰股份有限公司
北京市住宅建筑设计研究院有限公司
龙湖塘鹅美装饰有限公司
和能人居科技（天津）集团股份有限公司
北新建材集团股份有限公司
芜湖科逸住宅设备有限公司
惠达住宅工业设备（唐山）有限公司
上海品宅装饰科技有限公司
变形积木（北京）科技有限公司
圣象集团有限公司
浙江中财管道科技股份有限公司
广东东鹏控股股份有限公司
安必安新材料集团有限公司
北京市燕通建筑构件有限公司
安徽同心林塑胶科技有限公司
重庆集凯科技服务有限公司
广州孚达保温隔热材料有限公司
北京中创建科信息技术有限公司

前言
PREFACE

近年来，我国装配式建筑迅速发展。在《关于大力发展装配式建筑的指导意见》（国办发〔2016〕71号）和《绿色建筑创建行动方案》（建标〔2020〕65号）等一系列政策中，已明确提出大力发展装配式建筑，加快推进装配化装修，实施绿色施工，推广应用绿色建材及新技术，提升装配式建筑的绿色示范水平。根据住房城乡建设部及各地方出台的政策显示，到2025年我国装配式建筑占新建建筑面积的比例将达到50％以上，由此创造的装配式建筑装修市场规模有望达到6000亿元，复合增速将超过30％。

装配式装修是未来建筑装饰行业发展的必然趋势，为了更好引导行业发展，推行标准模块化设计，推广应用装配式部品与技术，宣传典型示范项目，在中国房地产业协会的指导下，中国房地产业协会内装产业专业委员会和北京中创建科信息技术有限公司组织业内大型设计院、装饰公司、施工单位、部品生产企业等单位，联合编写了《装配式装修技术与部品应用手册》一书。

本书主要围绕建筑的室内装配式装修，阐述和总结了装配式装修的发展与设计、隔墙系统、墙面系统、集成吊顶系统、楼地面系统、整体厨房、整体卫生间、典型示范项目案例等方面的内容，整体梳理了装配式装修的总体设计要求与技术体系，各功能系统的基本做法，装配式部品的应用，创新技术与项目实践等方面的内容。

本书内容丰富、重点突出、技术性强、实用性强，适合装配式建筑领域的相关建设单位、设计单位、施工单位、产品生产企业的专业技术人员及其他相关从业者参考学习和使用。

由于时间有限，书中难免有不妥之处，敬请广大专业人员和读者批评指正。

本书编委会
2023年2月

目录

CONTENTS

第 1 章 装配式装修的发展与设计

1.1 装配式装修的概述

1.1.1 装配式装修的概念

装配式装修是指采用干式工法，将工厂生产的装修部品部件、设备和管线等在现场进行组合安装的一种装修方式。装配化装修综合考虑了结构系统、外围护系统、设备与管线系统等进行一体化设计。

装配式装修包含了装配式部品系统，也包含了内装的设备管线系统。二者缺一不可，又相互分离（即管线分离）。装配式装修的所有部品部件标准化设计、定制化生产、现场干式工法作业，可提高施工效率、优化建筑功能、减少浪费、降低成本。装配式装修区别于传统现场湿作业的装修方式，在装配式建筑的建造过程中，装配式装修与装配式建筑的主体结构、机电设备等系统进行一体化设计与同步施工。

装配式装修室内工程主要包括吊顶、墙体墙面、地面装饰、收纳、设备管线等；装配式装修室外工程主要包括外墙体装饰、散水及附属工程等。本书内容主要以室内装配式装修为主。

1.1.2 装配式装修的基本特征

装配式装修具有标准化设计、工厂化生产、装配化施工、信息化协同的工业化思维，与传统装修相比，装配式装修重工厂、轻现场，施工速度快、质量好、成本省，如图 1-1 所示。

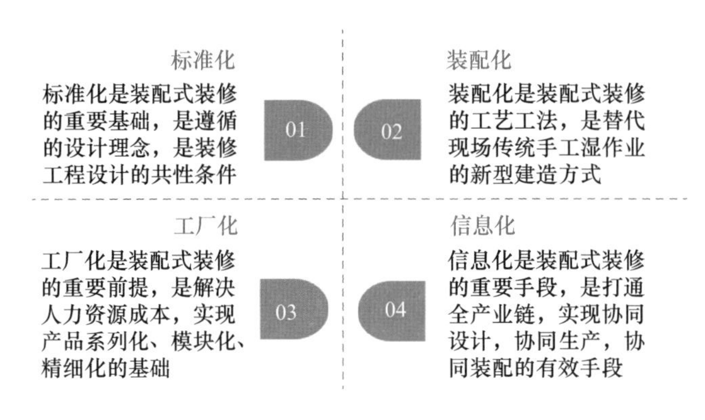

图 1-1 装配式装修的四个重要特征

装配式装修具有明显的优点，工程质量易控，提升工效、节能减排、易于维护，充分体现了装配式建造方式的优势。因此，装配式装修成为装配式建筑的重要环节和组成部分。装配式装修具有三个技术特征，即干式工法、管线分离、工业化生产。

1. 干式工法

装配式装修采用干式工法，避免了传统装修以石膏腻子、砂浆找平、砂浆（黏结剂）粘接等湿作业的找平和连接方式，通过锚栓、支托、结构胶等方式实现可靠的支撑和连接，是一种加速内装工业化进程的装修工艺。

全干式作业有以下几点好处：彻底规避了原先湿作业必要的工序衔接间歇，极大地缩短了装修工期；因为工艺工法的改变，彻底杜绝了因湿作业而必然产生的开裂、空鼓、起砂、脱落等各种质量通病；通过工艺工法的升级换代，避免了传统工艺因工人水平参差不齐而出现质量不可控的情况，因部品部件工厂化生产，现场傻瓜式安装，能基本确保施工成品质量，保证完成效果及品质；有利于后期的翻新维护，可小面积更换，材料可回收再利用，减少翻新成本与施工时间。

2. 管线分离

装配式装修中，设备管线与原结构分离，填充在装配式空间 6 个面与原结构面之间的空腔里。这样做的目的有几点：因为没有了对原结构墙体、梁柱的剔凿，不会破坏原先的结构构造，从而保证了主体结构的使用寿命；管线与结构分离后，减少了剔凿及修复工序，降低了安装设备管线的难度，从而减少设备管线系统的人工、辅料及建造成本；减少后期的运维成本，因管线与结构分离，更便于设备管线系统的检查与维护。

3. 工厂化生产

在装配式装修体系中，传统装修的各项工序进行了整合成为了装配式部品部件。装配式部品部件的工业化生产，极大程度可解决施工生产的尺寸误差不可控问题，并且实现了装修部品部件之间的系统集成和模块化、批量化，性能提升的同时实现了全干式工法，保证交付质量。部品定制强调装配式装修本身是定尺化装修，通过现场放线测量、采集数据、精确排版后，工厂按照每个装修面来生产各种标准与非标准的部品部件，从而实现施工现场不动刀锯，减少现场二次加工的目标。在保证制造精度与装配效率的同时，有利于施工现场环境的整洁，更有利于减少二次装修垃圾、装修废料，从而减少了噪声、粉尘、垃圾等环境污染。

1.1.3 装配式装修行业发展概况

1. 装配式装修行业的发展背景

自 2016 年以来，在国家和地方政府的持续推动下，装配式建筑得到了蓬勃发展。在装配式建筑的发展带动下，“装配式装修”作为装配式建筑的重要组成部分，得到了业界以及装饰行业的高度重视，已成为我国建筑装饰装修发展的主流趋势。进入新时代，国家明确提出了 2030 年实现碳达峰、2060 年实现碳中和的目标，建筑材料占建筑领域碳排放总量的 40%左右，装饰装修行业的绿色低碳发展面临着巨大压力和挑战。2022 年 1 月，住房城乡建设部印发了《“十四五”建筑业发展规划》，明确提出要大力发展装配式建筑要求，积极推进装配化装修方式。装配式装修的快速、高质量发展，一方面能促进建筑业转型升级、实现高质量发展的必然选择，也是住房和城乡建设实现绿色发展、“双碳”目标的重要环节，更是推动装配式建筑和新型建筑工业化发展的必然要求。

2. 装配式装修与装配式建筑

装配式装修是“新型建筑工业化”的重要组成部分。新型建筑工业化是以“建筑物”为最终产品，通过技术与管理融合创新，达到设计标准化、生产工厂化、施工装配化、装修一体化、管理信息化，并形成专业化分工协作的产业链和社会化大生产，从而全面提升建筑工程质量、效率和效益。在新的发展阶段，国家提出了“新型建筑工业化”发展要求，“新型”主要区别之前的建筑工业化，“新”在与信息化深度融合，“新”在从“工地”向“工厂”转变，“新”在从传统粗放建造方式向新型工业化建造方式转变，如图 1-2 所示。

新型建筑工业化是以信息化带动的建筑工业化，以建筑工业化融合信息化，走出一条科技含量高、工程质量优、效率效益好、资源消耗低、环境污染少、人力资源优势得到充分发挥的高质量发展道路，最终实现建筑产业现代化。装配式建筑、新型建筑工业化、建筑产业现代化是三位一体、一脉相承的，我国新型建筑工业化是由装配化迈向新型建筑工业化，通过工业化实现建筑产业现代化。另外，从装配式装修与装配式建筑之间的关系来看，二者是既相互依存又相互独立的关系。

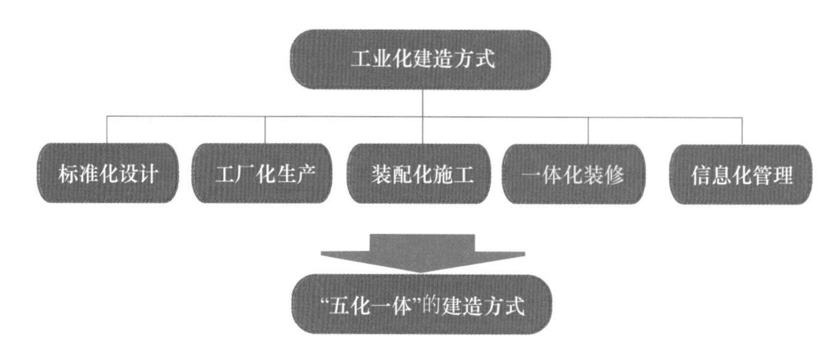

图 1-2 工业化建造方式

（1）从新建建筑角度来看，装配式建筑包含了装配式装修。装配式建筑既要考虑主体结构的工业化建造方式，也要考虑内装的工业化建造方式，使得结构与内装两者相互影响。同时装配式建筑遵循内装与结构分离的理念，又体现了结构与内装的相互独立性。

（2）从既有建筑角度来看，装配式装修作为在既有建筑内装改造中可以采用的一种创新的装修方式，是独立于装配式建筑的工业化建造方式。随着我国城市更新和既有建筑改造进入新的时代，装配式装修的独立应用场景会越来越多，包括且不限于住宅、酒店、公寓、学校、医院、商业办公区等等。

3. 装配式装修与传统装修

装配式装修是传统装修方式的重塑，是传统装修行业的一次创新发展、产业升级。装配式装修创新利用工业化生产和干法施工的方式，取代传统现场湿作业装修方式，解决了传统装修因重度依赖人工手艺而带来的人工问题、环境问题和质量问题，提高了居住和工作环境品质，成为装修行业的发展突破口。因此，装配式装修是建筑装饰行业发展必然趋势，将推动传统装修建造方式革新，促进装修装饰行业实现标准化和工业化。总之，装配式装修有利于提高工程质量和品质、减少劳动用工和资源、改善施工条件和环境、控制装修成本和进度、实现建筑节能和减碳、提升工程效率和效益。

（1）从项目运作流程来看，装配式装修的方案阶段和施工阶段前置，与建筑方案同步设计、施工。设计阶段前置，将对建筑结构、装修一体化的设计能力要求有明显提升。建筑信息模型（BIM）是建筑一体化设计的重要辅助工具，对于在 BIM 方面有技术积累的企业将在装配式装修行业竞争中将更能体现竞争优势。施工阶段前置，与主体结构交叉施工。传统装修方式所有施工作业均在现场完成，而装配式装修将原本的施工作业拆分为“工厂部品生产＋现场安装”两部分，相比传统方式，体现装配式装修“重工厂、轻现场”。

(2) 从产品角度来看，装配式装修的工业化思维设计理念将八大装修模块拆分成多种部品部件，而装修公司对每种部品部件提供若干选项，由此形成标准化中的个性化，产品选择性"多"。设计可以聘请更优秀的团队来完成，而费用则可以由选择该体系的所有用户共同承担，相比于传统装修每户单独设计，装配式装修设计更具性价比。部品制造在工厂加工，现场仅安装施工，装修精度大幅提升至毫米级，人为因素影响大幅降低，装修品质更容易得到保障，"好而省"。

(3) 从建造环节来看，由于装配式装修分为"工厂部品生产＋现场安装"两部分，工厂部品生产不影响工程进度，而现场安装要求全部采用干法施工、没有二次加工，因此施工周期相比传统方式大幅缩短。根据北京保障房中心的经验数据，一套 $50m^2$ 的公租房采用装配式装修工期仅需 6d，而传统装修工期为 30d，施工效率提升明显。

(4) 从材料角度来看，装配式装修采用硅酸钙复合板、岩棉等环保材料，基本做到零甲醛，相比于传统装修更加环保；虽然环保材料价格相对更贵，但材料用量大幅下降。根据《装配式住宅内装技术与成本实例分析》的研究成果，装配式装修综合材料直接费用相比传统装修仍然上升 11％，但项目的综合经济效益将间接通过人工费用节省、融资成本降低来抵消。

(5) 从运维角度来看，由于装配式装修部品部件均采用现场干法安装，后期部品部件需要更换维修十分方便，直接拆除连接螺栓即可；管线与结构分离的设计方式，后期管线维修更换不会破坏主体结构。因此，装配式装修后期维护成本相对较低，可谓之"省"。

4. 装配式装修行业市场规模

装配式建筑推广主要开始于 2017 年，装配式装修是与装配式建筑同时诞生的概念，由于相关技术规范体系的建立滞后，装配式装修的推广要晚于装配式建筑。根据住房城乡建设部的统计，2018 年新开工装配式装修建筑面积为 699 万平方米，占新开工全装修建筑面积的比例为 5.77％；2019 年新开工面积为 4529 万平方米，同比增长 547.93％，占新开工全装修建筑面积的比例为 18.97％。虽然起步较晚，但已处于快速增长的轨道中。到 2021 年，我国装配式装修面积已经达到了 8308 万平方米。据测算，预计到 2025 年我国装配式建筑占新建建筑的比例达 50％以上，由此创造的装配式建筑装修市场规模有望达到 6000 亿元，复合增速超过 30％。

5. 装配式装修行业存在的问题

虽然我国装配式装修行业近年来始终处于高速发展阶段，但行业发展还存在以下 3 方面的问题。

1）对装配式装修的认识不到位

认为装配式装修就是“装配”。忽视装配式装修内在的工业化的本质要求，在装修设计、建造技术、施工组织等方面，依然采用传统装修的方式方法。甚至有的项目选择装配式装修只是为了应付政策“装配率得分”，有的项目单纯重视装修设计表面效果，对于装修成套技术、工法缺乏系统研究和应用。为了“装配”而装配，说一套、做一套。另外，认为装配式装修就是“高成本”。忽视装配式装修的技术集成与集约化管理是企业提质增效的根本性问题，缺失向管理要效益的生产经营理念和管理模式。

2）装修工程与建造全过程脱节

在建筑设计方面，装修设计与建筑设计脱节，与主体结构的设计缺乏协同配合；在建造技术方面，装修技术与工程技术脱节，技术、工法相互割裂、各自为政；在产品生产方面，装修部品与建造技术脱节，忽视产业之间的关联性、系统性；另外，还存在装修企业生产技术与管理脱节，价值链、供需链得不到充分发挥；装修行业与建筑业分割管理严重，技术标准、市场监管不统一等问题。

3）装修行业全产业链的水平低

装修行业结构失衡，缺乏专业化的分工协作，同质化竞争严重；与各行业间关联性、系统性差，尚未形成协同高效的产业体系；建造方式传统粗放，缺乏工厂化生产、精益建造的“工匠”精神；企业的技术与管理严重脱节，价值链、供需链得不到充分发挥；企业核心能力不强，技术集成能力和一体化组织能力十分薄弱；工人技能素质偏低，依赖“离散度高”的劳务市场。

6. 装配式装修应用领域分析

目前，装配式装修技术与部品主要包括顶、墙、地、厨、卫五大硬装体系及智能化、地暖、布线、给水、门窗、隔断、后置品等功能体系，基本上能够完全覆盖室内装饰的各个部分。但受限于不同地区、项目的装饰风格、功能需求、经济指标等要素影响，各业态在选择装配式技术和部品时会进行灵活搭配。

1）高品质住宅建设领域

对于房地产而言，随着经济社会发展、人民群众生活水平的提高，人们对住宅户型设计、功能配置等方面的需求升级，产品供给也需要根据需求变化不断进行调整，才能满足人们日常生活的需要。住房城乡建设部研究报告指出，所谓高品质住宅是指以与环境相和谐共生、符合绿色可持续性建设为理念，以统筹考虑住宅建筑全寿命期内的规划设计、生产建造、维护管理和改造更新等全过程为基础，并应采用绿色节能环保的新技术、新工艺、新材料和新设备，通过提高质量效益，提高建筑寿命、住宅耐久性能、适应性能，全面保障居住优良品质与资产价值的绿色可持续住宅建筑。高品质住宅不仅应涵盖“品质住宅、商业配套、园林景观、运动场所”，还应提供“舒适居住、生活便利、适老养老、休闲休憩、健康运动”完整配置。高品质住宅同步关注绿色建筑和健康建筑，保证建筑安全耐久、节能环保、绿色低碳、品质优良、运维维护等。高品质住宅应基于社会可持续发展和人类健康生活，兼顾经济效益、社会效益和环境效益，综合体现科技与舒适、文化与品位、生态与健康、智能与安全、适用与经济。

在高品质住宅建设的浪潮之下，必将对整个行业产生巨大的刺激效应。对地产公司而言，装配式装修既可以提升住宅品质、形成差异化竞争，还可以提高销房水平及周转率。地产公司尤其是二三线地产公司，对于精装房的管理能力、售房能力、交房能力会稍弱于一线龙头，选择装配式装修无论是在提升品质与质量、弥补短板、加快周转、提升资金循环效率、形成差异化竞争等方面都有很大帮助。此外，在部品产品应用上，从整体市场的推广情况来看，在住宅领域中大面积应用的有墙面系统、地面系统、卫浴系统和厨房系统，装配式吊顶系统现阶段因其特定的规格尺寸和造价因素，相对来说应用较少。

2）保障房建设领域

保障性住房建设是保障性安居工程的重要组成部分。2011 年 9 月，国务院办公厅发布《关于保障性安居工程建设和管理的指导意见》，定义保障性住房建设包括廉租房、公租房、经济适用房、限价房 4 项。2021 年 12 月，中央经济工作会议提出，要坚持房住不炒的定位，加强预期引导，探索新的发展模式，这是针对房地产领域首次提出“新发展模式”，为后续较长时期房地产领域的工作奠定了总体基调。实践表明，加大力度培育保障性租赁住房市场，正是探索新发展模式最为重要的顶层设计与长远规划，意义深远。根据住房城乡建设部最新数据显示，截至 2022 上半年，全国已有接近 30 多个省区市出台了加快发展保障性租赁住房的实施意见，其中 40 个重点城市提出了“十四五”保障性租赁住房的发展目标，计划新增保障性租赁住房 650 万套（间），预计可解决 1300 万人的住房困难。截至 2022 年 6 月，全国总计租赁地块供给 1000 余宗。2021 年 12 月，住房城乡建设部发布《关于加强保障性住房质量常见问题防治的通知（征求意见稿）》，提出保障性住房建设应采用工程总承包模式，大力推广装配式等绿色建造方式。随着保障房在政策推动下即将进入快速发展阶段，装配式建筑需求有望得到释放，“十四五”期间新建保障性租赁住房中装配式建筑面积约 4.6 亿平方米。

保障性住房的建设方式分为政府直接建设、政府和企业共建及企业独立建设三种模式。由政府出资建设的公租房及保障性租赁住房其单方装标一般为每平方米 800～1200 元，考虑到装配式装修在前期投入比重较大，各地安居集团也在探索装配式内装的应用，并调整自己的装配式内装修标准。因而在装配式装修的产品选用上，一般选择在墙面、地面、卫浴或厨房等部分区域选择装配式，进行灵活搭配。除此之外，部分装配式装修企业也都纷纷推出自己的保障性住房建设标准解决方案，从设计、技术及施工、维保等环节为业主单位提供全过程的咨询服务。

3）城市更新领域

实施城市更新行动是党的十九届五中全会作出的重要决策部署。城市更新对转变城市开发建设方式、推动城市高质量发展、不断满足人民群众日益增长的美好生活需要，具有重要而深远的意义。城市更新是指对城市建成区内城市空间形态和城市功能的持续完善和优化调整。城市更新是转变城市开发建设方式、推动城市高质量发展、不断满足人民群众日益增长的美好生活需要的必然之路。从其应用场景来看，包括：

（1）老旧小区改造和老房装修市场。以保障老旧平房院落、危旧楼房、老旧小区等房屋安全，提升居住品质为主的居住类城市更新。

（2）商业、酒店、租赁住房、办公装修市场。以推动老旧厂房、低效产业园区、老旧低效楼宇、传统商业设施等存量空间资源提质增效为主的产业类城市更新。

（3）医养、公建、教育装修市场。以更新改造老旧市政基础设施、公共服务设施、公共安全设施，保障安全、补足短板为主的设施类城市更新。

（4）公建装修市场。以提升绿色空间、滨水空间、慢行系统等环境品质为主的公共空间类城市更新。

（5）住宅、综合型装修市场。以统筹存量资源配置，优化功能布局，实现片区可持续发展的区域综合性城市更新。

根据相关政策规划，“十四五”期间，我国要完成2000年底前建成的21.9万个城镇老旧小区改造，基本完成大城市老旧厂区改造，改造一批大型老旧街区，因地制宜改造一批城中村。中国房地产业协会数据显示，我国未来每年有8亿平方米的存量需要更新，城市更新早就不是万亿级的市场，应该很快变成10万亿级的市场。城市更新将成为未来10～20年最重要的地产行业关键词。随着工业4.0的推进，绿色环保越来越受到重视，装配式装修在城市更新市场中也会快速地扩张。装配式装修不仅在节能环保、降低成本、提高质量方面有重大成就，更将在整个城市更新和可持续发展方面有重大贡献。

4）商场广场装修领域

装配式装修部品的产品特性决定其目前只能运用在室内场所。商场作为人员密集型场所，在材料选择上更加注重材料的防火等级、材料的易用性和耐用性、材料饰面是否美观以及个性化的定制、后期维保是否方便等。此外，还关注整体施工周期是否有缩减，装修过程当中粉尘是否能够有效控制。从以上几点来看，装配式装修部品产品有着天然优势。在产品应用上，主要应用墙面和顶面部品产品，墙面产品的丰富性基本能够满足商场装修的设计风格；商场在地面的选型基本上以石材、瓷砖为主。目前，华润、龙湖等集团商场均已形成标准化体系，在全国进行大面积铺开，装配式装修通过工厂化生产、标准化设计，对商场的标准化体系建设进行赋能。

5）商务楼装修领域

近年来，商务办公楼在室内装饰风格上大都追求简洁大方的格局，强调功能性设计，线条简约流畅，装饰材料多元化。这与装配式部品产品的制造理念相符——一块基板适配不同饰面。在产品应用上，区别于住宅类建筑，公共建筑的整体空间布局和功能需求有较大差异，因而在产品选择上，多用到“装配式墙面系统”“装配式地面系统”“轻质隔墙系统”以及“套装门窗系统”，而卫生间尺寸较大，超出一体式防水底盘最大尺寸，可选择墙板、顶板进行安装。

6）酒店领域

根据发达国家的酒店发展史，我们可以大致总结酒店行业由初步发展、加速扩张、存量整合三阶段后逐步进入成熟稳定期，中国酒店行业经历经济连锁浪潮后正值中高端升级换挡之时，未来国内酒店发展方向：“中高端结构升级＋数字化转型”并驾齐驱。另一方面，后疫情时代下酒店行业供求关系的恢复进程和居民消费结构尚存在不确定性，头部公司依靠“规模＋管理经验＋品牌声誉＋轻资产运营”建立护城河，短期重点关注经营数据恢复进度，中长期国内酒店依靠“下沉市场＋存量改造升级＋软品牌”吸收非标扩大市场占有率。

装配式装修具备可批量复制的均质化装修产品，能够赋能酒店行业的快速发展，主要表现在以下 3 个方面：

（1）传统装饰材料装修完成之后，受气候影响，极易出现发霉、壁纸脱落等装修通病，极大影响旅客的居住体验，对酒店品牌声誉产生负面影响。而采用高品质无甲醛的装配式装修产品，则能够有效杜绝装修质量通病，给旅客带来极高的居住体验，提升酒店品牌效益，从而提升客单价。

（2）装配式装修采用批量化可复制的部品产品，现场通过标准化的安装工序，对于无论是新建酒店，还是翻新酒店，都能够实现快速安装，即装即住，实现快速营收。

（3）装配式装修产品作为新一代高品质装修产品，材料的品控均在工厂经过标准化检验，不再受限于传统手工艺人，因而相较于传统材料具备较高的使用年限，能够有效减少酒店运营期间的维护成本。

7）医疗和养老领域

医院建筑与其他建筑相比来说，医院建筑的功能分区相对明显，不同区域之间的建筑形式由于具体的工作要求，其建筑要求有可能大不相同；还需要大量病房、诊室等重复空间，所以，在医院建筑设计中应用装配式部品时，需注意空间模块化、标准化的设计。标准化、模块化的功能空间（如医技单元模块、门诊单元模块、住院部单元模块等）加上标准化、模块化的装配式内装部品部件，可有效帮助医院进行功能区之间的转变，符合工厂批量生产的要求，节约建造承办，提高建筑完成度。医院工程与住宅和写字楼等公用建筑相比具有更高的施工工艺要求，特别是改建工程，考虑到医院复杂的功能需求以及密集的病患人群，装修工程必须保证质量并将对外界环境的影响降到最低。装配式装修在医院建筑工程的应用应考虑以下 5 个方面因素：

（1）明确应用区域：医院建筑工程功能复杂且存在交叉，按主要功能可划分为门诊区域、医技区域、病房区域以及附属区域。不同区域内的装修要求有很大区别，如门诊区域宜采用耐磨易清洗的建筑材料，医技区域优先考虑建筑材料的抗菌性能，病房区域注重建筑材料的环保指标等等。

（2）人流密集程度：医院作为社会公共服务单位其人员数量要远远高于普通建筑。对于改造型医院来说，在密集的人群中开展装修工程存在极大的安全隐患，施工噪声、粉尘等都可能造成病人的不适，从而引发激烈的医患矛盾。而装配式装修因其工艺更加先进，具备施工快捷、低噪声、低污染的特点，尤其是在控制粉尘和有机挥发物方面拥有极大的优势。

（3）专业性复杂程度：医院建筑工程所涉及的工程专业众多，除了常规的结构、电气、暖通、给排水等专业以外，还包括了医用气体、射线防护、医疗设备安装以及医疗流线设计等。

（4）人性化设计：在细节处也应考虑到照顾病患的通行不便，在病房区域内墙面阳角处多采用圆弧倒角设计；卫生间宜采用无高差地面设计，且材料抗菌防霉；设备带与墙面集成化设计等。

（5）成本控制方面：多数大型公立医院都在政府部门管理范围内，用于工程建设的资金属于国有资金。在项目开展伊始，要考虑资金平衡，建议建筑与内装协同设计，明确部品部件选型，切忌标准过高或材料浪费。

8）其他领域

装配式装修也可应用在学校类建筑，在学院办公室、教学用房、多功能教室等均可应用。除此之外，在既有建筑改造上，也有广泛的应用前景。对于很多老旧既有建筑而言，结构体系已不满足当下建筑状态的荷载要求，减少对既有建筑结构体的破坏是既有建筑改造各环节的重中之重，运用装配式装修管线分离技术、集成卫浴产品、装配式墙面产品，同时结合协同设计体系，可很大程度减少对原建筑结构体的破坏，保证结构安全与稳定。

1.2 装配式装修的设计

美国金斯敦的罗德岛大学工业和制造工程专业名誉教授杰弗里·布斯罗伊德（Geoffrey Boothroyd）在其的著作《面向装配设计手册》和 1998 年的《面向制造及装配的产品设计》中阐述了“面向装配的设计”的 DFA（Design for Assembly）理论，扩展了“面向制造和装配的设计”的 DFMA（Design for Manufacturing and Assembly）理论。

其中的理论指出：第一，使用最少的零件；第二，使用模块化设计；第三，减少工作面，将一个工序施工完毕后再进行另一道工序的施工；第四，尽量减少固定件。在零件互相连接的过程中，通过使用更加复合的约束构造，如插槽、卡扣、吊挂、嵌合等方式一次完成多种约束；第五，增加零件的互锁特征，以及使零件易于相互配合，设置柔性环节。其旨在减少工业化生产中的工序，提高效率，最大限度降低生产成本，大幅度提高经济效益。

而装配式装修是指将工厂生产的部品部件在现场以干式工法进行组合安装的装修方式，其原则和特征与 DFMA 理论不谋而合。装配式装修的设计一方面应采用标准化部品部件，提高部品集成度；另一方面是简化安装构造，实现部品的通用化设计，从而实现工程品质提升和效率提升。

1.2.1 装配式装修的设计原则

装配化装修应满足设计标准化、生产工厂化、施工装配化、管理信息化的要求。基于装配化装修的特征，装配式装修设计应遵循以下三大原则：标准化设计和模数协调原则；一体化设计原则；以及满足内装部品的链接、检修更换和设备管线使用年限的要求，重视管线分离原则。具体设计原则如下：

1. 干式工法设计

干式工法，是指采用干作业施工的建造方法。干式工法规避了湿作业的找平与连接方式，通过螺栓连接、胶接法、卡扣式、榫卯连接等方式实现可靠支撑和连接。其中装配式干式工法的楼地面就是运用得比较好的一项。设计楼地面、墙面找平与饰面连接时，选择架空与自适应调平的支撑与连接构造，面层选用干挂式、插入式、锁扣式或连接线条等物理连接方式代替水泥砂浆找平、腻子找平等基层湿作业，以及各类化学用品粘合的连接方式，如图 1-3 所示。

图 1-3 物理连接方式

2. 管线与结构分离设计

干式工法为管线与结构分离提供了可能，将相对寿命较短的设备及管线敷设于构造基层与饰面层间，使设备管线与建筑构造体相分离，确保建筑主体结构长寿化和可持续发展。管线优先设置在架空地面、架空墙面、吊顶的空腔内，在不加额外空间的前提下，有利于建筑功能空间的重新划分和设备及管线的维护、改造、更换，如图 1-4 所示。

图 1-4 管线与结构分离

3. 部品集成定制设计

装配式装修应优选成套供应的部品。系统性集成程度高的部品部件，可减少装配部品的种类繁杂问题，减少多个工厂、多个部品之间的相容性差的问题。按照订单对于非标规格部品定制，禁止装配现场二次裁切，定制的非标部件与标准部件同时编码，同批次加工，避免色差，如图 1-5 所示。

图 1-5 成套集成部品

4. 模块化设计

厨房、卫生间等固定功能区可以通过墙、顶、地与管线集成在一起形成功能模块，通过模块化设计可减少设计工作量，提高设计工作的效率，如图 1-6 所示。

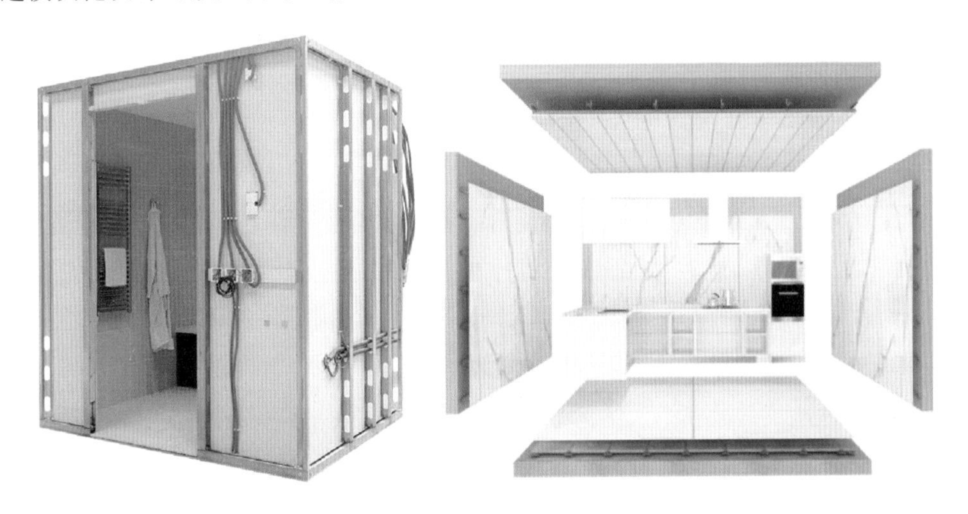

图 1-6 模块化整体厨卫

5. 可逆安装设计

装修完全采用物理连接，通过不同形式的固定件将不同部组合在一起，实现安装与拆卸的互通。例如装配化架空地面系统和集成给水管线系统，在后期维护或更换时，只须更换损坏部件，而不破坏相邻或在之上的其他部件，如图 1-7 所示。

图 1-7 可逆安装结构

1.2.2 装配式装修设计的一般规定

装配式装修设计、部品生产、施工，应满足标准化、参数化要求，便于部品及设备、管线检修更换，不应影响结构的安全性和耐久性。装配式装修部品的标准化设计，不仅包括模数协调、标准化尺寸、连接件以及构配件的统一，除此之外，装配化装修并非是一成不变的标准化设计，其在满足形式美法则、人体工程学的要求下，实现个性化与模数化，变化性与统一性相结合。

1. 部品标准化、模数化设计

在装配式装修设计中，通过采用标准化设计方法，遵循“少规格、多组合”的原则进行设计，建立建筑部品和单元的标准化模数模块，实现平面标准化、立面标准化、构件标准化和部品标准化。同时根据建筑性能需要，只需将部品进行标准化设计，部品的尺寸符合模数化，可以有效地应对各种不同尺寸的建筑空间，使部品与建筑空间高度匹配。同时，部品与部品之间也可以选择最合适的尺寸进行组合。使装修材料在安装设计时拼接便捷，避免安装时由于尺寸设计不合理导致的误差问题。这样不但有效节省了建筑装修时间，提高了装修效率。

例如墙顶地三大面一般运用三种部件材料，传统装修每种不同材料均有各自不同规格，作为装配式装修，需要统一模数（例如：300、600、900），这样做的好处在于墙顶地材料模块拼装分缝做到对齐统一，避免板块尺寸不统一而出现拼缝凌乱等情况，部品部件的通用优先尺寸可参考《住宅装配化装修主要部品部件尺寸指南》等现有标准规范和指南。装配化装修内装部品的标准化设计一般规定详见表 1-1。

表 1-1 装配化装修设计一般规定

类型	一般规定
内装部品标准化设计	1. 内装部品标注准化设计，应选用通用的标准化部品，标准化部品应具有统一的接口位置和便于组合的形状及尺寸，应满足通用性和互换性对边界条件的参数要求；特殊情况采用的非标准化部品，应具有定制规则； 2. 内装部品标注准化设计，宜采用卡扣式连接方式，并满足多次无损拆卸的要求； 3. 内装部品标注准化设计，应以装修完成面为基准面，采用装修完成面净尺寸标注构配件的装配定位。建筑设计应选择合理的构造方式
隔墙系统	1. 所用材料及构造方式应安全可靠，安装简便、快捷； 2. 装配化隔墙的标准化设计，应通过对功能模块的选择性组合和合理化配置，获得不同类型、不同规格的布局形式
墙面系统	1. 宜将墙面分为基层、面层、后置成品三类构造，形成墙面模块系统； 2. 同一墙面铺装的饰面板宜在同一完成面上，墙面铺装的部品之间厚度不一致时，应根据铺装设计对找平层的厚度进行调节
吊顶系统	1. 面层模块拼接设计不应出现外露断面的情况； 2. 窗帘箱除应满足使用功能外，宜设计为集成吊顶收口和调节误差的模块； 3. 集成吊顶设计宜根据户型和功能设计需求选择模块
楼地面系统	1. 楼地面铺装区域（厨卫除外）统一完成面应在同一水平面上； 2. 楼地面铺装的模块之间厚度不一时，应根据铺装设计需要利用找平层的厚度落差进行调节； 3. 楼地面铺装设计应采用模数协调方法，优化铺装排列关系，宜减少非标件的排布； 4. 楼地面板材的排版，应遵循分中对称、交圈合理的原则，门口处宜设置整板
集成门窗系统	集成内门窗宜选用成套化的内装部品，设计文件应明确所采用门窗的材料品种、规格等指标
集成卫浴系统	1. 集成卫生间宜采用净平面尺寸； 2. 集成卫生间内部高度应可根据层高定制，但不宜低于 2200mm； 3. 集成卫生间宜具备收纳柜、置物架、毛巾杆（环）、浴巾架、手纸架、淋浴隔断（帘）、镜面（箱）和适老化设施等收纳及配件部品，所用材料及构造方式应安全可靠
集成厨房系统	1. 严寒地区、寒冷地区工业化集成厨房内应设置采暖设施，夏热冬冷地区宜设置采暖设施。无外窗的厨房应有防回流构造的排气通风道，并预留安装排气机械的位置和条件； 2. 集成厨房门窗位置、尺寸和开启方式不应妨碍厨房设施、设备和家具的安装与使用； 3. 集成厨房室内净高不应小于 2200mm； 4. 集成厨房内各种管线接口设计宜定尺定位； 5. 集成厨房设计应充分考虑不同部品及设备的使用年限和权属，应合理规划布局位置、连接方法和装配次序；易损部品宜便于维修和更换
设备与管线系统	1. 建筑工业化内装工程给排水设计、配电线路及电气设备的设计宜具备快装特点； 2. 当给水管暗敷时，应避免破坏建筑结构和其他设备管线，水平给水管宜在顶棚内暗敷； 3. 当塑料给水管明设在容易受撞击处时，装饰装修应采取防撞击的构造； 4. 给水管宜采用快速卡接连接方式或螺纹连接方式便于安装拆卸

2. 接口通用化设计

目前装配式施工遇到的问题中大多数与接口问题相关，最大的难题也是接口技术。接口技术包括三类：①部品与部品之间的接口技术；②部品与结构体的接口技术；③标准化与个性化的接口技术，如图 1-8～图 1-10 所示。

图 1-8　部品与部品之间的接口技术

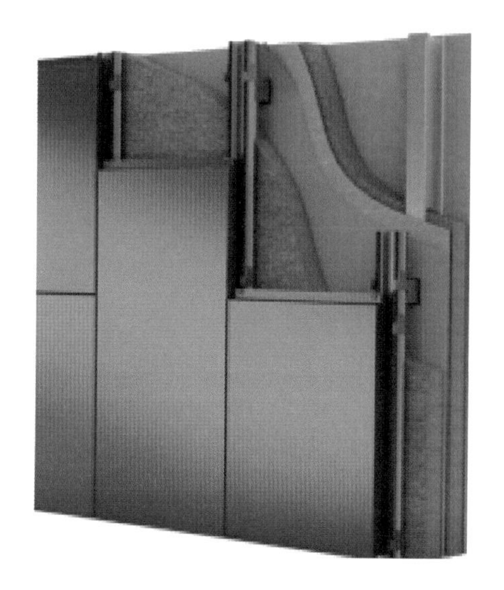

图 1-9　部品与结构体的接口技术

图 1-10　标准化与个性化的接口技术

设计满足部品装配化施工的集成建造要求，部品在满足易维护要求的基础上，部品具有年限互换、材料互换、式样互换、安装互换的互换性。采用模数化、标准化的工艺设计，并执行优化参数、公差配合和接口技术等规定，以提高其互换性和通用性，并在更换时不影响其他住户。

3. 系列化设计

装配化装修的发展在我国经历了四个阶段：1.0 版“成品住房设计＋工业化部品部件”，即全装修技术体系；2.0 版“楼地面架空体系＋集成式厨卫系统”，干法施工，标准化、模块化；3.0 版“轻质隔墙系统＋成品墙板系统”，突出通用化、系列化、个性化；4.0 版“整体家居＋设备设施系统＋智能家居系统”，实现数字化、多系统控制智能化、集成化。系列化是按照不同需求形成经过深思熟虑设计生产的高质量产品系列，可替换的材质类型可能非常丰富。装配化装修产品系列化整体解决方案，促进装配化装修系列化发展，见表 1-2。

表 1-2 装配化装修部品发展阶段

<table>
<tr><th colspan="2">版本</th><th>系统</th><th colspan="3">做法</th></tr>
<tr><td rowspan="13">1.0 版</td><td rowspan="13">“成品住房设计＋工业化部品部件”</td><td rowspan="4">厅房系统</td><td rowspan="2">墙体系统</td><td>墙身材料</td><td>分室墙：轻质条板（ALC 板等）/轻钢龙骨隔墙（轻钢龙骨）</td></tr>
<tr><td>饰面材料</td><td>1. 阻燃墙纸；
2. 乳胶漆</td></tr>
<tr><td>吊顶系统</td><td colspan="2">1. 矿棉板吊顶；
2. 轻钢龙骨石膏板吊顶；
3. 石膏线条</td></tr>
<tr><td>地面系统</td><td colspan="2">1. 防滑地砖；
2. 复合木地板；
3. 竹木地板</td></tr>
<tr><td rowspan="4">厨卫系统</td><td rowspan="2">墙体系统</td><td>墙身材料</td><td>轻质条板（ALC 板等）</td></tr>
<tr><td>饰面材料</td><td>瓷砖</td></tr>
<tr><td>吊顶系统</td><td colspan="2">1. 塑铝条形扣板吊顶；
2. 铝质集成吊顶</td></tr>
<tr><td>地面系统</td><td colspan="2">防滑地砖</td></tr>
<tr><td>内门系统</td><td>门</td><td colspan="2">分室门：成品木质套装门（含门套）</td></tr>
<tr><td>收纳系统</td><td>收纳柜</td><td colspan="2">1. 玄关收纳柜；
2. 厨房柜体（上下柜）；
3. 卫生间台盆柜、镜柜；
4. 卧室衣帽柜；
5. 阳台家政柜</td></tr>
<tr><td rowspan="3">部品系统</td><td>洁具</td><td colspan="2">1. 坐厕；
2. 台盆；
3. 淋浴隔断；
4. 浴缸</td></tr>
<tr><td>电器</td><td colspan="2">1. 灶具；
2. 油烟机；
3. 空调；
4. 冰箱；
5. 热水器</td></tr>
<tr><td>五金</td><td colspan="2">1. 水槽；
2. 龙头；
3. 厨房拉篮；
4. 毛巾架</td></tr>
</table>

续表

版本		系统	做法
2.0 版	“楼地面架空体系＋集成式厨卫系统”	楼地面架空系统	1. 支撑模块（PVC 调整脚等）； 2. 基层模块（可集成干法地暖模块及保温）； 3. 饰面模块（自饰面复合地面材料）
		集成式厨卫系统	1. 整体成品防水墙板； 2. 集成式吊顶； 3. 整体柔性防水底盘
			1. 整体成品防水墙板； 2. 集成式吊顶； 3. 架空地面
			整体卫浴：grp、smc、彩钢板等
3.0 版	CSI 体系	“轻质隔墙系统＋成品墙板系统”	1. 复合墙板； 2. 轻钢龙骨骨架管线分离
4.0 版	数字化	“整体家居＋设备设施系统＋智能家居系统”	设备设施： 1. 新风系统； 2. 薄法排水； 3. 集成给水； 4. 集成地暖 智能家居： 1. 智能照明； 2. 智能家电； 3. 智能监测； 4. 智能安防

未来，装配化装修的价值维度将向个性化价值角度延伸，根据不同需求总结装配化装修体系 1.0 版、2.0 版、3.0 版。提供“菜单式”装饰计划，为使用者提供更多的选择，实现多样化，见表 1-3。

表 1-3　装配化装修不同组合方案

技术系统	1.0 版	2.0 版	3.0 版
外墙/承重墙	乳胶漆/壁布	“龙骨调平＋自饰复合墙板”	“龙骨调平＋自饰复合墙板（壁纸/仿墙砖）”
内隔墙	“ALC 板/陶粒混凝土板＋乳胶漆/壁布”	“轻钢龙骨系列＋岩棉＋自饰复合墙板”	“轻钢龙骨系列＋岩棉＋自饰复合墙板＋管线分离”
吊顶	石膏板吊顶（局部）	集成吊顶	集成吊顶
地面铺装	干式铺装或架空模块	“架空模块＋自饰复合地材”	“架空模块＋自饰复合地材＋（集成采暖、地送风等模块）”

续表

技术系统	1.0 版	2.0 版	3.0 版
厨房	墙：陶瓷薄板 顶：集成吊顶 地：干式铺装	墙：“自饰复合墙板＋管线分离” 顶：集成吊顶 地：“架空模块＋自饰复合地材”	墙：“自饰复合墙板＋管线分离” 顶：集成吊顶 地：“架空模块＋自饰复合地材”
卫生间	整体/集成卫浴： 墙：SMC/FRP 顶：SMC 地：防水底盘	“整体/集成卫浴＋管线分离”： 墙：自饰复合墙板 顶：集成吊顶 地：“防水底盘＋保温装饰一体砖”	“整体/集成卫浴＋管线分离”： 墙：自饰复合墙板 顶：集成吊顶 地：“防水底盘＋保温装饰一体砖（蜂窝铝一体板）＋电热膜”
工业化部品部件	成品栏杆、整体橱柜	成品栏杆、整体橱柜、集成收纳	成品栏杆、整体橱柜、集成收纳、适老适幼部品、智慧家居

1.2.3 装配式装修的设计流程

一般的装配式装修设计流程包括策划阶段、建筑配合阶段、方案设计阶段、施工图设计阶段等流程。装配式装修设计用于指导内装工程施工，具有重要意义，装配式装修设计区别于传统的设计，装配式装修设计与建筑、结构、设备同时考虑，采用建筑信息模型技术，进行整体设计，通过各部分协同化工作，减少不必要的返工，以及对主体结构的破坏。装配化装修的设计流程详见表 1-4。

表 1-4 装配化装修设计流程

阶段	内容
策划阶段	确定内装技术体系及主要技术
	装配式内装技术应用范围
	确定主要设施设备系统
	确定主要部品部件
建筑配合阶段	根据产品定位及客群优化户型平面，完善功能布局
	根据装修标准配合土建专业确定整体地面标高关系
	统一标准化户内各门洞、门垛尺寸
	户内燃气热水器、空调、新风主机等设施设备定位
	强弱电箱、智能化箱体定位
方案设计阶段	确立设计风格、明确细部设计
	确定交付范围
	完成部品清单及材料封样

续表

阶段	内容
施工图设计阶段	完成点位深化设计后提资设备及构件深化专业，保证各专业一体化同步出图
	配合土建专业确定结构降板范围、梁上预留孔洞定位
	配合空调、地暖、新风、收纳等厂家完成深化方案，整合设计图纸
	优化设计节点、排版厨卫铺砖

1.2.4 专业协同与一体化设计

装配式装修是将结构系统、外围护系统、设备与管线系统等进行一体化设计的一种装修方式。装配式装修系统设计是建立在部品选型基础上的产品设计，必须全面考虑几者之间的相互关系，避免冲突，并形成各专业之间的连贯与融合。

各专业需要从项目的初始阶段即开始考虑构件的拆分、内装部品的需求及精细化设计的要求，并在设计过程中，建筑专业需要与结构、设备、电气、内装专业紧密联系与沟通，实现全专业全过程的一体化设计。

1. 技术策划阶段的装配式内装设计要点

在技术策划阶段，需要室内设计专业与建设单位共同确定项目的装修标准、装配式内装部品应用范围、设备配置内容，调研内装部品生产厂家的产品类型及技术要求，并进行多方案的比较，最终确定合理的装配式内装技术路线，如图 1-11 所示。

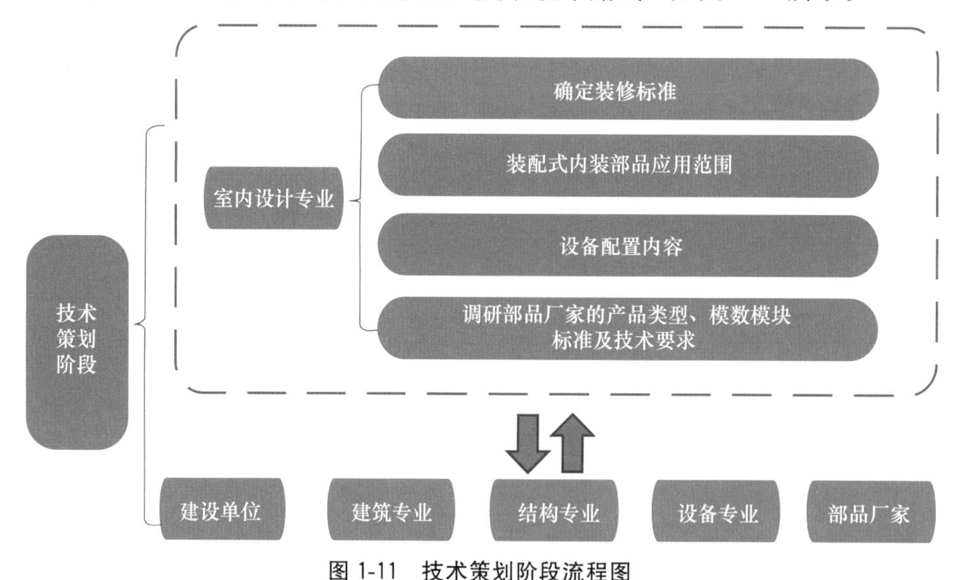

图 1-11 技术策划阶段流程图

2. 方案设计阶段的装配式内装设计要点

方案设计阶段，室内设计专业需要根据技术策划要点做好平面设计和户型设计，确定室内设计的方案，包括室内地坪标高、吊顶范围、主要材料部品、设备的选型与位置，并将相关要求反馈给建筑、结构和机电专业，如图 1-12 所示。

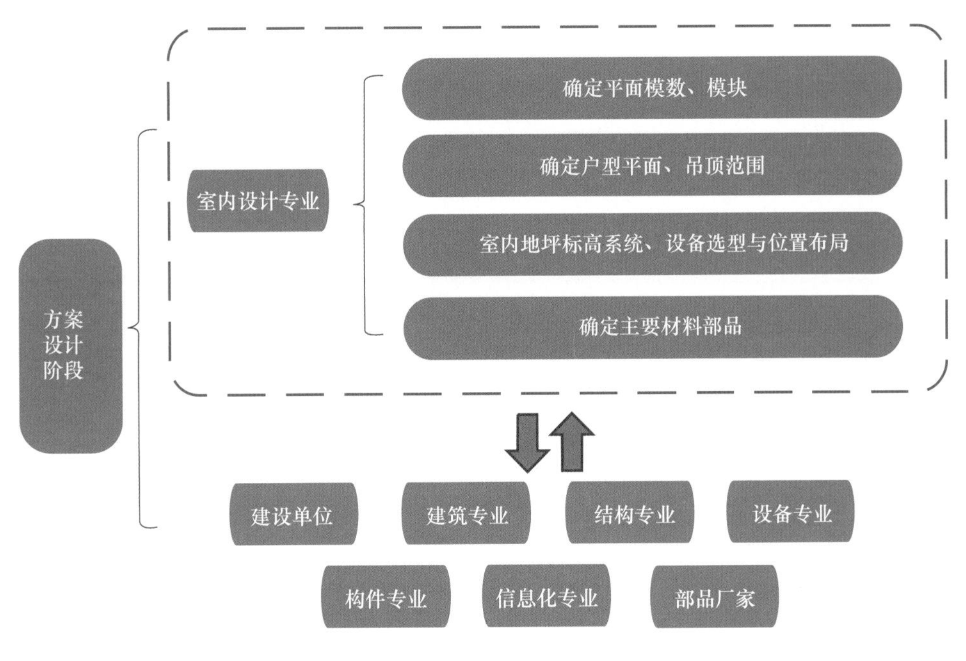

图 1-12 方案设计阶段流程图

3. 初步设计阶段的装配式内装设计要点

室内设计专业根据各专业的技术条件进行协同设计，确定室内墙体砌筑定位、门窗高度、天花吊顶屏幕、卫生间结构降板范围及形式、室内各开关插座点位位置、设备管线预留孔洞位置及大小等，并将相关要求反馈给其他各专业，如图 1-13 所示。

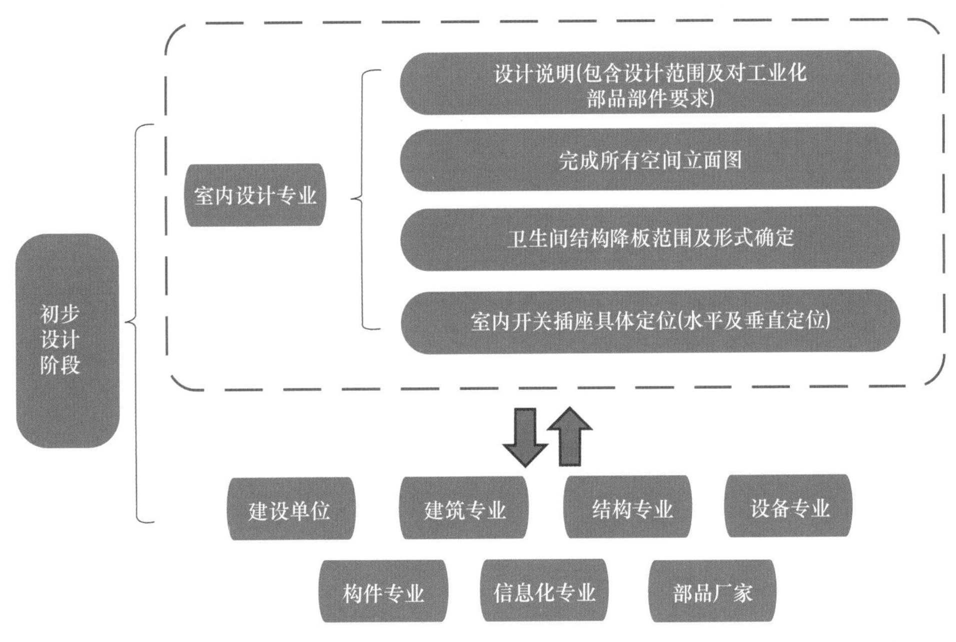

图 1-13 初步设计阶段流程图

4. 施工图设计阶段的装配式内装设计要点

室内设计专业按照初步设计阶段协同设计条件开展工作，根据预制构件、内装部品、设备设施等生产企业提供的设计参数，在室内设计施工图中充分考虑各专业预留预埋的要求，并同步反馈至其他专业施工图中，做到各专业的同步设计、同步出图。室内与土建、部品、BIM、施工各方同步协同设计，互相提供相关设计信息，为后面预制构件深化设计提供准确的信息，从保证装配式建筑设计的顺利进行，如图 1-14 和图 1-15 所示。

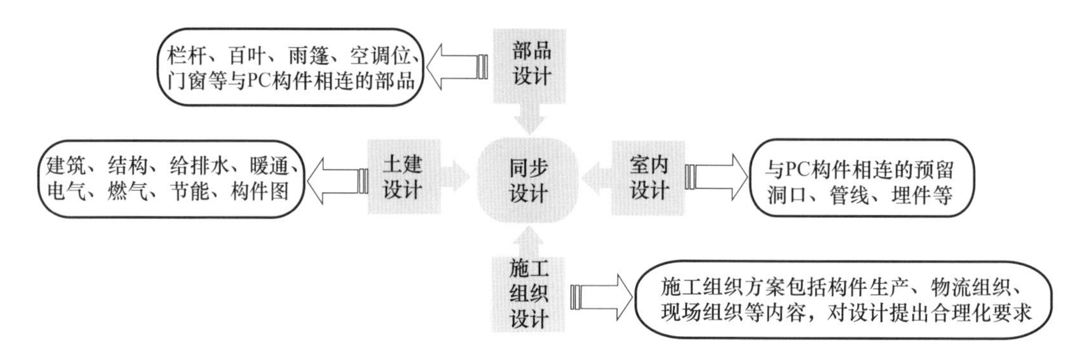

图 1-14 各专业与部品构件协同设计流程

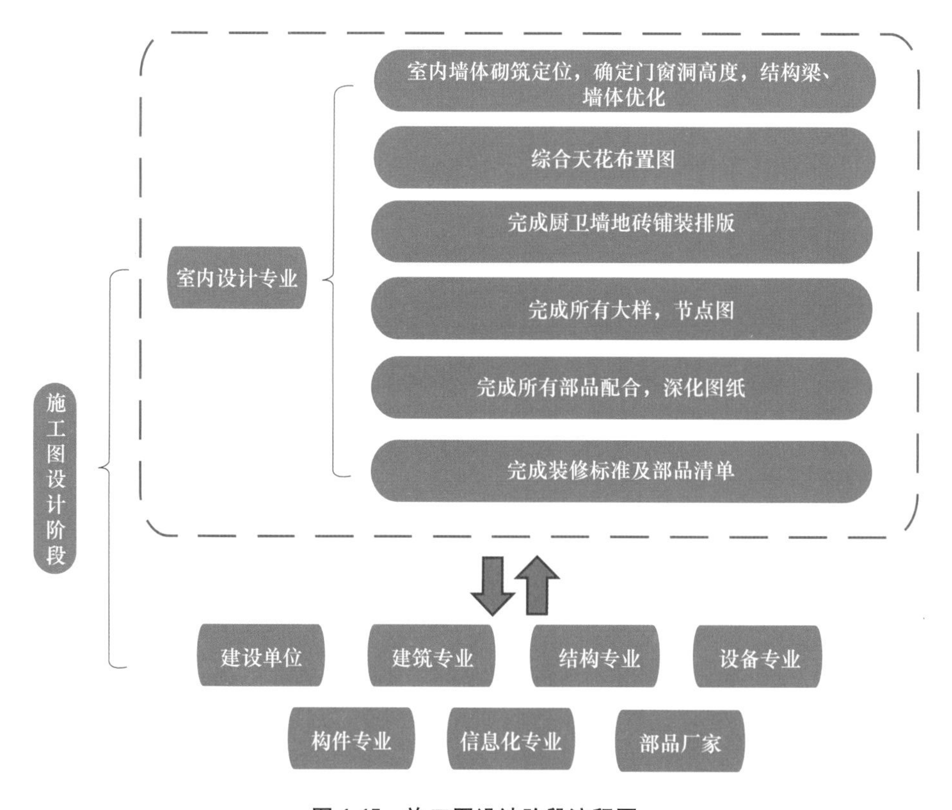

图 1-15 施工图设计阶段流程图

5. 预制构件深化设计阶段的装配式内装设计要点

装配化装修相对于传统建筑需要增加预制构件深化设计阶段，按照各专业的施工图设计阶段协同设计成果，进行预制构件深化设计。预制构件深化设计应充分考虑生产的便利性、可行性以及成品保护的安全性。

室内设计专业需要提供预制构件深化设计需要的洞口、管线、预埋条件，保证预制构件深化图纸的准确性，如图 1-16 所示。

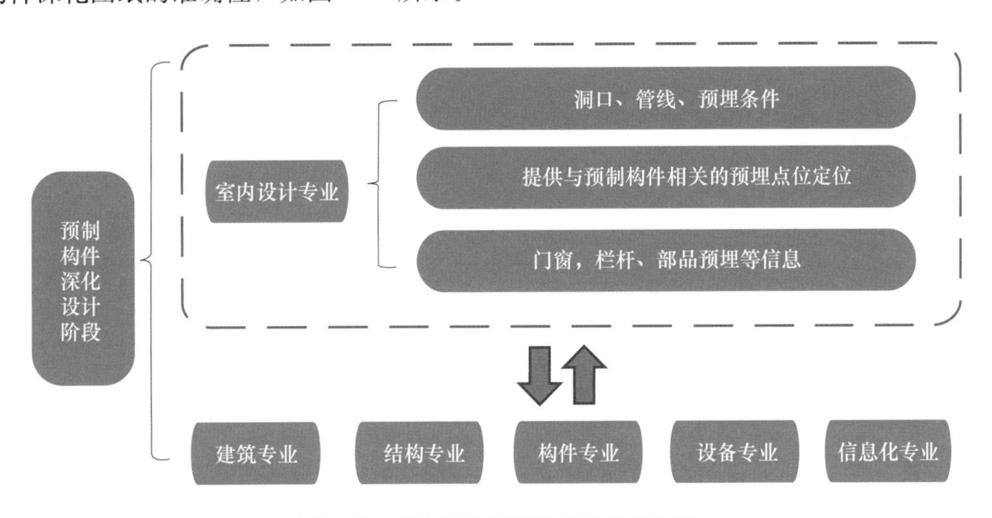

图 1-16 预制构件深化设计阶段流程图

预制构件深化图纸的深度满足如下要求：

（1）包含结构尺寸及配筋信息，满足结构受力要求。

（2）包含设备及装修需要的预留预埋信息。

（3）包含建筑信息：保温、门窗、栏杆预埋等信息。

（4）包含构件制作、堆放、运输、吊装、安装、施工中需要的埋件信息。

（5）预制构件图纸包含预制构件说明、构件分布图、构件加工图、构件拼装节点图、金属构件加工图、材料数量统计图。

1.3 BIM 技术的应用

1.3.1 深化设计

通过 BIM 技术对建筑构件、装修部品部件的信息化表达，构件、部件加工图在 BIM 模型上直接完成和生成，有效提升装修施工的精度要求。另外，应用BIM技术实现信息共享，发现设计环节中存在的不合理问题，及时对设计方案加以优化，从而能在众多设计方案中选择最佳方案，在满足业主需求的基础上优化装修性能，确保设计方案的经济性、适用性。

1.3.2 全过程信息化平台

在深化设计后，基于BIM模型显示户内的部品部件位置，为项目提供BIM进度展示功能。BIM模型通过链接方式嵌入平台，模型内的每个部品部件在导出时都绑定在一个订单编号下，订单编号在平台内流转的状态，就代表了当前部品部件的状态，部品部件通过获取到的状态显示对应颜色。此外，在物料申请时，通过BIM模型生成物料的基础数据、空间位置，将得到的条码信息存在数据库中，后续根据采购订单上的项目编号与物料编号，匹配出对应的条码值，供应商可在采购订单上直接进行打印，生产完成后直接在部品部件产品上贴上条码，方便物料申请。预制件生产人员按照相关数据参考和三维效果图进行生产，确保预制件的生产满足装修标准要求。

1.3.3 “BIM+”技术

“BIM+点云扫描”有效连接BIM模型和工程现场，解决了施工现场复杂的测量问题，确保符合预制件吊装和安装要求，对物料信息和施工位置信息进行控制，提升装配化装修安装管理质量。

“BIM+3D打印技术”通过提取复杂的部品部件BIM模型，结合3D打印技术以360°全视角展示，提供给施工人员脱离CAD图纸或电子设备的技术指导等。

“BIM+VR”技术是基于BIM模型，结合VR技术构建虚拟化展示，提供交互性设计和可视化形象。

“BIM+二维码”利用RFID芯片关联BIM数据模型与装配式构件的生产，用于部品部件的生产、运输、入场、存储、安装、运维等方面，在构件属性中还能对构件的各项物理性能、化学性能等进行深入地了解，便于对设备和设施进行管理，实现部品部件生产集约化管理，提高装修工程维护管理的质量。

1.4 装配式装修的技术体系

装配式装修技术涉及了装配化隔墙、装配化墙面、装配化架空地面、装配化吊顶、集成门窗、集成卫浴、集成厨房、集成收纳、集成给水部品、薄法同层排水部品以及集成采暖部品等关键技术，如图 1-17 和图 1-18 所示。

图 1-17 装配式装修技术体系

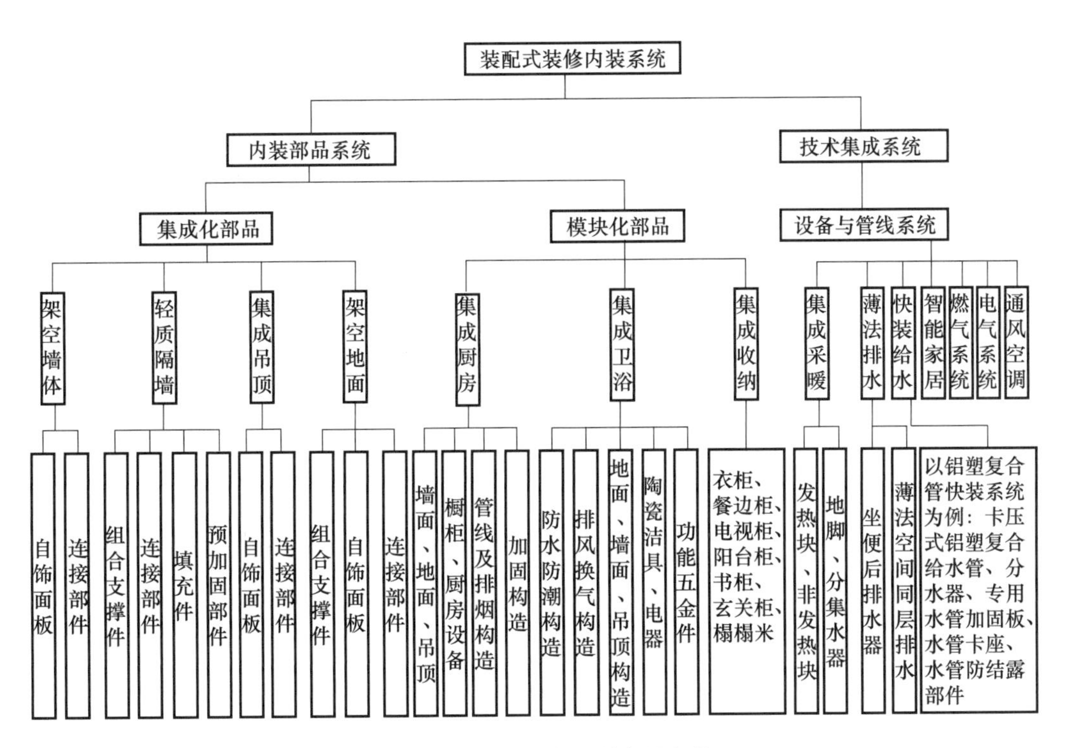

图 1-18 装配式装修系统部品部件

1.4.1 技术体系产品系统

装配式装修的标准化部品部件适用于不同建筑类型，其中以办公、保障性住房、公寓酒店应用最为广泛。装配式研发的建筑产品内装系统以居住与公共建筑两大系列为例。根据用途、需求等有较大不同。应当结合其不同需求和特点，形成不同的技术体系产品系统，如图 1-19～图 1-21 所示。

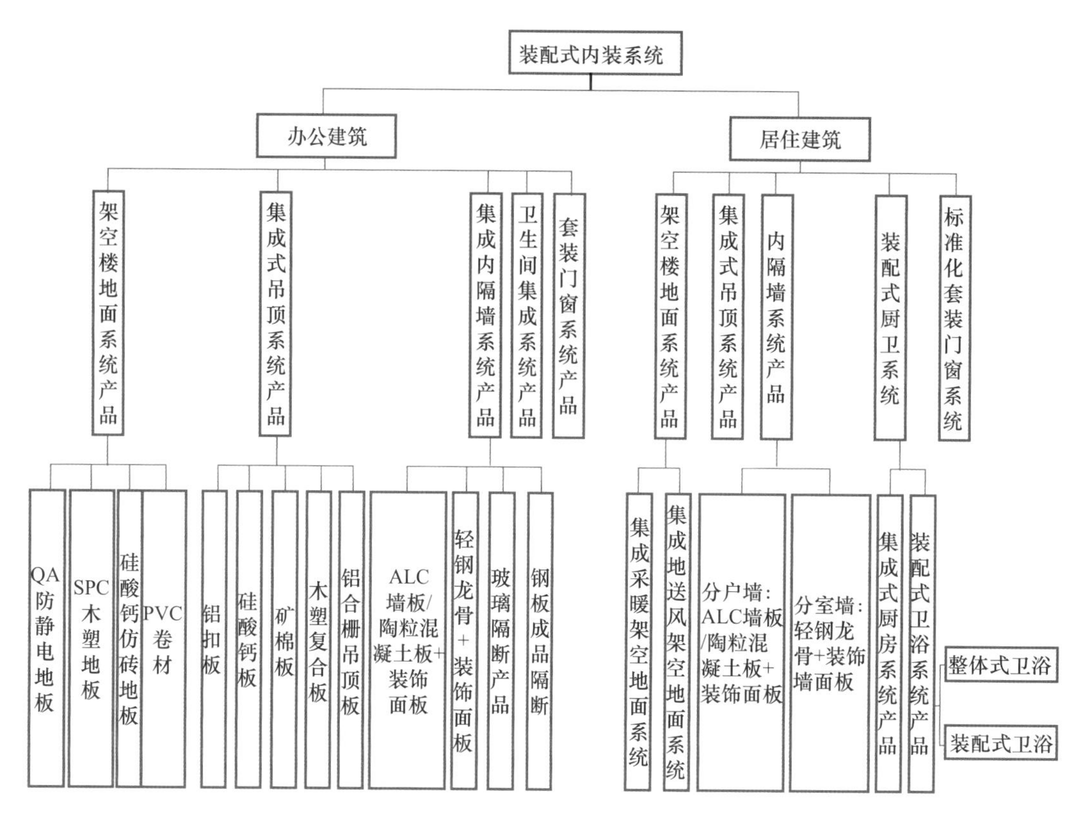

图 1-19　装配式装修技术体系产品

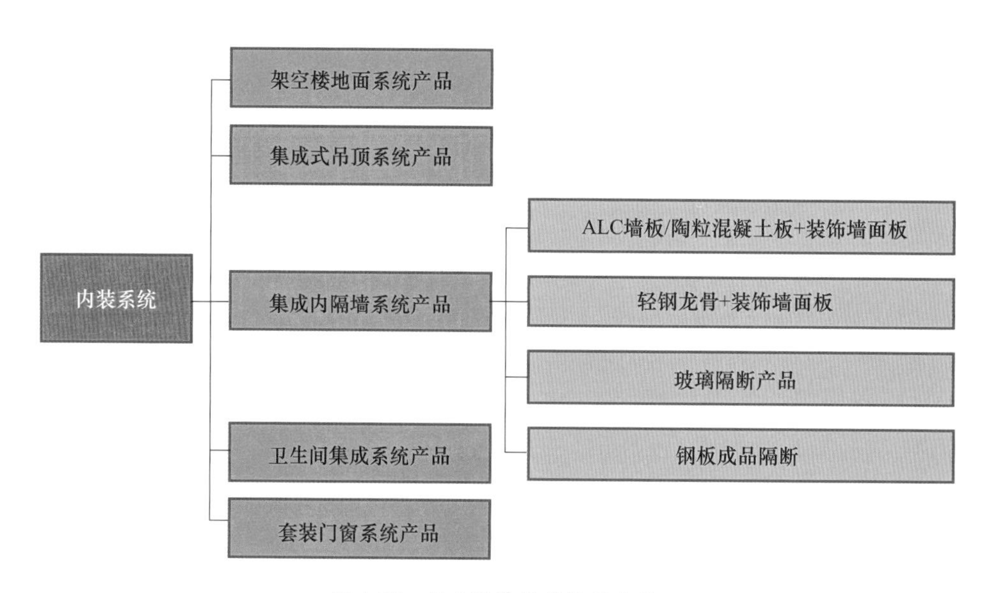

图 1-20　公共建筑技术体系产品

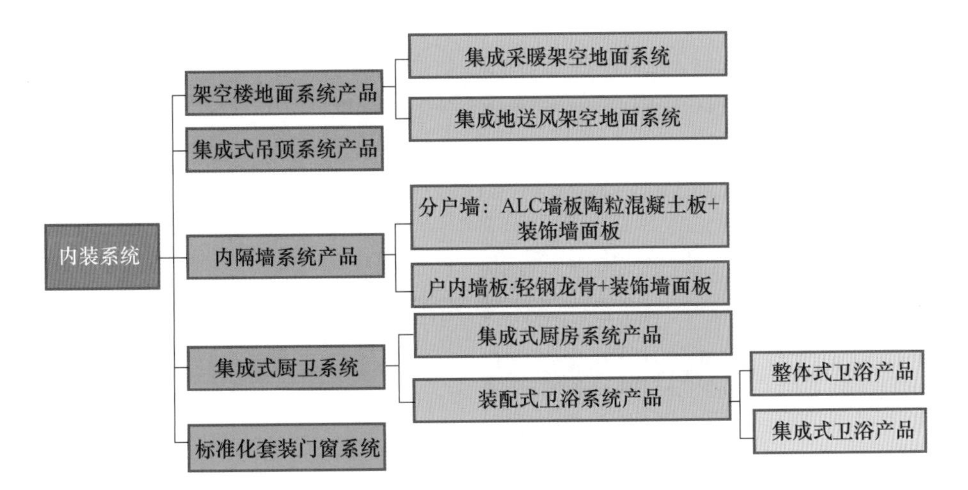

图 1-21 居住建筑技术体系产品

1.4.2 装配式内隔墙系统

装配式内隔墙指的是户内的分室隔墙，不包含分户隔墙与建筑外墙。其核心在于采用装配化技术快速进行室内空间分隔，在不涉及承重结构的前提下，快速搭建、交付、使用，为自饰面墙板建立支撑载体。常见的有以轻钢龙骨隔墙系统为主的龙骨隔墙、以 ALC 板为主的条板隔墙系统、以骨架夹心一体化墙板为主的模块化隔墙系统，以及以玻璃隔断、钢板隔断为主的成品隔断，如图 1-22～图 1-25 所示。

图 1-22 轻钢龙骨隔墙

图 1-23 ALC 轻质条板隔墙

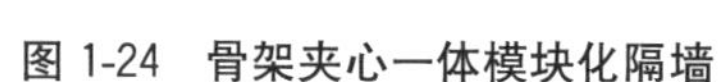

图 1-24　骨架夹心一体模块化隔墙

图 1-25　玻璃成品隔断

1.4.3　装配式墙面系统

装配式墙面部品是在既有平整墙面、轻钢龙骨隔墙或者不平整结构墙上等墙面基层上，采用干式工法现场组合安装而成的集成化墙面。装配式墙面系统墙面板主要分类有以竹木纤维板、木塑板为主的有机基材墙面板；以硅酸钙复合墙板、纤维增强水泥板为主的无机基材墙面板；以钢板、铝板为主的金属基材墙面板；以蜂窝铝墙板、SMC 墙板等为主的复合基材墙面板，如图 1-26～图 1-29 所示。

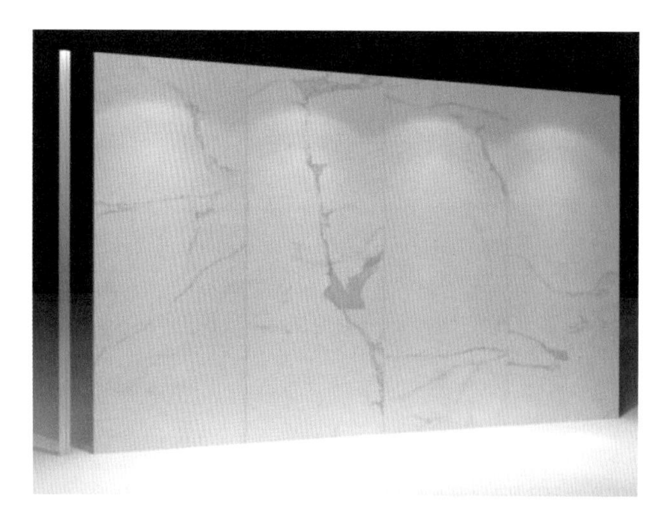

图 1-26　硅酸钙复合墙板

图 1-27　蜂窝铝墙板

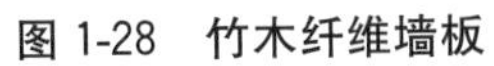
图 1-28　竹木纤维墙板

图 1-29　SMC 墙板

1.4.4　装配式吊顶系统

装配式吊顶是将传统的水、暖、电、风等管线进行集成设计，减少碰撞，预留检修空间，减少吊杆、吊件作为吊顶板的支撑体，发挥墙板的支撑作用，墙板与吊顶的协同调平。装配式吊顶系统分为以石膏板吊顶系统为主的居住建筑常用吊顶，以集成铝扣板、格栅等金属为主的金属板吊顶系统以及以硅酸钙板、GRC 成品石膏线、软膜天花为主的无机板吊顶，如图 1-30～图 1-33 所示。

图 1-30　集成铝扣板

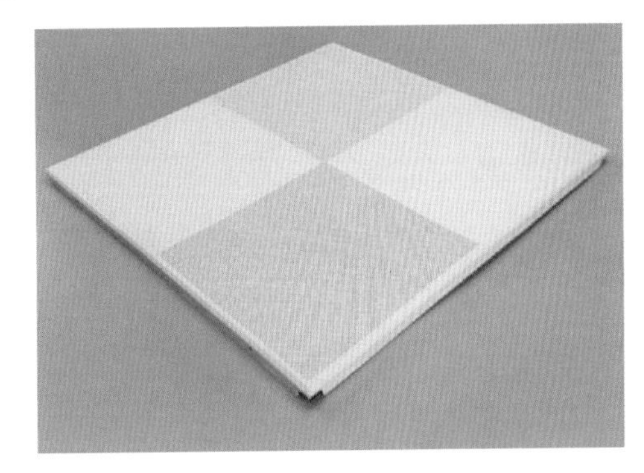

图 1-31　硅酸钙板（穿孔吸声）

图 1-32　GRC 成品石膏线

图 1-33　软膜天花

1.4.5 装配式楼地面系统

装配式装修楼地面处理的目标是在规避抹灰湿作业的前提下，实现地板下部空间的管线敷设、支撑、找平与地面装饰。地面系统应包含支撑模块、基层模块、饰面模块；设计使用地暖时，可集成模块化地暖，设置在基层模块与饰面模块之间。装配式地面主要以型钢复合模块、GRC复合架空模块、锁扣模块为主的模块类架空地面系统。以硅酸钙板材支撑架空模块、网格支撑架空模块为主的分层类架空系统，如图1-34和图1-35所示。

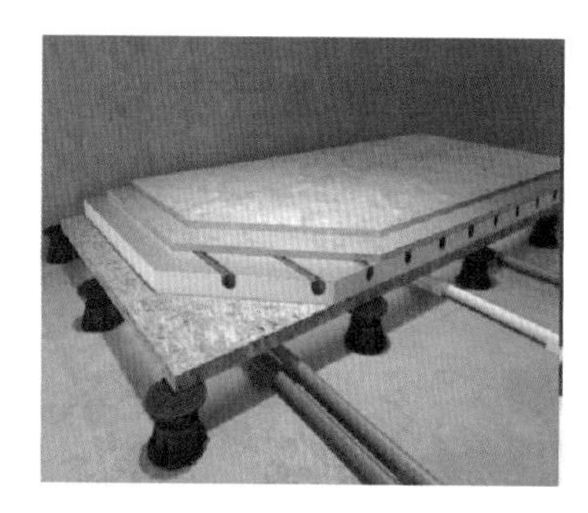

图1-34 分层类架空系统

图1-35 模块类架空系统

1.4.6 装配式厨房系统

装配式厨房是由地面、吊顶、墙面、橱柜、厨房设备及管线等通过设计集成、工厂生产、干式工法装配而成的厨房，重在强调厨房的集成性和功能性。厨房墙板基材主要以硅酸钙复合板、陶瓷薄板、蜂窝铝板等，橱柜主要采用航空树脂（SMC）一体模压成型等，如图1-36和图1-37所示。

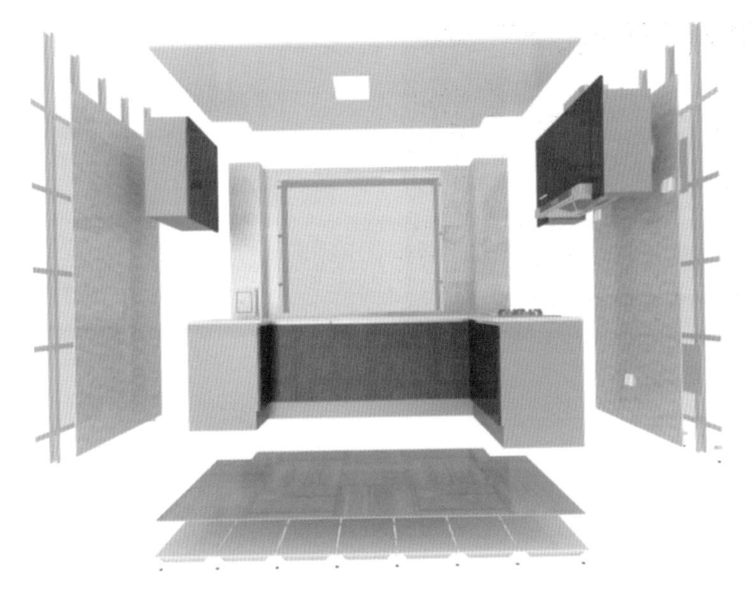

图 1-36 集成厨房

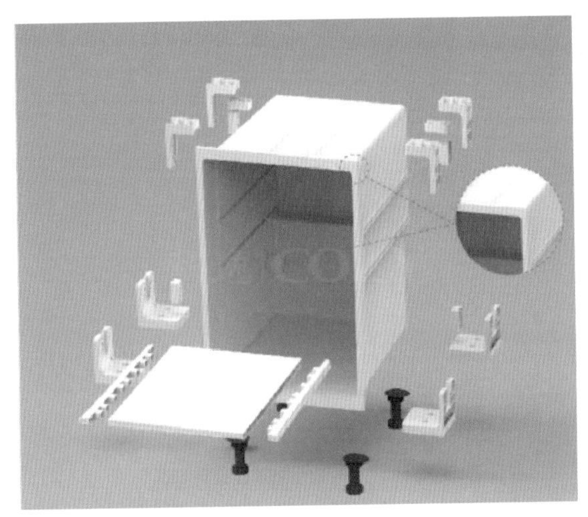

图 1-37 SMC 一体模压集成橱柜

1.4.7 装配式卫生间系统

装配式卫生间系统包含集成式卫浴与整体卫浴。集成卫浴是一种柔性工厂化生产，集成卫浴整体防水底盘可以根据卫生间的空间尺寸、形状、地漏位置、门槛位置等一次成型定制，其应用广泛，不受空间、管线限制。集成卫浴主要以硅酸钙自饰面板、硅瓷一体化面板等为主。整体卫浴采用一体化防水底盘、壁板、顶盖构成的整体框架，根据生产工艺，常见整体卫浴的材料为航空树脂（SMC）及玻璃钢（FRP）、彩钢板、蜂窝铝一体化墙板为主，如图 1-38 和图 1-39 所示。

图 1-38 集成卫浴

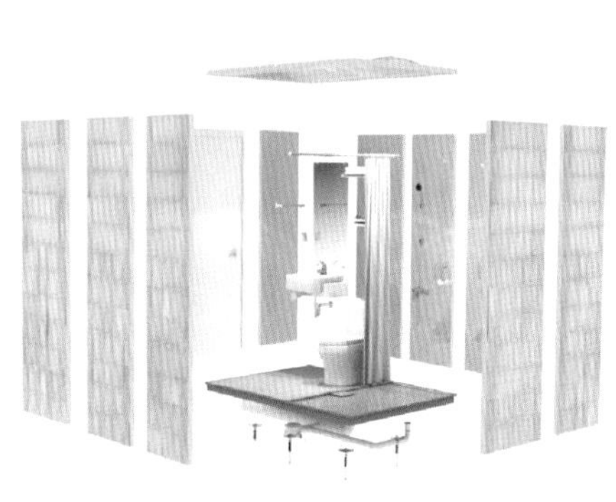
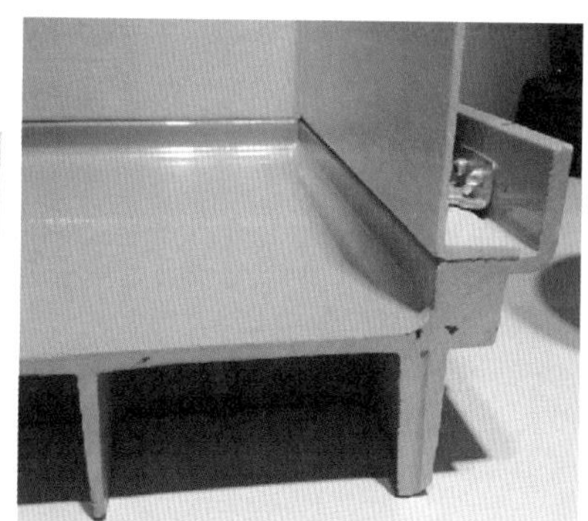

图 1-39 整体卫浴

1.4.8 装配式门窗系统

集成门窗部品是由集成套装门、集成窗套、集成垭口三类部品的统称。集成门窗部品不同于传统装修使用的实木复合门窗，其具有超强的防水、防火、防撞、防磕碰特点，耐久性强，延长了部品使用期限，降低了业主维护难度。根据使用材料划分，常见的集成门窗部品有：型钢集成门窗、集成铝合金门窗、集成塑料门窗、成品木质套装门等，如图 1-40 所示。

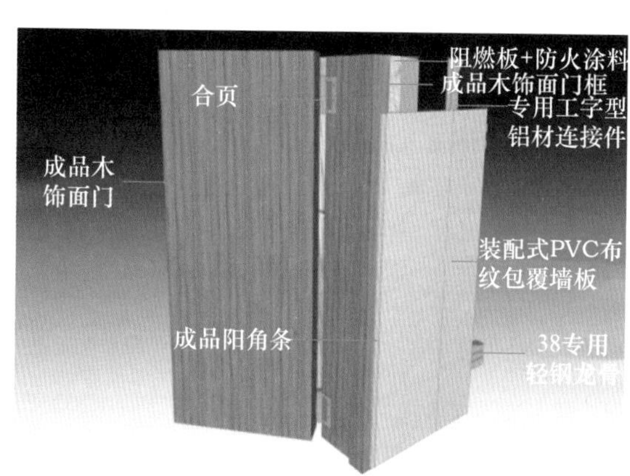

图 1-40 集成门窗系统部品构成

1.5 装配式装修的评价

由于标准编制的滞后，目前针对装配式装修的评价可以参考《装配式建筑评价标准》(GB/T 51129—2017) 和《装配式内装修技术标准》(JGJ/T 491—2021)，以及地方性标准如浙江省工程建设标准《装配式内装评价标准》(DB33/T 1259—2021) 等标准的要求。由于装配式装修水平的高低，整体可以从标准化水平、内装装配率、生产与建造水平、内装产品的性能、装修的效果等几方面进行评价。

1.5.1 标准化水平

采用标准化、模块化设计、通用化设计以及装配化装修协同一体化设计。标准化、模块化设计评定指标可以分解为标准功能模块与部品标准化，这也是部品通用化的前提。装配化装修应同建筑进行一体化设计，解决在装修阶段因建筑空间非标准化导致的一系列问题。

1.5.2 内装装配率

采用内装装配率评价指标来判断内装装配化程度，一种是根据施工图进行装配率计算，还有一种是在竣工验收后按照竣工验收资料进行装配率计算。内装装配率的计算可参照浙江省工程建设标准《装配式内装评价标准》(DB33/T 1259—2021) 进行，也可参考厦门、重庆的相关标准进行计算。

1.5.3 生产与建造水平

建造水平从建造管理模式、信息技术与智能建造技术、建造施工组织与技术三方面来评定。

建造管理模式包括管理体系、项目管理承包模式和集成化交付模式。管理体系评定项目包括现场施工质量控制的目标体系；现场施工质量控制的部门职能分工；现场施工质量控制的基本制度和主要工作流程；现场施工质量计划或施工组织设计文件；现场施工质量控制点及其控制措施；现场施工质量控制的内外沟通协调关系网络及其运行措施等，查验管理体系各项内容，进行酌情加分。集成化交付模式方面，是否采用集成化交付模式进行建造是生产水平评价的依据之一。

还应评价信息技术与智能建造技术的应用水平。信息化技术应用方面，使用 BIM 技术、3D 扫描技术，以及使用智能化监测手段实时掌握施工现场的实际情况的都是加分项。

1.5.4 内装产品的性能

内装产品的性能评价包括隔声降噪、保温隔热、安全耐久，以及空间可变、可逆安装等方面的性能。装配式内装修工程应在工程完工 7d 后、工程交付使用前进行室内环境质量验收。装配式内装修设计应考虑建筑全生命周期内使用功能可变性的需求，宜考虑满足多种场景下的使用需求。

（1）隔声降噪方面，卧室、起居室（厅）内的噪声级符合《民用建筑隔声设计规范》（GB 50118—2010）中高要求住宅允许噪声级；分户墙、分户楼板的空气声隔声性能符合《民用建筑隔声设计规范》（GB 50118—2010）中高要求住宅隔声标准；卧室、起居室（厅）的分户楼板的撞击声隔声性能符合国家标准《民用建筑隔声设计规范》（GB 50118—2010）中高要求住宅隔声标准。

（2）保温隔热方面，应用内保温一体化技术，并采用干式工法施工；应用架空地面系统满足地面保温要求，并采用干式工法施工；应用地面辐射供暖系统时，采用干式工法施工。

（3）安全耐久方面，采用轻质隔墙系统满足设计耐火极限要求；对装配化装修部品有明确使用年限要求；维保年限符合国家有关规定。

（4）空间可变、可逆安装方面，采用方便安装且可拆卸的轻质隔墙系统，确保住宅可持续更新性能；采用架空地板系统及可拆卸地面面层的集成化部品；部品部件、设备管线采用易维护、易拆换的技术和部品，对易损坏和经常更换的部位实现可逆安装。

1.5.5 装修的效果

与传统装修相比，装配式装修不改变外观和材质，只采用装配式工艺工法，完全达到传统装修的视觉效果，使得用户有充分的获得感。

装配式装修应适应不同居住人群和不同家庭结构对建筑空间需求的变化，室内空间可以多次灵活调整，不损伤主体结构，保障建筑使用寿命。

装配式墙面表面应平整、洁净、色泽均匀，带纹理饰面板朝向应一致，不应有裂痕、磨痕、翘曲、裂缝和缺损，墙面造型、图案颜色、排布形式和外形尺寸应符合设计要求。

吊顶饰面板表面应洁净，边缘应整齐、色泽一致，不得有翘曲、裂缝及缺损。饰面板与连接构造应平整、吻合，压条应平直、宽窄一致。

楼地面系统的找平层表面应平整、光洁、不起灰，抗压强度应符合现行国家标准《建筑地面工程施工质量验收规范》（GB 50209—2010）的相关规定。

集成式厨房的表面应平整、洁净，无变形、鼓包、毛刺、裂纹、划痕、锐角、污渍或损伤。

集成式卫生间的部品部件、设施设备表面应平整、光洁，无变形、毛刺、裂纹、划痕、锐角、污渍，金属的防腐措施和木器的防水措施到位。

第 2 章 装配式内隔墙系统

2.1 装配式内隔墙系统概述

在装配式建筑体系中，建筑内墙占墙体围护结构的绝大部分，发展装配式内隔墙系统，可达到降低能耗、节约造价、标准化生产和施工的目的。装配式建筑的内墙墙体分为分户墙和内隔墙，其中分户墙是承重墙，不可移动，内隔墙可根据实际空间需求进行分隔装配。

装配式内隔墙系统主要是通过功能模块及配构件与建筑墙体形成一定的空腔，空腔内可敷设管线设备，实现了管线与主体结构的分离，无须破坏建筑墙体剔槽埋线，进一步提高了建筑的使用年限。墙板之间采用物理连接，安装便捷，可实现单块拆卸。

装配式隔墙宜采用带集成饰面层的轻质墙体，饰面层优先在工厂内完成，不应采用现场抹灰、涂刷等湿作业过多的工法。住宅分户隔墙、住宅套型与公共区域之间的墙体还需满足强度、隔声、防火要求，开关、插座、管线等穿过装配式隔墙时应采取防火封堵、密封隔声、加固、减震、隔震等相关技术措施。

2.1.1 装配式内隔墙系统的优势

1. 功能优势

装配式内隔墙系统集成化能满足办公空间灵活、住宅空间大的要求。装配式住宅的楼栋单元和套型建议采用大空间布局方法，以提升空间的灵活性与可变性，满足住户对空间的多样化需求。同时，大空间的设计对削减预制构件的数量和种类比较有利。

现有住宅建筑多为砌体和剪力墙结构，其承重墙体系和重质隔墙系统严重限制了居住空间的尺寸和布局，而大空间布置方式能满足住宅建筑空间的可变性和适应性要求。另外，在室内通过轻质集成化隔墙对空间进行了灵活划分，把设备管线布置在集成化隔墙内，方便检修和改造更新，以满足建筑的可持续发展需求。现代办公空间中经常采用集成化隔墙灵活分隔室内空间的做法，体现“一屋多用”的理念。集成化隔墙在现代办公空间的应用中具有较大的推广价值。集成化隔墙设计可以满足不同空间的功能需求，从而可以形成一个高效、系统化的现代办公空间。因此集成化隔墙已逐渐成为分割空间的主要手段。

2. 建造优势

传统建筑中将电气管线敷设于墙体中的做法非常普遍，这些管线的寿命均远远短于建筑主体结构的使用寿命，而检修、装修或更换埋在结构构件中的管线，不仅难度极大，还容易对结构造成损害。因此，装配式装修倡导管线与结构分离的原则，而采用管线分离技术可以减少对建筑空间的占用，从而使后期的设备管线检修维护变得十分简便。

3. 环保优势

内隔墙系统集成化的材料和部品均是一种产品，其均符合国家相关的环保、防火等标准，并具有产品合格证书等质量文件，较好地保证了整个内隔墙系统的环保性。

4. 装配式评价优势

内隔墙系统集成化同时包含内隔墙非砌筑、内隔墙与管线、装修一体化（内隔墙与管线一体化）、管线分离等，其具有总计 11%的装配率提高值，甚至可以取代一部分造价较高的评分项目，经济效益明显。

2.1.2 装配式内隔墙的种类及特点

装配式建筑内隔墙系统有多种材料和构造方法，具有质量轻、壁薄、拆装方便、节能环保等优势。根据施工方法的不同，可分为砌块式、骨架式和板式。根据施工技术的不同，可分为面板隔断墙、骨架隔断墙、活动隔断墙和玻璃隔断墙。

装配式建筑内隔墙根据工艺和尺寸可分为预制一体化墙板、组合墙板和条板。内墙主要采用蒸压加气混凝土板、煤渣混凝土空心隔墙板、轻质复合墙板、石膏空心带板和复合墙板等。

1. 预制一体化墙板

预制一体化墙板主要是指承重或非承重的预制混凝土外墙板，其主要由预制混凝土夹心板（又称三明治板）组成一个整体板，由外板、保温材料和内板组成。保温材料可以是岩棉、聚苯乙烯、聚氨酯、珍珠岩矿棉、玻璃棉等，根据夹层保温材料的不同，其防火等级也不同。预制一体化墙板可嵌入门窗框和管线中，室外侧面有独立的油漆或饰面。预制一体化墙板是集结构、保温、装饰功能于一体的墙板，其体积大、密度高，需要使用专业的起重机，因此成本也高。

2. 组合墙板

组合墙板由骨架（镀锌轻钢龙骨、木骨架）、外层、填充层和内表面层组成。龙骨在现场安装后，每层即可安装，也可预制成条状或大板状，可用于外墙和内隔墙。面板可选用石膏板、OSB 板，填充层可选用岩棉、玻璃棉。其具有质量轻、一体化程度高等优势，但现场施工工序较多。

3. 条板

条板其具有标准化程度高、工业生产效率高、节省空间、安装速度快、成本适中等优势。条板又分为几个详细的部件，分别为蒸压加气混凝土板、灰混凝土空心隔墙板、轻质复合墙板、石膏空心条板等类型。

（1）蒸压加气混凝土板可用于外墙板和内墙。其以砂、粉煤灰、石灰、水泥为主要原料，以铝粉为造气剂，经配料、搅拌、浇注、预养护、切割、蒸压养护而成，并配备不同数量的经防腐处理后的钢筋网片。其具有质量轻、保温、防火、易加工等优点，是一种单体材料，可满足建筑的绿色节能需求。外墙板外侧需要使用专用防水界面剂进行密封处理。其应用范围广，生产自动化水平高。

（2）灰混凝土空心隔墙板以水泥为原料，炉渣为骨料，纤维或钢筋为增强材料进行浇注或挤压而成的空心条带。与其他电路板相比，其有很大的优势，生产工艺简单、设备投资少。另外，其还可以由建筑垃圾等工业废弃物制备而成。

（3）轻质复合隔墙板是由纤维增强硅酸钙板作为面板，并以水泥和聚苯颗粒作为核心材料。其质量轻、保温性能好，是最早的墙板产品之一，生产工艺简单。

（4）石膏空心条板以建筑石膏为原料，并掺入无机轻集料、纤维增强材料等，生产能耗低。其微膨胀性能可以防止收缩和开裂，且具有一定的调湿功能，耐水性弱，不适用于卫生间、厨房等部位。

目前，较为主流的装配式隔墙系统有轻钢龙骨隔墙、装配式模块化隔墙、轻质条板隔墙、玻璃隔断及其他干法施工的隔墙系统，下文选取了几种常见的类型作为示例。

2.2 轻钢龙骨隔墙系统

2.2.1 轻钢龙骨隔墙系统的构成及特点

轻钢龙骨隔墙系统是由轻钢龙骨、保温和隔热内填材料、两侧覆饰面板组成的工业化生产、现场拼装的非承重装饰隔墙，如图 2-1 所示。

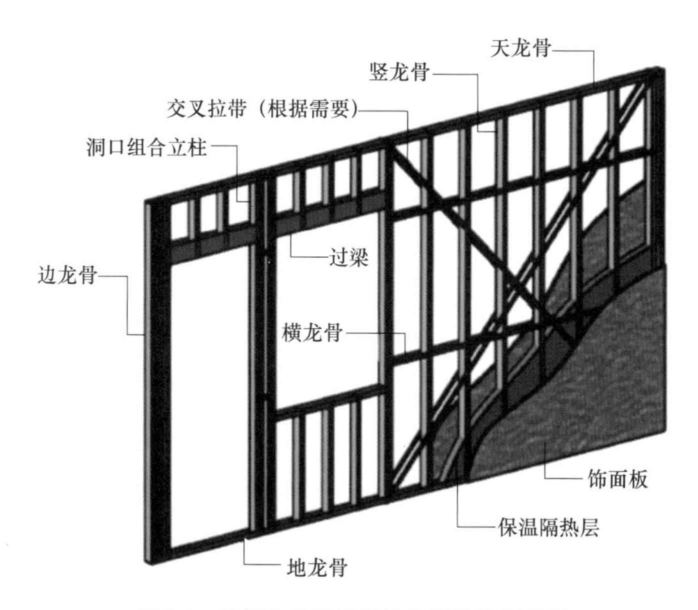

图 2-1 轻钢龙骨隔墙系统典型构造示意图

轻钢龙骨隔墙通常采用轻质材料，拼装法安装，施工效率较高。由于轻钢龙骨具有高强度和高刚度的特点，制成的结构非常安全、可靠。轻钢龙骨和表层部品通常通过滑动连接件固定，具有良好的抗震性能。在地震剪力的作用下，隔墙只产生承重滑动，而轻钢龙骨和面层受力较小，不会造成破坏。轻钢龙骨隔墙占地面积小，其保温性能远远超过砖墙。采用岩棉等隔热材料填充轻钢龙骨，隔热效果相当于 37mm 厚的砖墙。通常用于娱乐场所、会议室、办公室等的隔墙，不仅可以解决隔声和保温问题，还可以提高室内利用率。

2.2.2 轻钢龙骨隔墙系统的设计施工要点

（1）轻钢龙骨隔墙的构造组成和厚度应根据防火、隔声、空腔内设备管线安装等方面的要求确定；

（2）隔墙内的防火、保温、隔声填充材料宜选用岩棉、玻璃棉等不燃材料；

（3）有防水、防潮要求的房间隔墙应采取相关措施，墙面板宜采用耐水饰面一体化集成板，门与板交界处、板缝之间应做防水处理；

（3）隔墙上需固定或吊挂重物时，应采用可靠的加固措施；

（4）龙骨的布置应满足墙体强度的要求，必要时龙骨强度应进行验算，并采取相应的加强措施；

（5）门窗洞口、墙体转角连接处等部位的龙骨应进行加强处理；

（6）天地龙骨及边框龙骨应与结构体连接牢固，竖向龙骨应按设计要求布置龙骨间距；

（7）墙面板宜沿竖向铺设，当采用双层面板安装时，内外层面板的接缝应错开；

（8）板材接缝应做处理，固定墙面板材的钉眼应做防锈处理。

2.2.3 装配式墙板为体系的龙骨隔墙系统

集成饰面板技术的快速发展，让轻钢龙骨隔墙系统的面板也有了多种选择，目前较为普遍的有硅酸钙板、竹木纤维板（木塑复合板 WPC）、金属面板、玻镁板等。

随着建筑安全和防火隔声等标准的提升，装配式隔墙系统在材料的选用上，除了绿色环保、低碳节能、循环利用的要求之外，更应该使用轻质高强、防火隔声性能更好的材料。如以采用多元镁基胶凝材料制作而成的“安旷板”为例，该墙板具有高强度、质量轻、施工便捷、防火、隔声、造价低等优点，以“安旷板”为主要集成体系的龙骨隔墙系统如图 2-2 所示。该系统由高强防火龙骨、覆膜面板、A1 级岩棉板等材料集合构成。

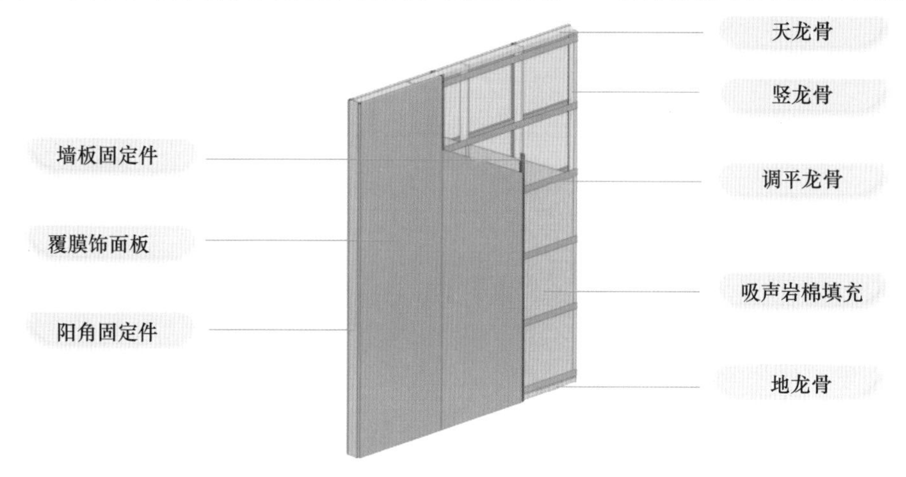

图 2-2　以装配式墙板为体系的龙骨隔墙系统示意图

装配式隔墙饰面板在物理性能要求上应满足《建筑用轻质隔墙条板》(GB/T 23451—2009)的基本要求，还应结合更多板材的机能要求进行检测，以实现更高的标准要求。

1. “安旷板”的主要特点与技术参数

“安旷板”即安旷防火墙板，是一款无机的绿色环保板材，为A1级不燃材料，无产烟毒性，环保无醛，性能稳定，板材使用寿命超长，能与建筑同寿。超低的干缩率、湿胀率可有效保证板材在各类环境中应用的稳定性。防霉耐湿，潮湿环境中强度不降低、不变形，且抗菌防霉效果优异，避免因霉菌生长而造成的室内过敏环境。板材平整度高、施工便捷、具有抗冲击性及柔韧性高等诸多优点。安旷板的性能指标要求见表2-1。

表2-1　安旷板的性能指标要求

项目		单位	性能指标
导热系数（平均温度25℃±2℃）		W/（m·K）	≤0.25
抗折强度	纵向	MPa	≥6.0
	横向	MPa	≥6.0
抗冲击强度		kJ/m²	≥18
耐火极限		h	≥2
密度		kg/m³	800≤*D*≤900
抗返卤性		—	应无水珠、无返潮
吸水厚度膨胀率		%	0.5
不透水性		—	具备不透水性
湿胀率		%	0.5
甲醛释放量		mg/m³	≤0.01
氯离子含量		—	≤0.01%
总挥发性有机化合物（TVOC）		μg/m³	≤0.01
抗冻性（冻融循环25次）		—	应无裂纹且表面无变化
软化系数[a]		—	≥0.8
燃烧性能		—	应符合A1级
产烟毒性		—	应符合AQ1级
放射性核素限量	内照射指数 I_{Ra}	—	≤0.3
	外照射指数 I_{γ}	—	≤0.5

a 对于产品厚度不小于60mm时，需要检测。

2. 隔墙系统的物理力学性能

集成墙板隔墙系统在满足《建筑用轻质隔墙条板》(GB/T 23451—2009)的基础上，应结合更多板材的机能要求进行检测，主要的物理力学性能应符合表2-2的规定。

表 2-2 隔墙物理力学性能要求

项目		性能指标								试验方法
		90mm	100mm	115mm	125mm	140mm	150mm	200mm	210mm	
耐火极限（min）		≥60				≥90		≥120		GB/T 9978—2008
空气隔声量（dB）		≥45					≥50		≥55	GB/T 19889.3—2005
饰物吊挂力[a]（N）		≥250	≥450	≥250	≥450	≥250	≥450	≥250	≥450	
软体抗冲击	结构性破坏试验	300N·m，10 次，无结构性破坏								JG/T 487—2016
	功能性破坏试验	120N·m，6 次，无功能性破坏，最大残余变形不大于 5mm，启闭无异常								
硬体抗冲击	结构性破坏试验	10N·m，10 个点，无结构性破坏								
	功能性破坏试验	6N·m，1 次，报告缺口半径无功能性破坏								

a 在饰面板厚度为 15mm 时，饰物吊挂力不应小于 450N。

2.3 模块化隔墙系统

2.3.1 模块化隔墙系统的组成及构造

模块化隔墙系统是由装配式轻质装饰墙板、连接板和连接件组成，工业化生产、现场拼装的非承重装饰隔墙，如图 2-3 所示。

模块化隔墙是采用无轻钢龙骨的结构设计，由高强防火龙骨，结合饰面板及保温材料制作为隔墙的主板、副板。主板固定后，通过榫口咬合及连接型材将主、副板结合。饰面板背对背交错拼接增强了支撑，高强防火龙骨的应用也增加了隔墙的整体稳定性。模块化隔墙系统的整体构造如图 2-4 所示。

模块化隔墙的主副墙板内部均采用了一定量的阻燃保温材料，其内部可预装水电管线集成。通过工厂工业化预制管线及装饰面层有效取代施工现场开槽、走线、湿法装饰作业等繁琐工序，提高了现场安装效率。主要的节点示意如图 2-5～图 2-7所示。

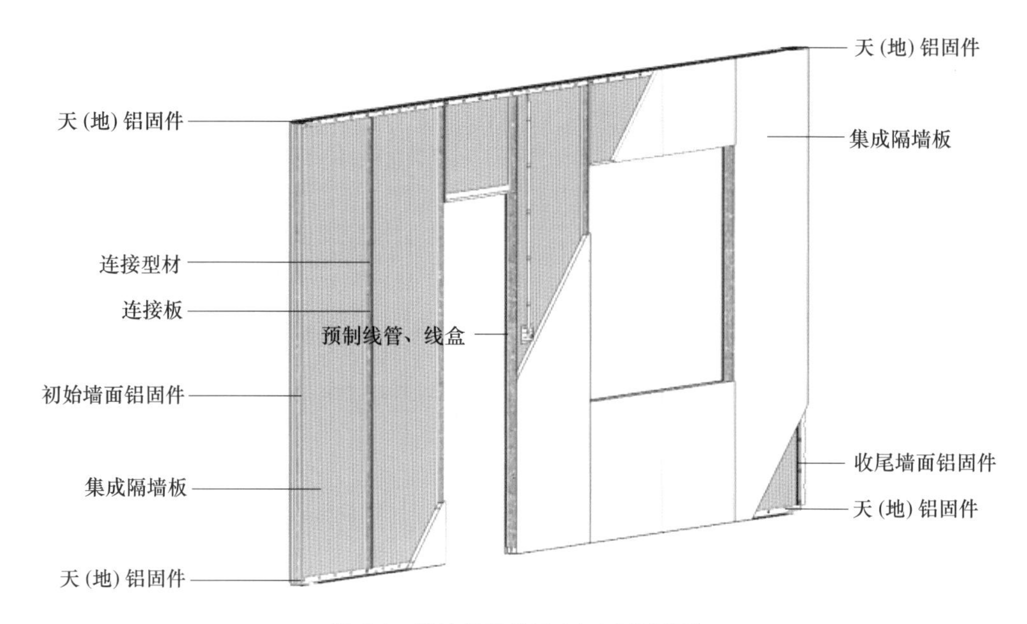

图 2-3　模块化隔墙示意图（俯视图）

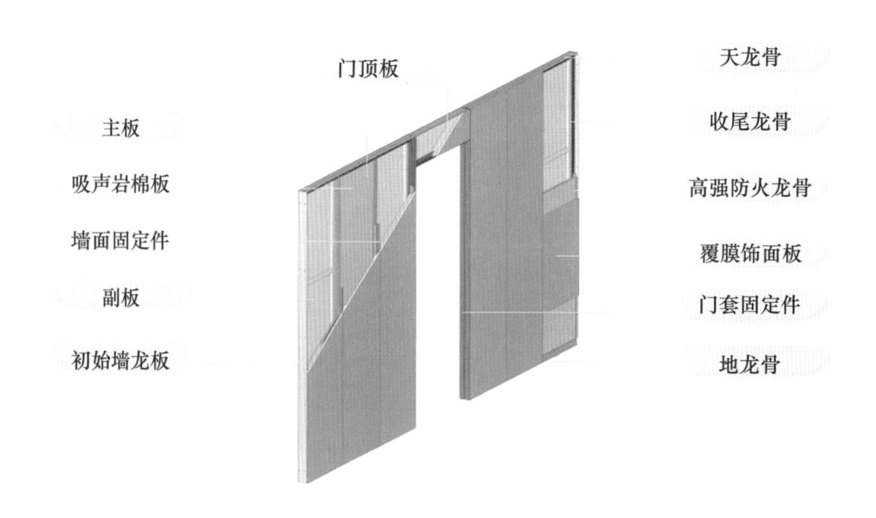

图 2-4　模块化隔墙系统结构示意图

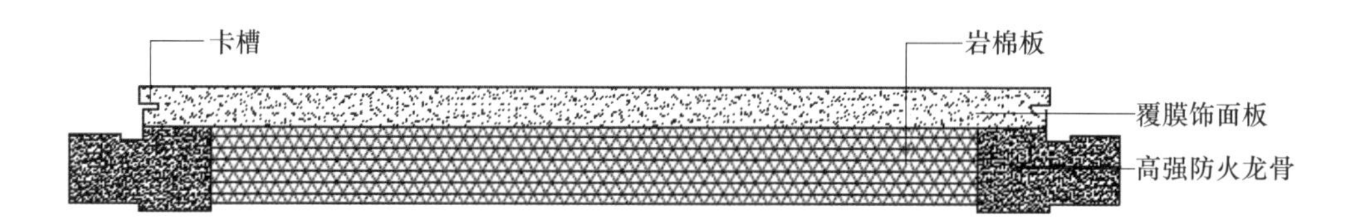

图 2-5　模块化装配式快装隔墙主板示意图

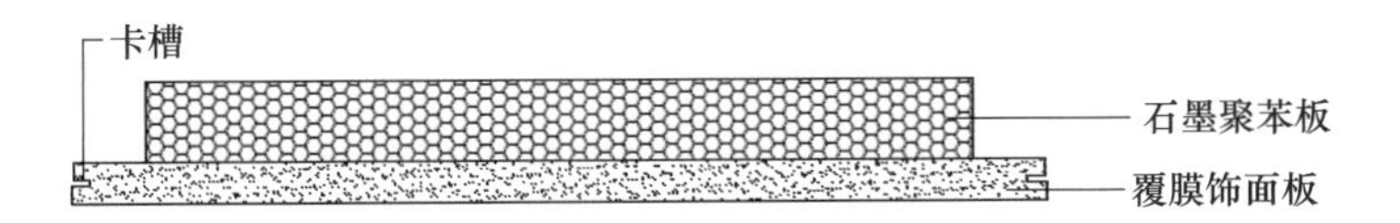

图 2-6 模块化装配式快装隔墙副板示意图

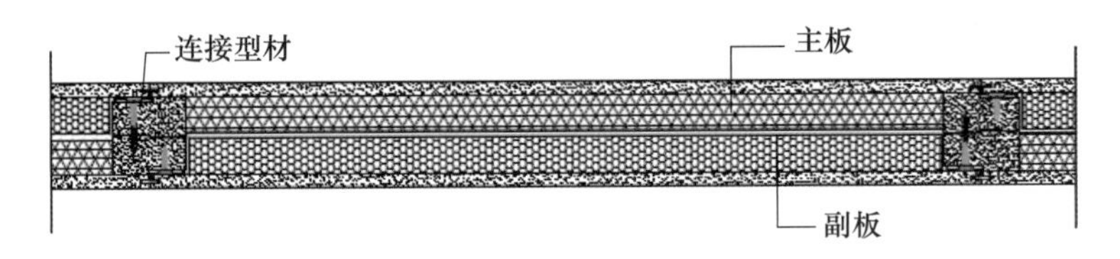

图 2-7 模块化装配式快装隔墙组装效果示意图

该模块化快装隔墙选用碳排放因子较低的材料，相对传统的实心墙、传统轻钢龙骨隔墙，其每平方米碳排放量减少 40%～70%不等。自重仅为传统隔墙产品的 30%，降低了 236kg/m² 的建筑面积承载，减少了 7%～8%的钢筋水泥用量，极大减少了碳排放量。同时，在施工过程中减少了多余物料的无辜损耗，减少了施工现场的建筑垃圾产生，也在一定程度上助力了建筑行业的节能及可持续循环发展。

2.3.2 模块化隔墙系统的性能要求

模块化隔墙系统的物理力学性能应符合表 2-3 的规定。

表 2-3 隔墙系统物理力学性能要求

项目		性能指标					试验方法
		90mm	120mm	150mm	200mm	300mm	
耐火极限（h）		≥1.0	≥1.5	≥2.0			GB/T 9978—2008
空气隔声量（dB）		≥45	≥45	≥50	≥50	≥55	GB/T 19889.3—2005
饰物吊挂力（N）		≥450					JG/T 169—2016
软体抗冲击	结构性破坏试验	300N·m，10 次，无结构性破坏					JG/T 487—2016
	功能性破坏试验	120N·m，6 次，无功能性破坏，最大残余变形≤5mm，启闭无异常					
硬体抗冲击	结构性破坏试验	10N·m，10 个点，无结构性破坏					
	功能性破坏试验	6N·m，1 次，报告缺口半径无功能性破坏					

2.3.3 模块化隔墙系统的设计施工要点

（1）连接件与楼板和地面连接应采用T型连接件，与边墙连接应采用π型连接件；与主体结构梁（板）的连接可采用膨胀螺栓或射钉直接固定；与装饰墙板间的连接应采用T型连接件，宜采用螺钉固定。

（2）连接件长度须加长时，龙骨接口应对齐，可不搭接；连接板的拼接缝不宜位于装饰墙板的中间位置，与装饰墙板的型材连接宜采用螺钉固定。

（3）装饰墙板安装时，应按隔墙长度方向竖向排列，高度不宜大于3.0m，排板宜采用标准板。超出限高规定时，应由工程设计单位另行设计。

（4）装饰墙板接板安装时，墙板连接部位应有增强措施。墙板拼接缝与连接板拼缝位置错开距离应不小于300mm。

（5）装饰隔墙门窗洞口四周应采用连接板固定，当门窗洞口宽度大于1200mm时，应采取加固措施，门窗洞口四周的连接板不宜进行拼接处理。

（6）隔墙与隔墙成L型、T型或十字型连接时，隔墙端部可采用螺钉与竖龙骨连接，隔墙阳角应采用专用阳角条连接墙板固定件与墙板连接固定，隔墙阴角应采用专用阴角连接件连接固定。

（7）墙体内预埋水、电线管时应预先设计水、电线管和线盒图，并在工厂预制完成，保证与复合装饰墙板连接牢固。

（8）当墙体上预设的门窗处、预埋的水（电）箱（柜）等开洞处与型材位置冲突时，应对复合装饰墙板的布置进行调整。

（9）直径不大于300mm的圆管穿墙时，可后开孔；边长不大于300mm的方管穿墙时，应在安装饰面板时开孔，并宜采用有机保温材料等临时填充孔洞。

（10）直径大于300mm的圆管或边长大于300mm的方管穿墙时，应采取增强措施，并用饰面板封堵孔洞周边。

（11）套管与隔墙空隙应采用密封胶封堵密实。

2.3.4 模块化隔墙系统适用场景

模块化隔墙系统可适用于家居和工装场景。家居场景应用具有简约大气的装修风格，无论是毛坯房、精装房还是旧房翻新均可应用，无尘环保、施工成本低、周期短，耐磨抗污、不易变形等；适用于工装场景如康养医疗、科教院校、市政工程（如隧道、桥梁、地铁等）、商业综合体、酒店会所、地产精装等室内墙面装修，性能稳定、使用寿命长、抗冲击强度高、防火防潮、环保节能等。

2.4 轻质条板内隔墙系统

2.4.1 轻质条板内隔墙设计要求

轻质条板内隔墙按功能要求可分为普通隔墙、防火隔墙、隔声隔墙，按使用部位的不同可分为分户隔墙、走廊隔墙、楼梯间隔墙、房间分室隔墙等；应根据不同条板隔墙的技术性能及不同建筑使用功能和使用部位的不同，分别设计单层条板隔墙、双层条板隔墙、拼接拼装条板隔墙。下文以 RFC 轻质条板隔墙为例，系统阐述了具体的设计要求及做法。

1. 一般规定

RFC 轻质条板隔墙工程安装前工程设计单位应提供 RFC 条板隔墙的设计技术文件。设计技术文件应符合下列规定：

（1）应确定选用 RFC 轻质条板隔墙的种类和轴线分布，隔墙的厚度要求，门、窗分布位置和洞口尺寸配电箱、控制柜和插座、开关盒及水电管线分布位置及开槽深度宽度、长度和留洞尺寸。

（2）根据建筑各部位使用功能要求应明确 RFC 轻质条板隔墙的防火、隔声、防潮、防水保温、防裂、防辐射等技术性能要求采取相关措施。

（3）应明确 RFC 轻质条板隔墙的吊挂重物要求，并采取相应的加固措施。

（4）当安装 RFC 轻质条板隔墙的高度、长度有特殊要求时，应采取相应抗震与加固措施。

2. RFC 轻质条板隔墙设计

（1）RFC 轻质条板隔墙可用作分户隔墙、分室隔墙、外走廊隔墙、楼梯间隔墙等。RFC 轻质条板隔墙设计时，应根据其使用功能和使用部位按照表 2-4 选择单层条板隔墙或双层条板隔墙。

表 2-4　RFC 轻质条板隔墙主要技术参数

名称	墙厚（mm）	隔声量（dB）	耐火极限（h）	传热系数［W/（m^2·k）］	应用部位
单层 RFC 条板隔墙	90	≥35	≥1.0	—	用于分室隔墙、走廊隔墙
	120	≥40		≤2.0	
双层 RFC 条板隔墙	200	≥50	≥1.0	≤1.5	用于分户隔墙、走廊隔墙和楼梯间隔墙
	260	≥50		≤1.5	

（2）RFC 轻质条板隔墙厚度应满足建筑物抗震、防火、隔声、保温等功能要求。单层 RFC 轻质条板隔墙用作户内分室隔墙时，空气声计权隔声量应不小于 35dB；双层 RFC 轻质条板隔墙用作分户墙时，空气声计权隔声量应不小于 45dB。

（3）双层 RFC 轻质条板隔墙的两板间距宜为 10～50mm；可作空气层或填入吸声、保温等功能材料。

（4）对于双层 RFC 轻质条板隔墙，两侧墙面的竖向接缝错开距离不应小于 200mm，两板间应采取连接、加强固定措施。

（5）接板安装的单层 RFC 轻质条板隔墙不采取加强措施的情况下，其安装高度应符合下列规定：

① 90mm 厚条板隔墙的安装高度不应大于 3.6m；

② 120mm 厚条板隔墙的安装高度不应大于 4.2m；

③ 150mm 厚条板隔墙的安装高度不应大于 4.5m。

（6）RFC 轻质条板隔墙的隔声性能指标应符合国家标准《民用建筑隔声设计规范》（GB 50118—2010）的有关规定，并应满足工程设计要求。

（7）RFC 轻质条板隔墙与顶板、结构梁、主体墙和柱之间的连接应采用钢卡，并应使用胀管螺丝、射钉固定。钢卡的固定应符合下列规定：

① 条板隔墙与顶板、结构梁的接缝处，钢卡间距不应大于 600mm；

② 条板隔墙与主体墙、柱的接缝处，用钢卡固定时，钢卡间距不应大于 1m；

③ 接板安装的条板隔墙，条板上端与顶板、结构梁的接缝处应加设钢卡进行固定且每块条板不应少于 2 个固定点。

（8）当 RFC 轻质条板隔墙须吊挂重物和设备时，不得单点固定，并应采取加固措施固定点间距应大于 300mm。用作固定和加固的预埋件和锚固件均应作防腐或防锈处理并避免预埋件外露。

（9）当 RFC 轻质条板隔墙用于厨房、卫生间及有防潮、防水要求的环境时，应采用 RFC 专用防水坎工艺构造做法。对于附设水池、水箱、洗手盆等设施的 RFC 轻质条板隔墙墙面应做防水处理且防水高度不宜低于 1.8m。

（10）对于有防火要求的分户隔墙、走廊隔墙和楼梯间隔墙、RFC 条板隔墙的燃烧性能和耐火极限指标应符合国家标准《建筑设计防火规范（2018 年版）》（GB 50016—2014），并应满足工程设计要求。

（11）对于有保温要求的分户隔墙、走廊隔墙和楼梯间隔墙、应采取相应的保温措施，并可选用 RFC 双层条板隔墙。居住建筑分户墙的传热系数应符合现行行业标准的有关规定。

（12）顶端为自由端的 RFC 轻质条板隔墙，应做压顶。压顶宜采用通长角钢圈梁，并用水泥砂浆覆盖抹平，也可设置混凝土圈梁，且每块空心条板顶端孔洞均应局部灌实且埋设不少于一根钢筋与上部角钢圈梁或混凝土圈梁钢筋连接隔墙上端，应间断设置拉杆与主体结构固定；所有外露铁件均应做防锈处理。

2.4.2 轻质条板隔墙系统构造

1. 构造措施

（1）当单层 RFC 轻质条板隔墙采取接板安装且在限高以内时，竖向接板不宜超过二次，且相邻条板接头位置应至少错开 300mm，对接部位宜设在墙高上部 1/3 处 RFC 轻质条板对接部位应设置连接件或定位钢卡，做好定位加固和防裂处理。双层 RFC 条板隔墙宜按单层 RFC 轻质条板隔墙的施工方法进行设计。

（2）RFC 轻质条板隔墙安装长度超过 6m 时，应设置构造柱，并应采取加固措施。

（3）RFC 轻质条板应竖向排列排板应采用标准板。当隔墙端部尺寸不足一块标准板宽时，可采用补板，且补板宽度不应小于 200mm。

（4）单层 RFC 轻质条板隔墙内不宜设置暗埋的配电箱、控制柜。可采取明装的方式或局部设置双层条板的方式。配电箱、控制柜不得穿透隔墙。配电箱、控制柜宜选用薄型箱体。

（5）单层 RFC 轻质条板隔墙内不宜横向暗埋水管。当需要敷设水管时，宜局部设置附墙或采用双层 RFC 轻质条板隔墙也可采用明装的方式。当需在单层 RFC 轻质条板内局部暗埋水管时，隔墙厚度不应小于 120mm，且开槽长度不应大于 RFC 条板宽度的 1/2，并应采取防渗漏和防裂措施。当低温环境下水管可能产生冰冻或结露时，应进行防冻或防结露设计。

（6）RFC 轻质条板隔墙的板与板之间采用子母口对接方式，并应根据不同材质、不同构造、不同部位的隔墙采取下列防裂措施：

① 应在板与板之间对接缝隙内填满、灌实粘接砂浆企口接缝处应采取抗裂措施；

② 条板隔墙阴阳角处以及条板与建筑主体结构结合处应做专门防裂处理。

（7）确定 RFC 轻质条板隔墙上预留门、窗洞口位置时，应选用与隔墙厚度相适应的门、窗框。当采用空心条板作门、窗框板时，距板边 120～150mm 范围内不得有空心孔洞，可将空心 RFC 轻质条板的第一孔用细石混凝土灌实。

（8）工厂预制的门、窗框板靠门、窗框一侧应设置固定门窗的预埋件。施工现场用无齿锯或云石机切割制作的门、窗框板可采用胀管螺丝或其他加固件与门窗框固定并应根据门窗洞口大小确定固定位置和数量，且每侧的固定点不应少于 3 处。

（9）当门、窗框板上部墙体高度大于 600mm 或门窗洞口宽度超过 1.5m 时，应采用配有钢筋的过梁板或采取其他加固措施过梁板两端搭接处不应小于 100mm。门框板、窗框板与门、窗框的接缝处应采取密封、隔声、防裂等措施。

2. 排版设计

根据精装图确定隔墙板的位置，并深化板材尺寸、埋件位置、安装方向等。

3. 连接设计

（1）所用卡件，如图 2-8 所示。

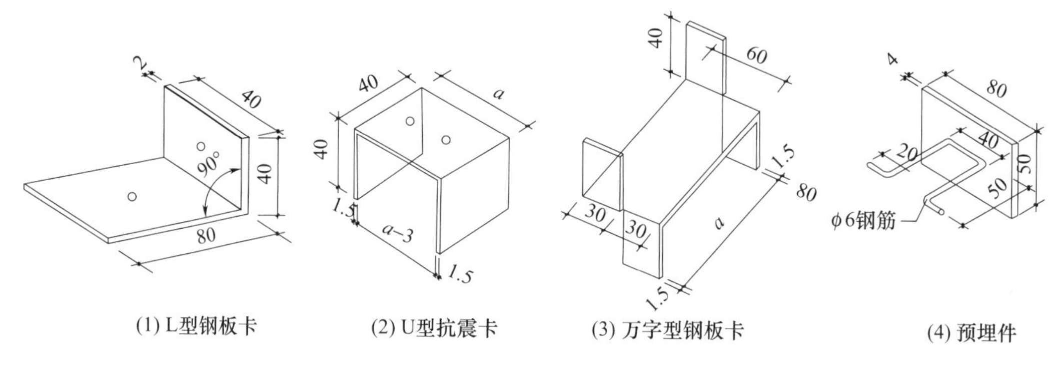

图 2-8　卡件示意图（单位：mm）

（2）RFC 条板组装，如图 2-9 所示。

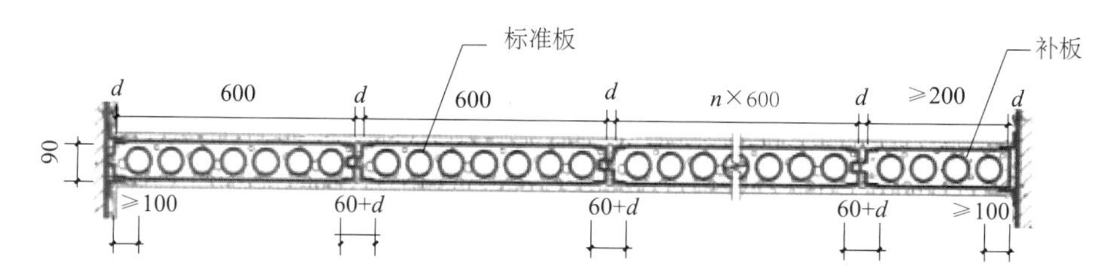

图 2-9　RFC 条板组装节点图（单位：mm）

（3）RFC 条板与顶板连接，如图 2-10 所示。

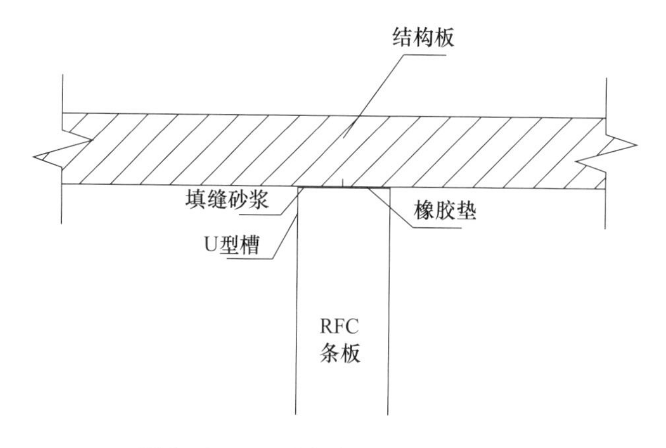

图 2-10　RFC 条板与顶板连接节点图

（4）RFC 条板与底板连接，如图 2-11 所示。

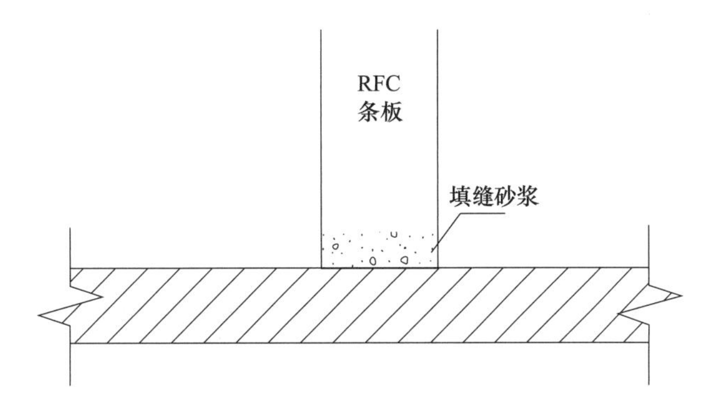

图 2-11　RFC 条板与底板连接节点图

（5）条板与条板连接（竖向缝），如图 2-12 所示。

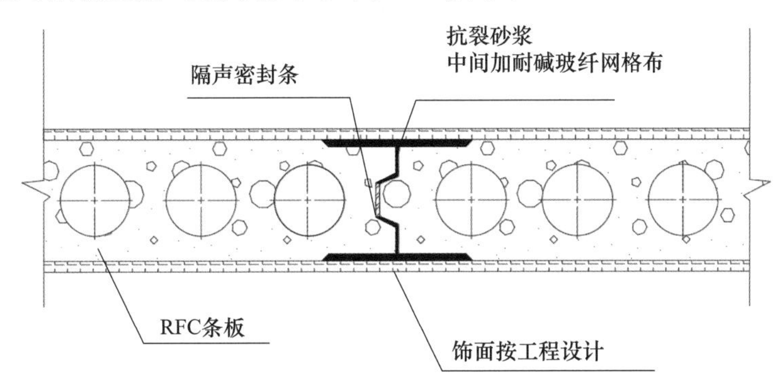

图 2-12　条板与条板连接节点图

（6）RFC 条板与墙连接，如图 2-13 所示。

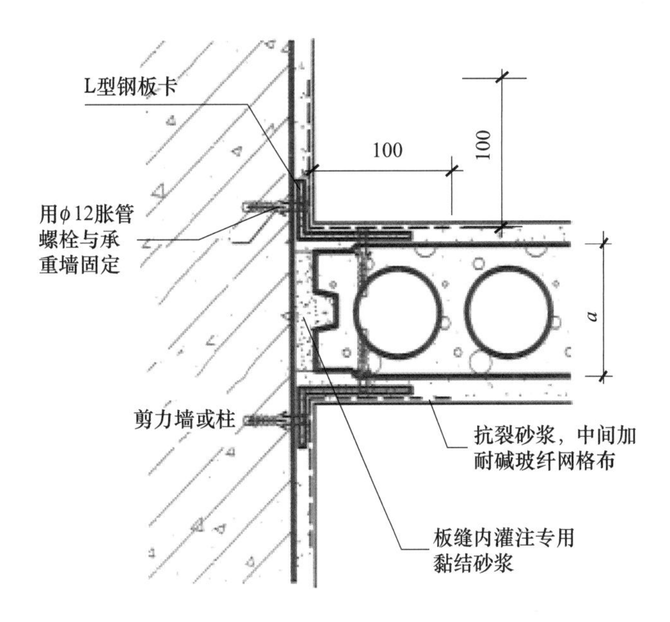

图 2-13　RFC 条板与墙连接节点（单位：mm）

（7）T 型连接，如图 2-14 所示。

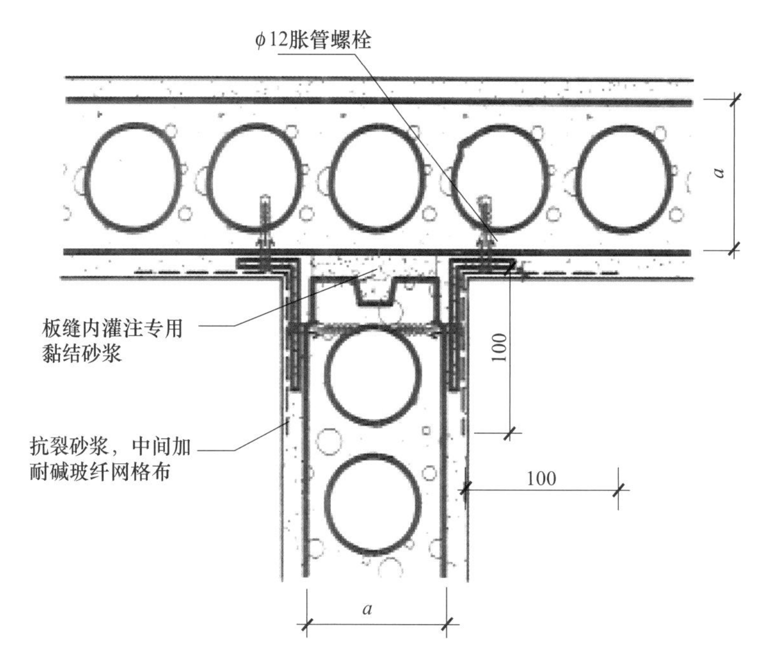

图 2-14　T 型条板连接节点（单位：mm）

（8）L 型条板连接，如图 2-15 所示。

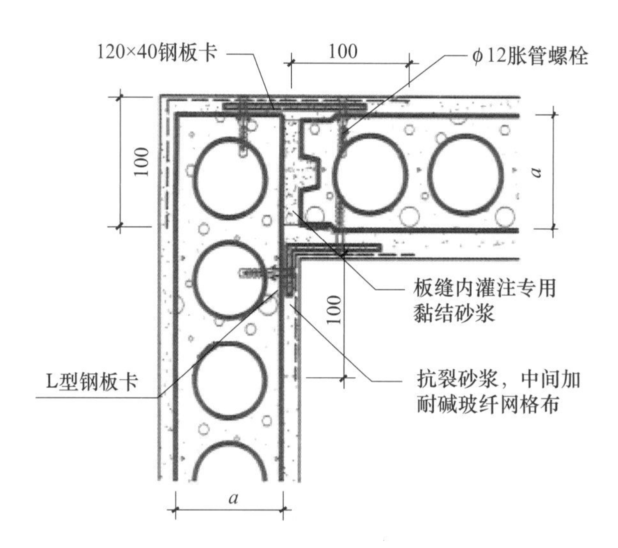

图 2-15　L 型条板连接节点（单位：mm）

（9）十字型条板连接，如图 2-16 所示。

（10）预埋线盒，安装示意如图 2-17 所示。

（11）预埋吊柜及空调挂件安装，如图 2-18 所示。

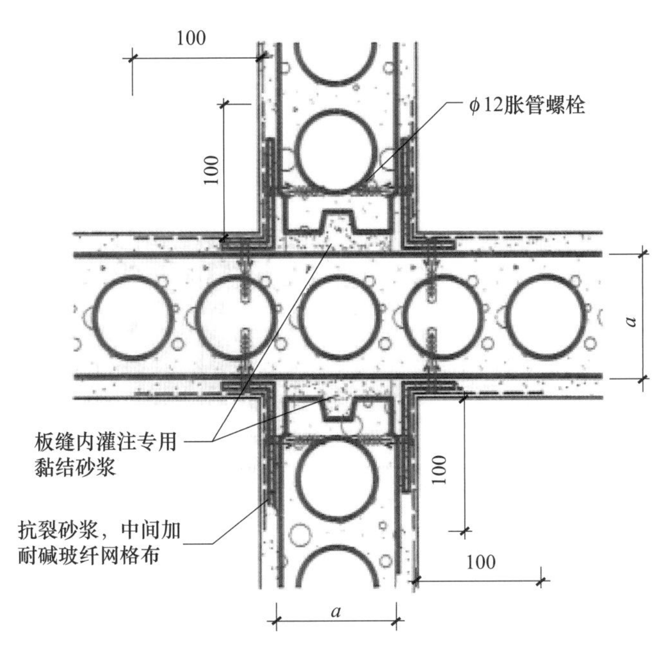

图 2-16 十字型条板连接节点（单位：mm）

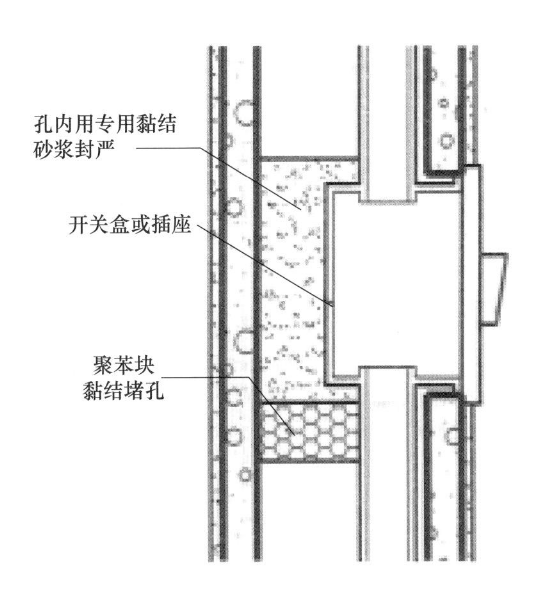

图 2-17 预埋线盒安装节点

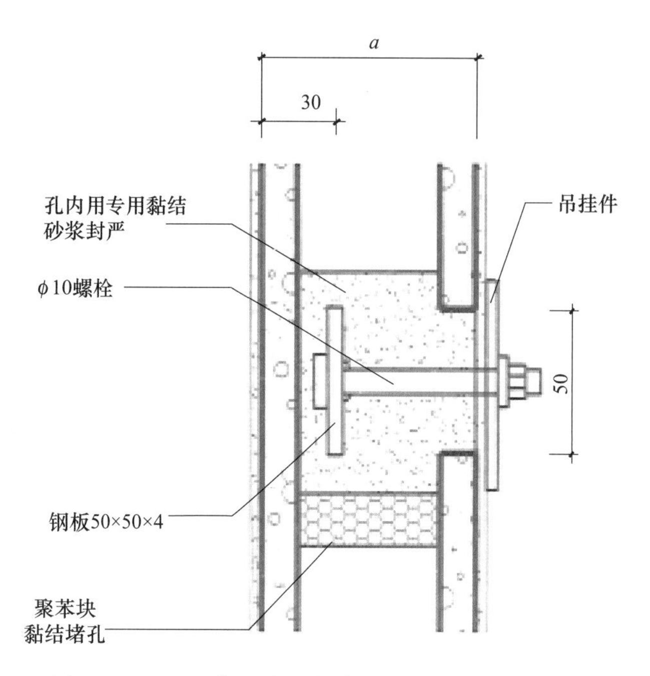

图 2-18　预埋吊柜及空调挂件安装节点（单位：mm）

（12）墙板与门窗连接，如图 2-19 所示。

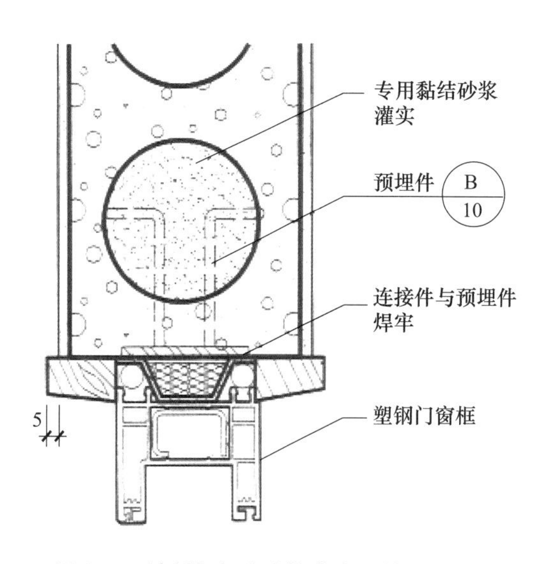

图 2-19　墙板与门窗连接节点（单位：mm）

2.4.3　轻质隔墙条板的性能要求

轻质混凝土空心条板有标准板、门框板、窗框板、门上板、窗上板、窗下板及异形板。标准板用于一般隔墙，其他板可按工程设计确定的规格进行加工。

轻质隔墙条板的主要物理性能应符合表 2-5 的规定。

表 2-5 轻质隔墙条板主要物理性能指标

序号	项目	指标			
		板厚 90mm	板厚 95mm	板厚 120mm	板厚 150mm
1	面密度（kg/m²）	≤75		≤95	≤120
2	抗压强度（MPa）	≥3.5			
3	抗冲击性能（次）	≥5			
4	抗弯承载/板自重倍数	≥1.5			
5	软化系数	≥0.4			
6	含水率（%）	≤10			
7	干燥收缩值（mm/m）	≤0.6			
8	空气隔声量（dB）	≥35		≥40	≥45
9	吊挂力（N）	≥1000			
10	抗冻性	不应出现可见的裂纹且表面无变化			
11	耐火极限（h）	≥1			≥2
12	燃烧性能	A 级			
13	传热系数［W/(m²·K)］	—		≤2.0	≤1.5
14	孔间肋厚和面层壁厚（mm）	≥12			

2.4.4 轻质条板隔墙系统施工安装要点

轻质条板的施工应结合设计、生产、装配进行一体化整体策划，协同装饰装修各专业要求制订相关施工组织设计和施工方案，专业施工方案应包括工程概况、编制依据、进度计划、施工现场布置、预制构件运输与存放、安装连接施工、验收及成品保护、绿色施工、安全管理、质量管理、信息化管理、应急预案等。

1. 放线

在地面上根据图纸中隔墙轴线首先放出墙的中心线，然后根据墙中线向两边离边线50mm分别弹出墙的控制线，作为检查墙体位置的依据。根据地面上的控制线用吊垂的方法将地面上的控制线弹到顶面的梁或板上。

2. 安装墙板

（1）放线：在墙板安装部位弹基线与楼板底或梁底基线垂直，以保证安装墙板的平整度和垂直度等，并标识门洞、窗洞位置。

（2）切割：墙板切割在工厂进行，切割板墙必须用水时，应使用水量减到很小用量，板墙在安装过程中，基本实行干法作业。

（3）上浆：先用湿布抹干净墙板凹凸槽的表面粉尘，并刷水湿润，再将聚合物砂浆抹在墙板的凹槽内和地板基线内。

（4）排版与装板：施工前进行排版。用铁撬将墙板从底部撬起用力使板与板之间靠紧、使砂浆聚合物从接缝挤出，一定保证板缝的砂浆饱满，用木楔将其临时固定。

（5）校正：墙板初步拼装好后，要用2m的直靠尺检查平整度和垂直度，并用铁撬调校正，再用木楔及U型卡座上下固定。

（6）安装顺序：从结构部位一端向另一端顺序安装，由楼板地面向楼板顶或梁底安装。当墙端宽度或高度不足一块整板时，应使用补板。高度水平向为错缝安装。

3. 墙体的加固措施

根据项目实际情况进行横梁和立柱的加固。

4. 机电安装专业配合

墙板内埋设线管、开关插座盒时，由水电安装单位根据设计要求一次性在墙板上画出全部强弱电和给排水的各类线管槽、箱、盒的位置。不得在同一位置两面同时开槽开洞，且应在墙体养护最少3d后进行。如遇有墙体两侧同一位置同时布有线管、箱体、开关盒时，应在水平方向或高度方向错开100mm以上，以免降低墙体隔声性能。

开槽时，应先弹好要开槽的尺寸宽度，并用（小型）手提切割机割出框线，再用人工轻凿槽，严禁暴力开槽开洞。一般凿槽深度不宜大于板厚的2/3，宽度不宜大于400mm。线管的埋设方式和规范请按相关要求进行。线管埋设好后用聚合物水泥砂浆按板缝处理的方法处理分层回填实。

5. 吊挂物的处理

吊挂重力强度是复合墙板的重要性能之一，该产品其单点吊挂力可达100kg以上。要说明的是：吊挂重物的吊挂件必须是膨胀螺栓，安装时用电钻把表面的面板钻穿后（墙板芯材不需钻孔），直接把膨胀螺栓打进墙板内；吊挂轻物的吊挂件可为不锈钢钉或自攻螺钉，安装时用电钻把表面的面板钻穿后（其直径必须小于钢钉或螺钉直径1～2mm，墙板芯材不需钻孔），直接把螺钉打进（拧进）墙板内。

6. 板缝的处理

墙板调整好平整度和垂直度后，用混合好的聚合砂浆和网格布将板缝抹平。遇到与原结构柱连接部位，先在结构柱上涂抹浆料，用板子压实挤出浆料，然后用网格布嵌缝，再用浆料涂抹水平。

2.4.5 轻质条板隔墙系统适用场景

RFC轻质条板适用于居住建筑、公共建筑与工业建筑的非承重内隔墙，如住宅、写字楼、酒店、医院、教学楼、厂房的内隔墙、防火墙等。

针对项目需要避免现场开槽，缩短工期，隔声、耐火、环保无辐射，节约室内面积，更方便墙饰面做法，降低装修费用等要求，都可选用轻质条板隔墙系统。

第3章 装配式装修墙面系统

3.1 装配式墙面系统概述

装配式墙面系统是指由装饰面层、基材、功能模块及配构件（龙骨、连接件、填充材料等）构成，采用干式工法、工厂生产、现场组合安装而成的集成化墙面。

3.1.1 装配式墙面系统的特点

（1）表达效果多样。装配式墙面系统在原材料上选择比较多，基材板普遍具有大板块、防水、防火以及耐久等特点，可以根据使用空间要求，进行不同的饰面复合技术处理，表达出壁纸、布纹、石纹、木纹、皮纹、砖纹等各种质感和肌理的饰面，也可以根据客户需求定制深浅颜色、凹凸触感以及不同的光泽度。

（2）现场绿色装配。装配式墙面在工厂整体集成，在装配现场不再进行墙面的批刮腻子、裱糊壁纸或涂刷乳胶漆等湿作业即可完成饰面。在施工上，完全按照干式工法进行安装，装配效率高，不受季节和天气的影响。

（3）使用体验效果好。在使用体验上，基本上具有可逆装配、防污耐磨、易于打理保养、易于翻新等优点，特别是工厂整体包覆的壁纸、壁布墙板，侧面卷边包覆的工艺可以有效避免使用者的开裂、翘起现象。

（4）技术体系更丰富。未来装配式墙面系统会吸收更多的材料类型和安装工艺，内容更加多元化，比如传统瓷砖、型钢板等。并且随着模块化隔墙技术的日渐成熟，装配式墙面系统会逐渐与隔墙模块集成生产，使室内隔墙的集成度更高，安装效率更高，同时对运输与安装过程中的产品保护要求也会提高。

（5）管线分离。装配式墙面技术通过功能模块及配构件与建筑墙体形成一定的空腔，空腔内可以敷设管线设备，实现了管线与主体结构的分离，无须再破坏建筑墙体剔槽埋线，进一步地提高了建筑的使用年限。墙板之间为物理连接，安装便捷，可实现单块拆卸。此外，墙板处还设置了检修口，便于后期设备管线检修与更换。

3.1.2 装配式墙面系统的构成及设计

装配式墙面系统主要用于室内墙面的装修装饰，主要由基层墙体、找平层、连接层、饰面层构成，是一种新型干式工法墙面系统，其基本构造见表 3-1 和图 3-1 所示。

表 3-1 装配式墙面系统的基本构造

基层墙体	装配式墙面系统基本构造		
	找平层	连接层	饰面层
混凝土墙体、各种砌体墙体、各种轻质条板墙体或龙骨类轻质墙板墙体	连接件找平	“龙骨＋连接件”、黏结材料或紧固件机械固定	复合饰面板

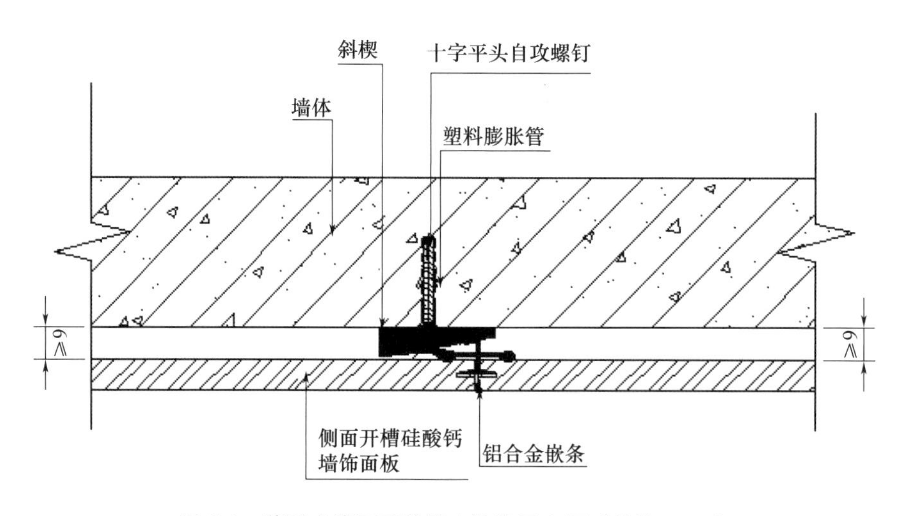

图 3-1 装配式墙面系统基本构造示意图（单位：mm）

目前装配式墙面系统相对比较成熟，产品类型多样，效果表达丰富，已广泛应用于多种建筑类型中，优势明显。市场上常见的装配式墙面做法大致按照不同构件可以分为基于点状构件的墙面、基于横向构件的墙面和基于竖向构件的墙面 3 种类型，并且这 3

种类型基本都包括了龙骨、连接件等构件，见表 3-2。

表 3-2 现有装配式墙面系统技术体系分析

<table>
<tr><th rowspan="2">类型</th><th colspan="2">龙骨</th><th colspan="2">连接件</th><th rowspan="2">墙板连接方式</th></tr>
<tr><th>名称</th><th>连接方式</th><th>名称</th><th>连接方式</th></tr>
<tr><td rowspan="3">基于点状构件的墙面系统</td><td rowspan="2">点龙骨</td><td rowspan="2">打钉或胶粘</td><td>—</td><td>—</td><td>打钉或胶粘</td></tr>
<tr><td>工字型竖向龙骨</td><td>打钉</td><td>物理连接</td></tr>
<tr><td>—</td><td>—</td><td>墙板连接插片</td><td>打钉</td><td>物理连接</td></tr>
<tr><td rowspan="2">基于横向构件的墙面系统</td><td rowspan="2">M 型横向龙骨</td><td rowspan="2">打钉</td><td>工字型竖向龙骨</td><td>打钉</td><td>物理连接</td></tr>
<tr><td>墙板连接插片</td><td>打钉</td><td>物理连接</td></tr>
<tr><td>基于竖向构件的墙面系统</td><td>工字型竖向龙骨</td><td>打钉</td><td>—</td><td>—</td><td>物理连接</td></tr>
</table>

1. 基于点状构件的墙面系统设计

此类墙面设计是指通过点状构件（点龙骨或者墙板连接插片）按照一定规格排布实现墙板的快速挂装，主要包括了 2 种方式。一是通过点龙骨和工字型竖向龙骨的搭配使用实现墙板挂装，或者是直接将墙板胶粘至点龙骨上；二是无需龙骨调平，直接通过墙板连接插片将墙板固定至墙体上。

1）组成要素

（1）点龙骨。点龙骨也称“树脂螺栓调节支脚”，底座直径约为 80mm，可以通过旋转调节出 20～40mm 的找平层高度，进而形成 50～80mm 的空腔高度。根据不同墙体的平整度，可以对每个树脂螺栓调节支脚进行独立高度调节，从而实现无须对墙体进行抹灰找平而直接达到粘挂饰面墙板所需要的平整度。

（2）工字型竖向龙骨。工字型竖向龙骨是墙板和点龙骨连接的关键构件，既是饰面墙板与墙体的连接件，也是墙板与墙板直接的连接件，能够保证墙板安装的平整度。其规格可根据墙板高度进行任意裁切，一般是与墙板等高，材质为轻钢或者铝合金。

（3）墙板连接插片。墙板连接插片是墙板直接安装在无须找平的建筑墙体上的连接构件，也是墙板之间拼装的连接件。

2）连接方式

（1）按照事先设计好的排布方式图在墙面上弹好安装线。

（2）在调节支脚背面附着 10g 左右的结构胶，对准事先弹好墨线交叉点后用力按压至固定牢靠。

（3）转动调节支脚盖板进行墙面找平，待墙面平整度达到要求后开始安装第一块墙板，并用工字型竖向龙骨或墙板连接插片对墙板进行固定。

（4）依次安装下一块墙板。

2. 基于横向构件的墙面系统设计

此类墙面设计是指通过横向龙骨和连接件的搭配使用来实现墙板的挂装。该墙面做法主要有 2 种调平方式：①先用调节板对空间进行整体调平，再将 M 型横向龙骨安装至调节板上；②先将 M 型横向龙骨固定至墙体上，然后再通过专用调平件进行调平处理，待墙面平整后再将龙骨锁紧，并依次安装墙板。其中，墙板挂装方式也分为 2 种：①通过工字型竖向龙骨连接墙板和横向龙骨，整面墙板均受到的拉力，其稳定性更佳；②通过墙板连接插片与墙板和横向龙骨形成点连接，墙板可以在水平方向上进行随意位移，拼装更为灵活。

1）组成要素

M 型横向龙骨。横向龙骨采用 M 型结构轻钢设计，造型稳定牢固，表面做粗糙状处理，增加表面摩擦力，此外龙骨中间以 100mm×100mm 间距设有长条形孔洞，便于龙骨裁切后安装。此外，该类墙面还涉及工字型竖向龙骨，其构件、性能指标等均与上面所介绍的一样。

2）连接方式

将 M 型横向龙骨按照 500mm×500mm 间距排布，并用自攻螺丝或膨胀螺栓固定至建筑墙体上，再用专业调平件对龙骨进行统一调平，待龙骨达到设计平整度后，进行饰面墙板安装。根据墙板编码找到第一块墙板并用工字型竖向龙骨或墙板连接插片固定至横龙骨上，再用自攻螺丝锁死，依次安装下一块墙板。

3. 基于竖向构件的墙面系统设计

此类墙面设计是通过竖向龙骨构件连接建筑墙体与饰面墙板，适用于较为平整（或传统方式找平）的建筑墙体。其组成要素以工字型竖向龙骨为主，安装方式与前面 2 种相似，只不过是省去墙面调平的过程，直接安装第一块墙板，然后用工字型竖向龙骨固定墙板，并依此安装下一块墙板。所谓的装配式墙面技术，最急需解决的问题是墙面调平、饰面墙板拼接。此方面解决后，才能实现墙板的快速干法挂装。

就墙面调平方式而言，现有技术主要分为调节支脚调平和横向龙骨调平 2 种。前者虽然解决了墙面找平，但施工时需要对调节支脚进行一一调试，安装效率较低，且如果安装饰面墙板后发现墙面不平整，还须拆除墙板后对调节支脚进行重新调试，因此并不适用于真正的内装工业化装修。横向龙骨调平则是针对龙骨上的某几个点进行调平，相对于支脚调平来说，质量更可控，安装效率也更高，因此应该是较为符合未来内装工业化墙面装修的解决方案之一。

现有的墙板拼接方式主要是通过工字型竖向龙骨、墙板连接插片实现墙板的侧挂连接，或者是直接将墙板胶粘至龙骨上。虽然通过工字型竖向龙骨可以快速地将墙板挂装至龙骨上，墙板之间的平整度也有所保障，但是每块墙板均与龙骨固定锁紧，若遇到某一块墙板装错或有破坏时，需要整墙拆卸后才能更换，因此未能真正地实现墙板之间的单块可拆卸。采用墙板连接插片连接的墙面技术则是通过构件与龙骨和墙板实现点连接，能够快速地提高墙板的安装效率，但也由于未与墙板形成完整的竖向受力，墙板拼接的平整度远不如竖向构件连接的墙板。

综上，现有的墙面技术通过简单构件基本实现了墙板挂装，但在工艺做法、安装效率、饰面效果方面仍存在着一定的问题。

3.1.3 装配式墙面系统的主要类型

装配式墙面系统应与外围护墙体、内墙、室内管线进行一体化集成设计，并应满足干法施工的要求。并立足于建筑全生命周期，通过设计统筹后期运维和检修。装配式墙面系统及主要组成材料应积极采用新技术、新工艺、新材料和新部品，性能应符合设计要求和有关抗震、防火、防水、防潮、隔声、保温隔热、环保等标准的规定。

装配式墙面系统的主要材料在工厂采用集成化、模块化工艺生产完成，在项目现场直接拼接组装。其中主要的饰面墙板是由基板经涂饰或与各种饰面材料，在工厂复合而成。根据墙面板的基材类型及生产工艺，装配式装修墙面系统可分为水泥基复合板墙面系统、石膏基复合板墙面系统、金属基复合板墙面系统、竹木纤维复合板墙面系统、陶瓷岩板复合板墙面系统等，下文就目前主要的一些系统做法进行介绍。

3.2 水泥基复合板墙面系统

3.2.1 系统构造及组成

水泥基复合板墙面系统是指在既有墙体或轻钢龙骨隔墙等墙体基层上，采用干式工法现场组合安装而成的集成化墙面。

以目前应用广泛、较为主流的硅酸钙复合墙板为例，该墙面系统由硅酸钙复合墙板、铝型材连接件及固定件构成。通过铝型材将墙板与墙板进行无缝密拼连接，并用固定件将墙板固定于墙体基层上，如图 3-2 所示。

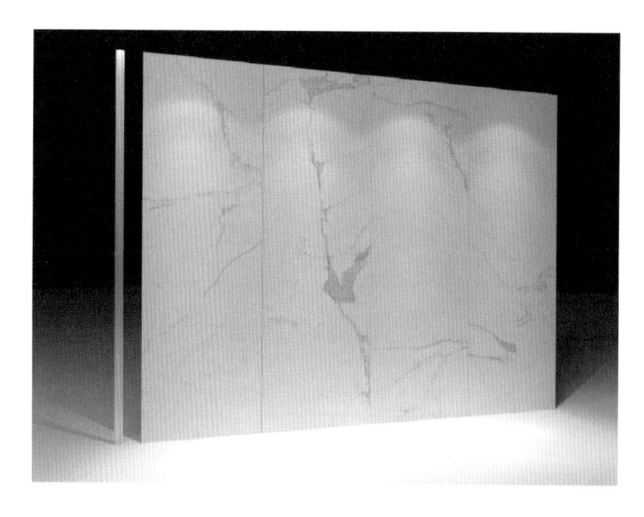

图 3-2　硅酸钙墙面示意图

3.2.2　系统设计要求

（1）装配式墙面设计应采用通用化与标准化的方式，遵循少规格、多组合的原则。

（2）装配式墙面设计应满足模数化、标准化要求，减少材料浪费。

（3）水泥基复合墙面的连接构造应与墙体结合牢固，宜在墙体空腔内预留预埋管线、连接构造等所需要的孔洞或埋件。

（4）水泥基复合墙面的饰面层应在工厂整体集成，且满足不同应用场景的需求。

（5）水泥基复合墙面宜提供小型吊挂物的固定方式。

（6）当墙体为装配式隔墙时，宜与水泥基复合墙面集成。

3.2.3　硅酸钙复合墙板

硅酸钙复合墙板可对墙面进行不同的饰面复合技术处理，表达出壁纸、布纹、石纹、木纹、皮纹、砖纹等各种质感和肌理的饰面，也可以根据客户需要定制深浅颜色、凹凸触感、光泽度。

硅酸钙复合墙板性能稳定，具有防火、防水、防污、耐高温、易打理等特点。墙板厚度主要规格为 8mm、10mm，10mm 应用较多。宽度通常为 600mm、900mm 的优化尺寸，非标板宽度不宜小于 200mm，高度可根据空间定制。墙板板缝错开水电点位、门顶及类似点位至少 50mm。

3.2.4　墙面系统施工安装工艺

根据不同的墙体结构类型，硅酸钙复合墙板的施工安装工艺也各不相同。墙板主要采用龙骨干挂法或黏结法的连接方式，复合饰面板之间可采用平接、榫接、双凹槽对接的连接方式。

1. 结构墙调平龙骨（快装）墙板

结构墙调平龙骨（快装）墙板的安装结构如图 3-3 所示。

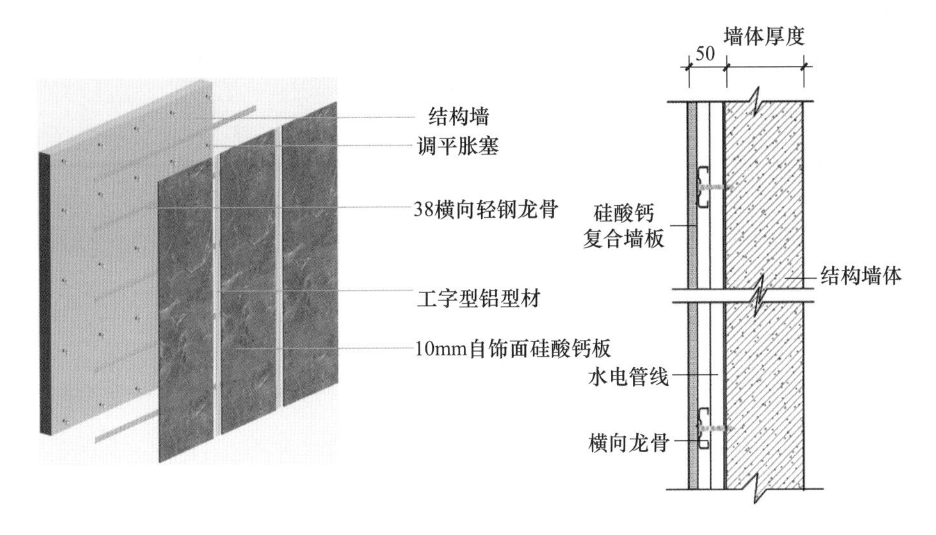

图 3-3 结构墙调平龙骨墙板安装节点（单位：mm）

（1）水电位置开孔：安装涂装板按照设计图纸排版及现场已布置完成的各水电预留，如水龙头、线盒等的位置大小在涂装板表面使用电动曲线锯或开孔器进行开孔。

（2）检查板子两侧开槽内是否有异物堵塞，若有，应该用美工刀疏通插槽，完成后采用目测观察检查。

（3）测量墙面平整度，找出结构墙面的最高点（最凸出的位置），根据此处加 11mm 位置使用投线仪在结构的墙、顶和地面上弹出墙板完成面线。

（4）结构墙龙骨施工：根据图纸中钉形胀塞的位置放线、打孔，钉形胀塞水平间距不得大于 400mm，竖向间距不得大于 600mm。根据结构墙面垂直、平整度误差确定塞入钉形胀塞长度，如图 3-4 所示。

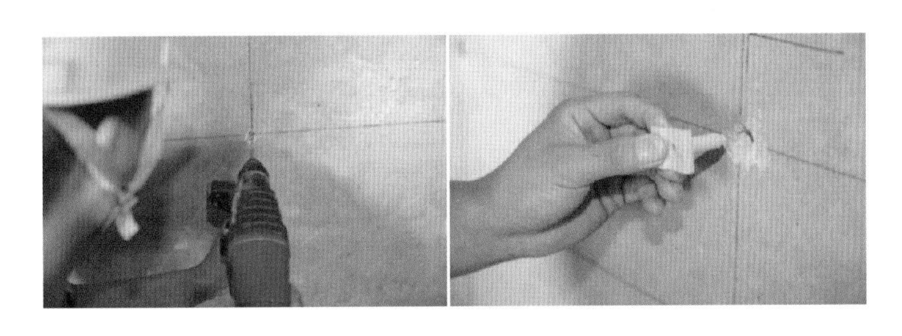

图 3-4 胀栓安装示意图

（5）根据墙面平整度调平钉形胀塞。用米字纤维螺钉将 38 轻钢龙骨进行固定，如图 3-5 所示。

（6）厨房和卫生间墙面板需要横装时，为方便墙板固定，需根据设计位置增加双排38轻钢龙骨，如图3-6所示。

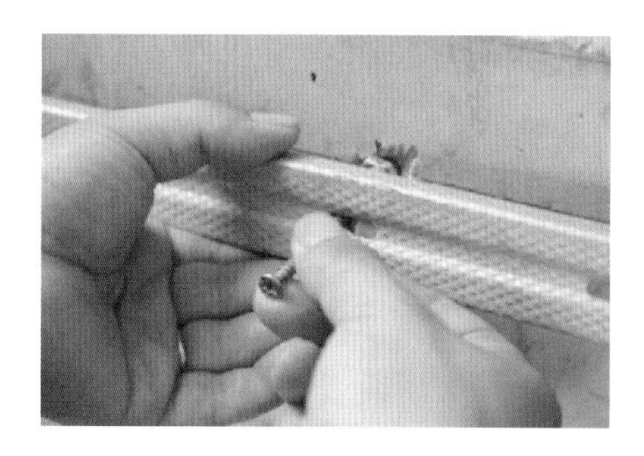

图3-5　38轻钢龙骨固定示意图

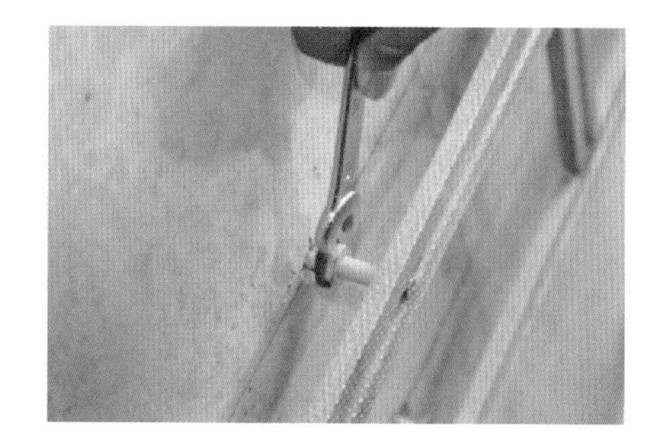

图3-6　双排38轻钢龙骨安装示意图

（7）墙板安装：墙板安装根据图纸编号顺序，从阳角开始安装。第一块板装完后，在板的侧面安装专用工字形铝型材连接件。长边固定在38轻钢龙骨上，如图3-7所示。

（8）墙板固定好，再插入钻石阳角铝型材，把阳角条的大边固定在38轻钢龙骨上，如图3-8所示。

图3-7　墙板安装示意图

图3-8　阳角条安装示意图

2. 结构墙干挂调平件（快装）墙板

（1）水电位置开孔：安装涂装板按照设计图纸排版及现场已布置完成的各水电预留，如水龙头、线盒等的位置大小在涂装板表面使用电动曲线锯或开孔器进行开孔。

（2）检查板子两侧开槽内是否有异物堵塞，若有，应该用美工刀疏通插槽，完成后采用目测观察检查。

（3）测量墙面平整度，找出结构墙面的最高点（最凸出的位置），根据此处加11mm位置使用投线仪在结构的墙、顶和地面上弹出墙板完成面线。

（4）根据图纸中干挂调平件的位置放线、打孔，干挂调平件水平间距应结合墙板宽度和工字型铝型材位置设置，竖向间距不得大于600mm。消声件位置与干挂调平件成

“品”字型布置。

（5）根据结构墙面垂直度和平整度误差调平干挂调平件，并在调平件表面贴隔声垫（t=3mm），如图 3-9 所示。

图 3-9 隔声垫安装示意图

（6）踢脚线安装

① 首先在结构墙上固定高度 300mm 的 38 轻钢龙骨，用于踢脚板固定；根据预留尺寸放线、打孔，胀塞水平间距不得大于 400mm，竖向设置两个；

② 根据结构墙面垂直度和平整度误差确定需要塞入的钉形胀塞长度，将 38 轻钢龙骨固定在钉形胀塞上，并在 38 轻钢龙骨上粘隔声垫（t=3mm）；

③ 踢脚线长度根据房间边长，现场实测尺寸后截取；

④ 踢脚线拼接处应增加一道 38 轻钢龙骨，以免踢脚线悬空尺寸过大；

⑤ 先用红外线水平仪辅助校核踢脚线水平定位后，再用 ϕ3.5mm×25mm 磷化自攻钉将金属踢脚线的底托固定到 38 轻钢龙骨上，最后将装饰面板扣上；

⑥ 要求踢脚线上口与墙面饰面板之间的接缝应严密顺直，如图 3-10 所示。

图 3-10 踢脚线安装示意图

（7）墙板安装

① 墙板安装根据图纸编号顺序，应从阳角开始安装；

② 先将墙板底部插入踢脚线底托凹槽内，并在墙板的侧面安装专用工字型铝型材

连接件。再用 ϕ3.5mm×16mm 钻尾钉将工字型铝型材长边固定在干挂调平件上，如图 3-11所示；

图 3-11　墙板安装示意图

③ 墙板固定好后，先插入阳角铝型材，再用 ϕ3.5mm×16mm 钻尾钉将阳角铝型材的大边固定在干挂调平件上，如图 3-12 所示。

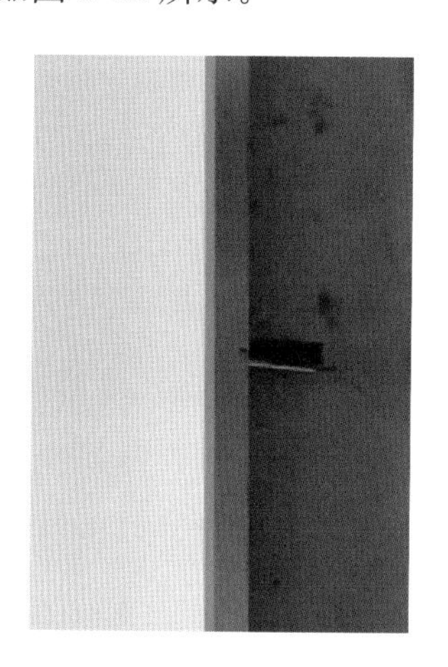

图 3-12　阳角铝型材安装示意图

3. 结构墙直贴（快装）墙板

（1）水电位置开孔：安装涂装板按照设计图纸排版及现场已布置完成的各水电预留，如水龙头、线盒等的位置大小在涂装板表面使用电动曲线锯或开孔器进行开孔。

（2）检查板子两侧开槽内是否有异物堵塞，若有，应该用美工刀疏通插槽，完成后采用目测观察检查。

（3）测量墙面平整度，找出结构墙面的最高点（最凸出的位置），根据此处加11mm 位置使用投线仪在结构的墙、顶和地面上弹出墙板完成面线。

（4）安装涂装板：必须按照设计图纸排版要求进行涂装板安装。墙板平面接缝处采用工字型铝型材、阳角处采用钻石阳角铝型材，使用 ϕ6mm×30mm 塑料胀塞与结构墙体连接，间距 900～1100mm，ϕ6mm×30mm 塑料胀塞间打 2 点结构胶。门窗洞口上下部墙体较短的工字型铝型材应使用上下两个 ϕ6mm×30mm 塑料胀塞固定。

（5）根据结构墙面垂直、平整度选择相应厚度 U 型垫片嵌入工字型铝型材与结构墙面的缝隙内，拧紧膨胀螺丝，螺丝头要沉入凹槽内，以免影响下一块墙板安装，如图 3-13所示。

（6）先从阳角位置，即门边和窗边开始安装，相交处是在阴角位置，如图 3-14 所示。

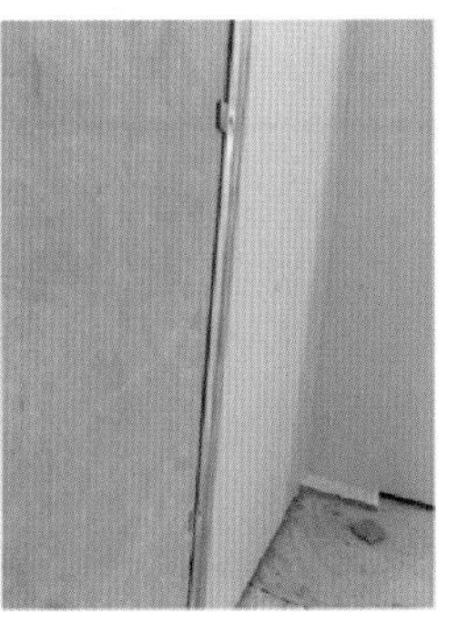

图 3-13　U 型垫片安装示意图

图 3-14　门边和窗边安装示意图

（7）用软布擦拭墙板表面，清理干净。

4. 轻质隔墙密拼免胶（快装）墙板

轻质隔墙密拼免胶（快装）墙板的安装结构如图 3-15 所示。

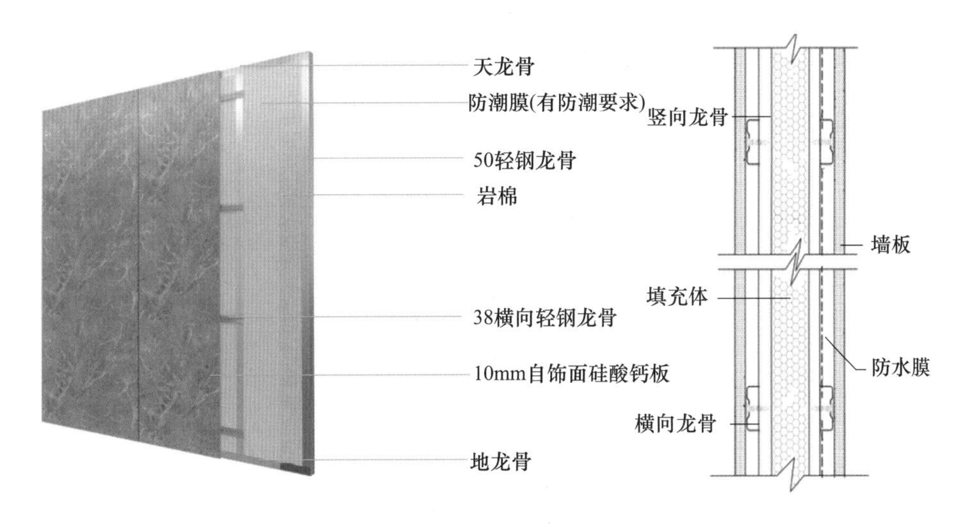

图 3-15　轻质隔墙密拼免胶（快装）墙板安装示意图

（1）水电位置开孔：安装涂装板按照设计图纸排版及现场已布置完成的各水电预留，如水龙头、线盒等的位置大小在涂装板表面使用电动曲线锯或开孔器进行开孔。

（2）检查板子两侧开槽内是否有异物堵塞，若有，应该用美工刀疏通插槽，完成后采用目测观察检查如图 3-16 所示。

图 3-16　插槽清理

（3）安装墙板前，先检查墙板需要安装位置是否有水电预埋口，如有需要，在该位置开好相应的孔洞。

（4）墙板安装选取阳角位置（如无阳角则从阴角位置）、门边或窗边开始安装第一块墙板，然后根据图纸编号按顺序安装墙板。

（5）墙板平面接缝处采用工字形铝型材（三代）、阳角处采用钻石阳角铝型材。

（6）在隔墙模块上满贴隔声垫，如图 3-17 所示。

图 3-17　隔声垫安装

（7）扣上工字型铝型材，把背部长翼留在外面。贴好墙板，确认好和上一块的缝隙严密后，在板竖边垂直情况下，在隔声棉处使用 ϕ3.5mm×16mm 十字平头钻尾钉把工字型铝型材长翼固定在隔墙的硅酸钙板上，螺丝头要沉入工字型铝型材平面内，以免影响下一块墙板安装。

(8) 墙板安装采用密拼接形式，0mm 拼缝，保证板缝垂直、无错台。墙板接口尽量留在平面接缝处，不应留在阴角位置，不便于缝隙调整，如图 3-18 所示。

图 3-18 墙板密拼安装

(9) 在阳角位置安装阳角铝型材时，先把墙板固定好，再插入阳角铝型材收边，用 ϕ3.5mm×25mm 磷化自攻钉把阳角铝型材的大边固定在隔墙模块的硅酸钙板上，矩形阳角平齐于墙面。

(10) 墙板安装后的接缝效果，如图 3-19 所示。依次为墙板密拼、阳角密拼、背景墙做法、顶部做法和横板竖板。

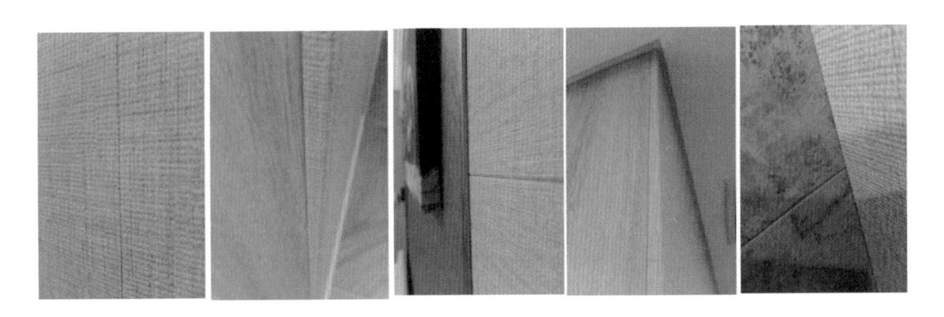

图 3-19 墙板安装后的接缝效果

(11) 踢脚线安装，踢脚线需在地板完成后，根据房间边长现场实测后现场截取。用红外线水平仪辅助校核踢脚板水平定位的准确性后，先用 ϕ3.5mm×25mm 磷化自攻钉将金属踢脚板的底托与隔墙硅酸钙板固定，然后将装饰面板扣上。踢脚板上口与墙板面应接缝严密顺直，如图 3-20 所示。

图 3-20 踢脚线安装

3.2.5 硅酸钙复合墙板系统适用场景

硅酸钙复合墙板系统适用于轻钢龙骨结构、木结构、平整或不平整的混凝土结构等墙体结构。可应用住宅、康养、酒店、公寓等不同的建筑类型，也可适用于厨房、卫生间、居室、病房、实验室等不同环境。并且可以与干式工法的其他工业化部品很好地融合，如玻璃、不锈钢、干挂石材、成品实木等。

3.2.6 硅酸钙复合板创新应用——圣象晶岩板

《建筑内部装修设计防火规范》(GB 50222—2017) 中规定"建筑物内设有上下层相连通的中庭、走马廊、开敞楼梯、自动扶梯时，其连通部位的顶棚、墙面应采用 A 级装修材料，其他部位应采用不低于 B1 级的装修材料。"因此，为满足建筑内公区装配式的需求，行业内推出了基于硅酸钙板为基板的 A 级防火墙板——晶岩板。

1. 圣象晶岩板的结构

圣象晶岩板是由轻质高强的无机晶岩（硅酸钙）基板与面层包覆材料复合而成的装饰性墙面板。其中，基板是由硅酸钙矿、原木纤维、石灰石、白水泥、水等混合制作而成，板材面层可采用 PP、PVC、EB、三聚氰胺装饰纸等，通过无机预涂或数码打印的方式进行包覆装饰。

圣象晶岩板通过艺数喷墨层在产品表面可呈现更多样风格的饰面，具有 A 级防火、防潮、防蚁、耐高温、易安装的特点，产品绿色环保，100％无石棉，不含甲醛、苯等有害化学物质。常规规格为 1220mm×2440mm/3000mm（可定制），产品厚度：6mm/8mm/9mm（8mm 以上可以开槽），如图 3-21 所示。

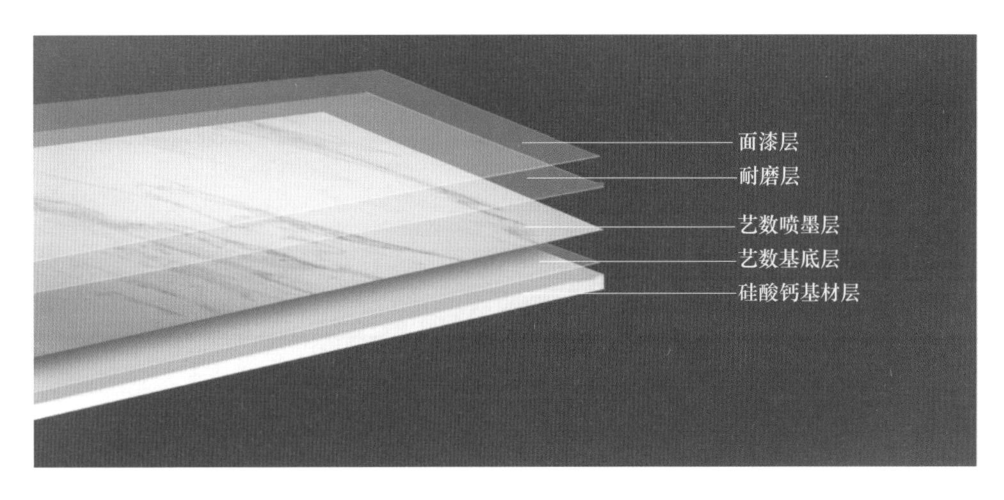

图 3-21 圣象晶岩板结构示意图

2. 圣象晶岩板的性能特点

1）轻质高强

圣象晶岩板低密度、高强度、轻质量，利于降低建筑物的自重。轻质但强度很高，经测试，该板的抗弯强度（13.6MPa）可达标准性能要求的 1.4 倍。

2）耐刮耐磨

数码喷印产品，表面拥有高机能高密度的坚韧涂层，硬度高、韧性强、耐磨损，色泽稳定，历久常新。

3）A 级防火阻燃

板材在 1000℃的高温下，能够维持 3h 以上不被点燃，产品具有极好的阻燃防火性，不会产生有毒气体。

4）保温隔热效果好

与普通瓷砖等无机材料相比，夏天有效隔热，冬天保温，节能效果明显。

5）装配式安装

使用通用的材料，方便采购。安装时采用干法施工，减少施工工期及人工成本。与传统水泥砂浆法瓷砖墙面做比较，建筑物载重降低 50%以上，施工周期可缩短 50%以上，直接降低 50%以上人工成本。

6）低碳环保

轻质高强的无机晶岩（硅酸钙）基材源于自然，在生产、使用、废弃过程中无甲醛、苯等有害物质释放，且可以再生循环，真正做到低碳、环保、可持续。

3. 圣象晶岩板的主要技术参数

圣象晶岩板的主要技术参数见表 3-3。

表 3-3　圣象晶岩板技术参数

序号	项目	指标
1	含水率	10%～13%
2	绝干密度	0.9～1.15g/cm^3
3	导热系数	≤0.25［W（m·K)］
4	膨胀率	≤0.25%
5	放射性	I_{Ra}<1.0 I_r<1.0
6	不燃性	基材为 A1 级不燃材料

4. 圣象晶岩板的安装工艺

圣象晶岩板的安装主要有打胶直铺法和龙骨干挂法。安装节点示意如图 3-22～图 3-24所示。

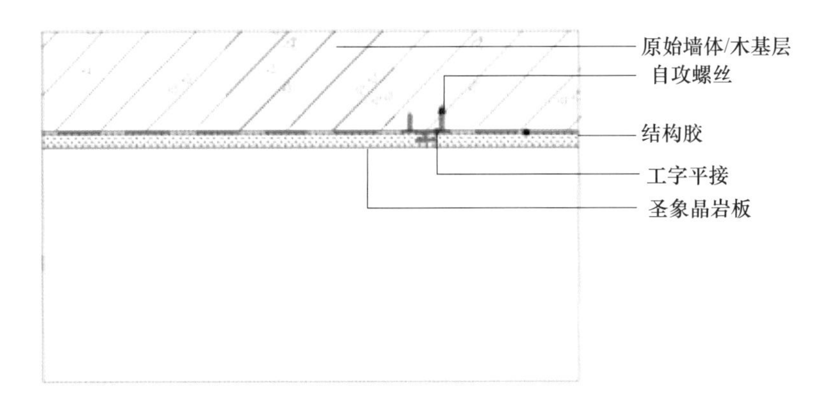

图 3-22　晶岩板打胶直铺法安装节点示意图

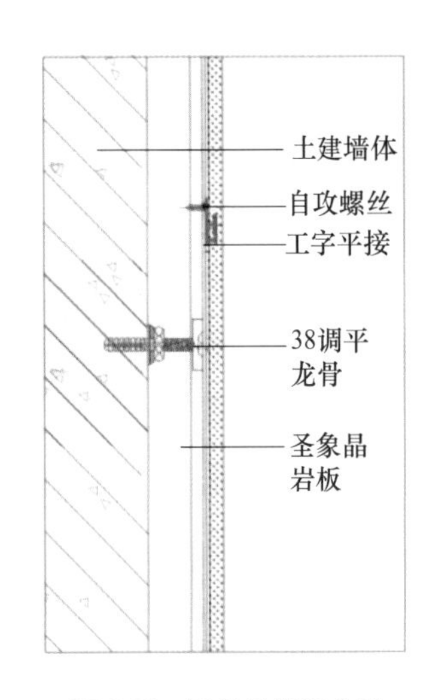

图 3-23　圣象晶岩板龙骨干挂法安装节点示意图

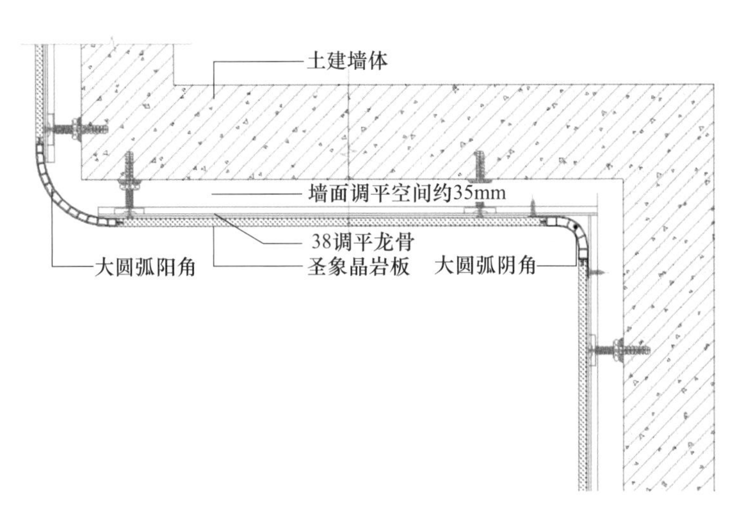

图 3-24　圣象晶岩板大圆弧阴阳角安装节点示意图

5. 圣象晶岩板的适用场所

圣象晶岩板可广泛应用于商业空间如商住楼、办公楼、医院、学校、会所、酒店、KTV、商场、4S 店、电影院等墙面的装修。针对住宅领域的大堂、电梯井、楼梯间、走廊、室内墙面均可适用。下图依次为 PVC 膜、无机预涂、三胺纸、数码打印的花色效果，如图 3-25 所示。

图 3-25 圣象晶岩板装饰效果图

3.3 石膏基复合板墙面系统

3.3.1 系统组成及构造

石膏基复合板墙面系统主要是以石膏基装饰板材为主体，针对不同的安装工艺，配套调平龙骨、调平件、胶粘剂、装饰线条等辅材，现场干法作业组装而成的装饰性墙面系统。

石膏基复合板墙面系统主要的施工安装工艺有：黏结工艺系统、卡装工艺系统、扣装工艺系统等。

3.3.2 石膏基装饰板材

石膏基装饰板材的基材主要是采用A级不燃且具有呼吸功能的石膏板材料，面层采用仿真的饰面材料，通过科技手段在工厂复合而成。石膏基装饰板材颜色可仿天然木材、壁纸、壁布等肌理，表面效果逼真、新颖自然，手感、观感没有差异，摒弃木饰面用漆施工可能产生的各种潜在危害，全面改善了木质基材遇水变形、遇火易燃的天然缺陷。

以目前应用广泛的鲁班万能板为例，该产品是具有个性化设计、工厂化生产、装配化施工、即装即住、低碳环保等特点于一体的多功能新型饰面材料。可替代木材、壁布、壁纸、涂料等现场湿作业施工，图案多样、纹理丰富。广泛应用于工业、民用建筑等各个领域，打造绿色、低碳、健康、环保的室内居室环境。

1. 鲁班万能板系列

1）鲁班万能板BM系列

鲁班万能板BM系列具有木纹视觉效果，可替代木质板材使用，解决了木材易燃、甲醛污染、易开裂、干缩变形等问题，如图3-26所示。

图3-26 BM系列

2）鲁班万能板BB系列

鲁班万能板BB系列具有壁布视觉效果，可替代壁布使用，解决了现场贴壁布、需二次装饰及可能带来的空气污染等问题，如图3-27所示。

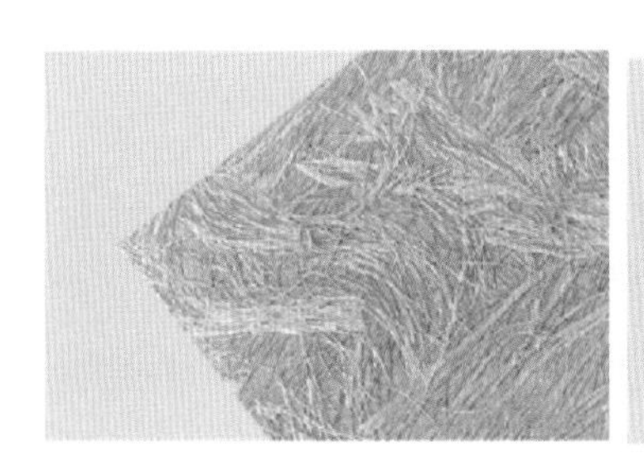

图3-27 BB系列

3）鲁班万能板 BD 系列

鲁班万能板 BD 系列可实现个性化私人订制，满足设计师及用户个性化需求，如图 3-28所示。

图 3-28 BD 系列

2. 石膏基装饰板材的主要技术参数

石膏基装饰板材最大宽度尺寸为 1200mm、最大长度尺寸为 3000mm、厚度为 12mm，设计尺寸不能超过最大宽度及长度尺寸允许范围。设计时，一般按照石膏基装饰板材标准尺寸进行设计，特殊情况下可按设计要求定尺加工，见表 3-4。

表 3-4 石膏基装饰板材主要性能参数

项目	实测值	标准值
标准长度	2400mm、2700mm、3000mm	2400mm、2700mm、3000mm
标准宽度	900mm、1200mm	900mm、1200mm
标准厚度	9.5mm、12mm	9.5mm、12mm
密度	10.5kg/m^3	≥10kg/m^3
含水率	≤0.6%	≤1.0%
燃烧性能	B1 级	—
甲醛释放	0.007mg/m^3	E1≤0.124mg/m^3
断裂载荷	≥235N	≥180N
受潮挠度	≤1.1	≤3.0

3.3.3 石膏基复合板墙面系统施工安装工艺

1. 粘贴工艺系统

粘贴工艺适用于轻钢龙骨石膏板、混凝土、砖块、砌块、砂加气条板等基墙，应用范围广泛。轻钢龙骨石膏板基墙的粘接层厚度应不小于 5mm，其他如水泥砂浆、砌块等基墙，需要先冲筋（可用水泥砂浆、石膏板条等作为冲筋材料）找平处理后，再粘贴鲁班万能板，粘接层厚度应不小于 10mm。

1）系统构造及材料组成

粘贴工艺系统的主要构造如图 3-29 所示。

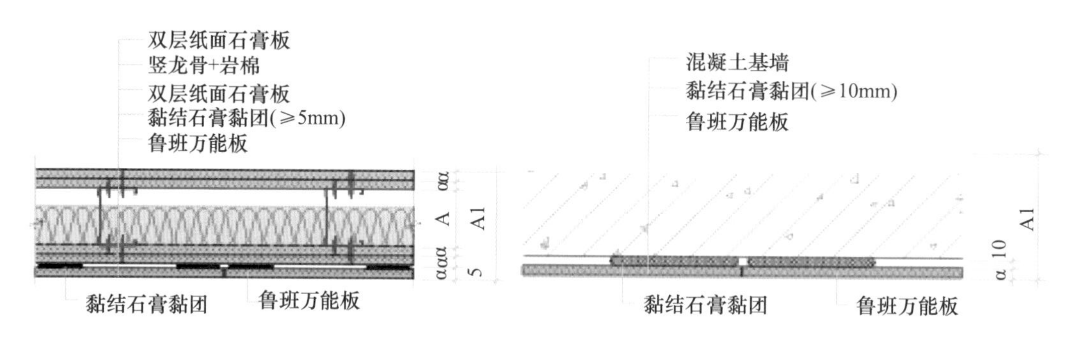

图 3-29 粘贴工艺系统构造节点示意图

粘贴工艺系统主要由鲁班万能板、黏结石膏、顶线、踢脚线等材料组成。其中，粘接材料是黏结石膏，具有材料成本低、环保无污染、实用性强、固化时间快、遇火稳定性好等优点，基墙平整度误差在 40mm 以内，都可用黏结石膏对基墙进行找平并粘贴，减少了施工工序、缩短了施工时间、降低了综合成本。

2）工艺安装流程

基墙处理、标记点位位置、搅拌粘接材料、点涂黏结石膏、粘贴鲁班万能板、鲁班万能板现场改尺、鲁班万能板阳角制作、开关及插座点位处理、装饰条、顶角线、踢脚线的安装、板面清理等工序。

（1）基墙冲筋：当基墙平整度误差小于 10mm 时，无须对基墙进行冲筋等找平处理，直接用粘接材料找平并粘贴鲁班万能板即可。当基墙平整度误差不小于 10mm 时，建议对基墙进行冲筋等找平处理，冲筋的位置应在鲁班万能板接缝处，如图 3-30 所示。

图 3-30 基墙冲筋找平处理

（2）标记点位位置：遇有开关、插座点位时，先在鲁班万能板正面相应处做标记或在点位中心处开小孔，待鲁班万能板安装完毕后再开合适的孔洞，以免先期开孔不合适，无法弥补，如图 3-31 所示。

图 3-31 标记开关、插座点位位置

(3) 搅拌粘接材料：将黏结石膏与清水搅拌均匀成膏状（水灰比 1∶2 左右，容器干净），黏团以不流坠为宜，一次搅拌不要太多（参考用量：纸面石膏板基墙 1～1.5kg/m^2、其他基墙根据黏结层厚度确定用量，建议平整度误差每增加 10mm，黏结石膏用量增加 1kg/m^2），需在 25min 内用完。若上次浆料未用完，必须将容器清理干净后再搅拌下一次的新浆料，禁止混合使用，否则将加速黏结石膏的凝固。

(4) 点涂黏结石膏：将混合好的黏结石膏点涂在基墙或鲁班万能板的背面。黏团直径不小于 50mm、厚度不小于 5mm、间距不大于 300mm、距鲁班万能板边缘 40mm，黏团不得溢出鲁班万能板边缘。基墙上有冲筋时，黏团厚度必须高于冲筋厚度，且不要将黏团涂到冲筋上，如图 3-32 所示。

图 3-32 点涂粘接材料（基墙上打点）

(5) 粘贴鲁班万能板：从设定位置开始粘贴，首张鲁班万能板对准墙体标线，用带水平的重型靠尺成米字形调平、按实，再依次顺序安装。密缝安装时，板与板之间自然靠紧，上下平齐，如图 3-33～图 3-36 所示。

① 鲁班万能板安装时必须同向安装，避免出现色差。

② 待黏结石膏初凝后（黏结石膏与水混合 25min 之后），严禁挪动板材，以免破坏粘接强度。

图 3-33　粘贴首块鲁班万能板

图 3-34　窗洞口处安装

图 3-35　门洞口处安装

图 3-36　鲁班万能板粘贴完成

（6）鲁班万能板阳角制作：工程项目中遇到阳角时，鲁班万能板可通过开背槽的方式进行安装、装饰，使阳角成为一个整体，保证美观性的同时，防止阳角开裂。开背槽时，修边机（最好带有收尘功能）安装 90°V 型刀，在鲁班万能板背面开 11mm 深的 V 型槽，将槽内的浮灰、残渣清理干净，即可实现鲁班万能板的 90°折弯，将制作好的阳角部件粘贴在基墙阳角处即可，如图 3-37～图 3-41 所示。

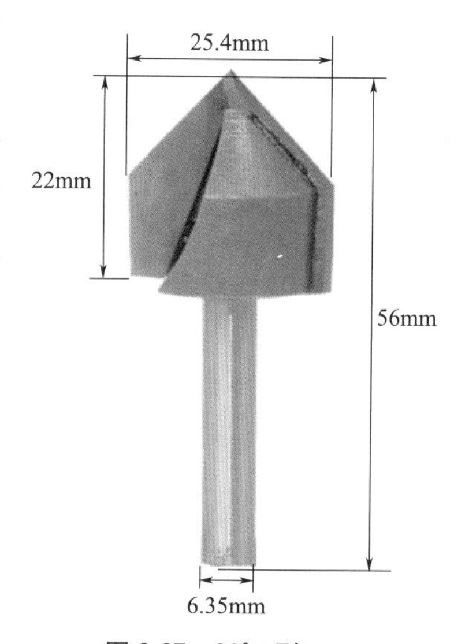

图 3-37　90°V 型刀

（7）鲁班万能板现场改尺：采用开背槽、折阳角的方式对鲁班万能板进行改尺，折阳角后将用白乳胶、气钉等，将折叠后的鲁班万能板固定在侧边，并将超出鲁班万能板背面、超出板厚的多余鲁班万能板切除，从而保证鲁班万能板改尺后侧面装饰直线度好、侧边密实、装饰美观，如图 3-42所示。

图 3-38 鲁班万能板开背槽

图 3-39 鲁班万能板折成阳角

图 3-40 阳角安装

图 3-41 阳角完成

图 3-42 鲁班万能板现场改尺

(8) 开关及插座点位处理：待粘接材料完全固化后（黏结石膏与水混合时间不小于120min），在相应开关、插座点位位置，使用专用开孔工具开孔，安装面板，如图 3-43～图 3-44 所示。

图 3-43 开关、插座点位开孔

图 3-44 开关、插座面板安装

（9）装饰条、顶角线、踢脚线的安装：阴阳角可以使用装饰条进行装饰。安装时使用白乳胶等胶粘剂将阴阳角装饰条粘贴在相应位置，起到装饰的作用（图 3-45～图 3-46）。待粘接材料完全固化后（安装时间不小于 120min），再安装踢脚线、顶角线等装饰线，边角需要嵌缝处理的部位，可用密封胶等嵌缝处理。如图 3-45～图 3-47 所示。

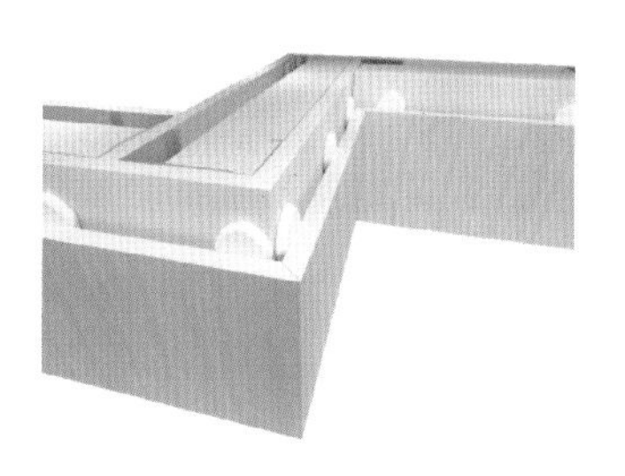

图 3-45　无线条阴阳角效果

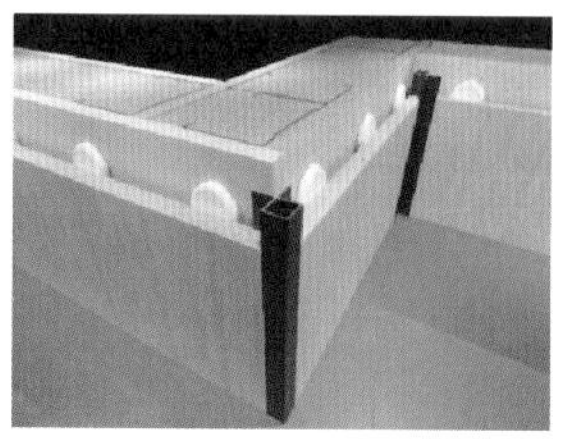

图 3-46　阴阳角装饰条效果

图 3-47　窗套、门套安装效果

（10）墙面清理：可使用湿布轻轻擦拭板材表面去除污垢，完成石膏基装饰板材安装，如图 3-48～图 3-49 所示。

图 3-48　板面清理

图 3-49　安装完成

2. 卡装工艺系统

卡装工艺系统主要适用于轻钢龙骨石膏板、混凝土、砖块、砌块、砂加气条板等基墙，应用范围广泛。该安装工艺使用顶线作为安装固定构件，可将鲁班万能板固定在基墙上。采用全干法装配式安装工艺，施工效率高，后期拆装、维修、更换方便，且每块石膏基装饰板材可单独拆装。顶线外漏，方便鲁班万能板长度尺寸的容差，且起到收边、收口的作用。

该系统可实现调平，调平范围为 0～45mm，基墙平整度误差不大于 45mm 时，无须对基墙进行找平，减少施工工序，提高施工效率，降低成本。

1）系统构造及材料组成

该系统通过踢脚线及顶角线可视翻边，将鲁班万能板卡装、固定在基墙外侧。卡装工艺系统的主要构造如图 3-50 所示。

卡装工艺系统主要由鲁班万能板、调平件、调平龙骨、顶线、踢脚线等材料组成。其中，顶线为分体、子母结构，分为底座和面板，底座与基墙固定，面板通过卡装的方式与底座连接、固定。面板同时固定、夹紧鲁班万能板，实现鲁班万能板的安装，如图 3-51所示。

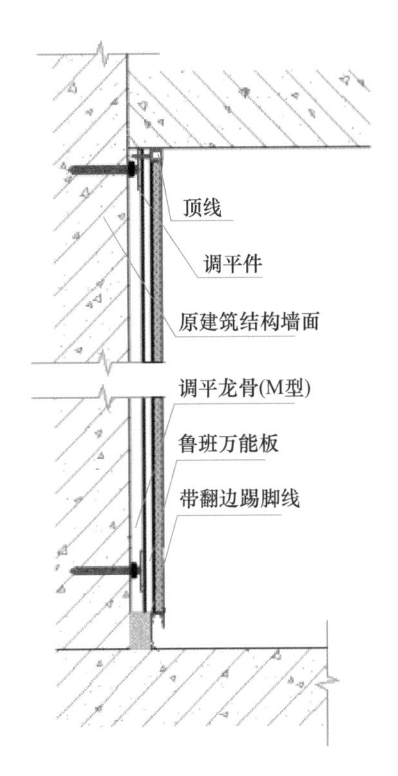

图 3-50 卡装工艺系统构造节点示意图

(1) 顶线

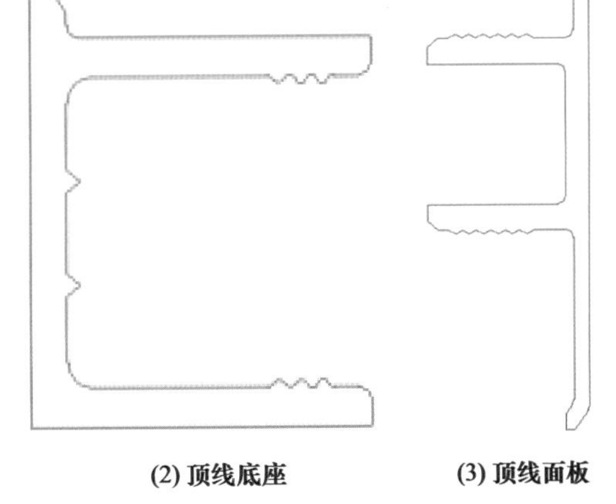

(2) 顶线底座 (3) 顶线面板

图 3-51 顶线示意图

2）工艺安装流程

带翻边踢脚线安装、调平件安装并调平、调平龙骨安装、顶线底座安装、鲁班万能板安装及顶线面板安装、开关及插座点位处理、阴阳角装饰条安装、装饰线安装、边角处理、板面清理等工序。

（1）带翻边踢脚线安装：根据完成面线，定位踢脚线位置，并使用自攻螺钉、膨胀螺栓等将带翻边踢脚线安装固定在基墙上。自攻螺钉间距 200mm、膨胀螺栓间距 600mm。

（2）调平件安装并调平：使用盘头自攻螺钉等将调平件安装固定在基墙上，并调平使调平件在同一平面。调平件间距为 400mm，距顶、地、两侧墙体 100mm，如图 3-52 所示。

（3）调平龙骨安装：调平龙骨竖向卡扣在调平件上，调平龙骨间距 400mm，上端顶住吊顶完成面下皮、下端顶住踢脚线，如图 3-53 所示。

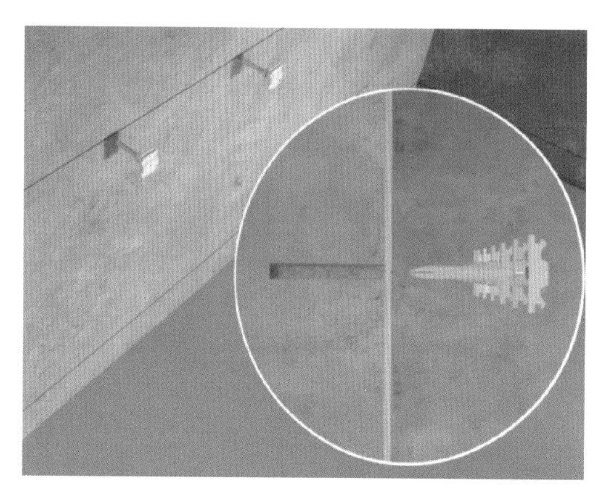

图 3-52　调平件安装示意图

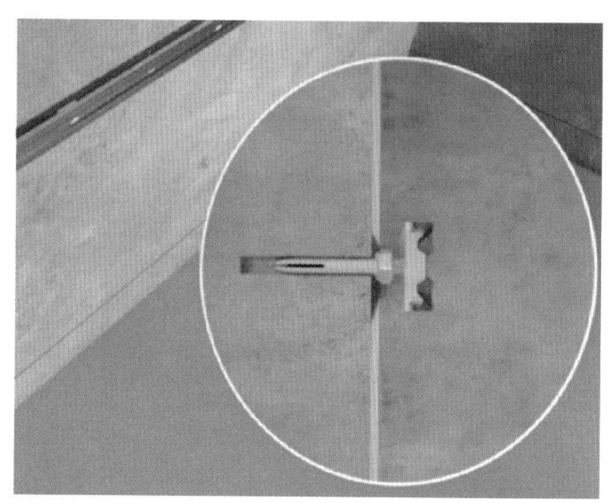

图 3-53　调平龙骨安装示意图

（4）顶线底座安装：紧贴吊顶完成面下皮，使用自攻螺钉将顶线底座横向固定在调平龙骨上，自攻螺钉间距 200mm。

（5）鲁班万能板安装及顶线面板安装：将鲁班万能板放置在踢脚线的翻边内，并搭接在调平龙骨上，再将顶线面板卡装在顶线底座上，使鲁班万能板卡装在顶线内并固定，完成鲁班万能板的安装。

（6）其他施工工序：鲁班万能板现场改尺、鲁班万能板阳角制作、开关及插座点位处理、阴阳角装饰条安装、装饰线安装、边角处理、板面清理等工序同 3.3.3 节中“1. 粘贴工艺系统”相关内容。

3. 扣装工艺系统

扣装工艺系统适用于轻钢龙骨石膏板、混凝土、砖块、砌块、砂加气条板等基墙，应用范围广泛。该安装工艺使用扣条作为安装固定构件，可将鲁班万能板安装固定在基墙上。采用全干法装配式安装工艺，施工效率高，后期拆装、维修、更换方便，且每块石膏基装饰板材可单独拆装。扣条外漏，可实现鲁班万能板宽度尺寸的容差，且具有装饰功能。

1）系统构造及材料组成

扣装工艺系统的主要构成如图 3-54 所示。

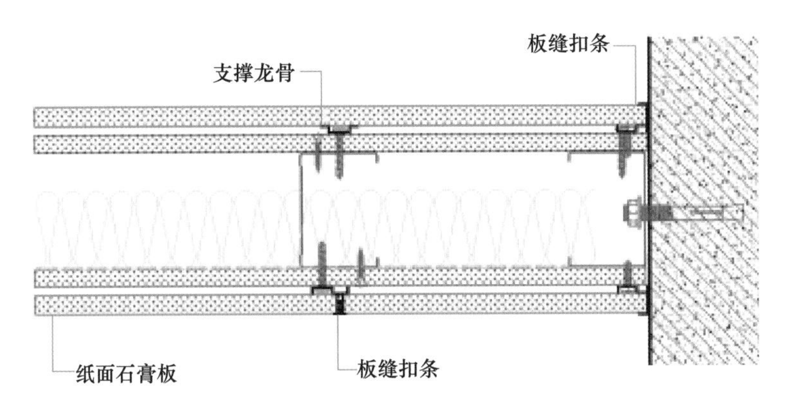

图 3-54　扣装工艺系统构造节点示意图

扣装工艺系统主要由鲁班万能板、调平件、调平龙骨、板缝扣条、端部扣条、顶线、踢脚线等材料组成。其中，板缝扣条为分体、子母结构，包括面板和底座两部分，底座与基墙固定，面板通过扣装的方式与底座连接、固定。面板同时固定、夹紧鲁班万能板，实现鲁班万能板的安装，如图 3-55 所示。

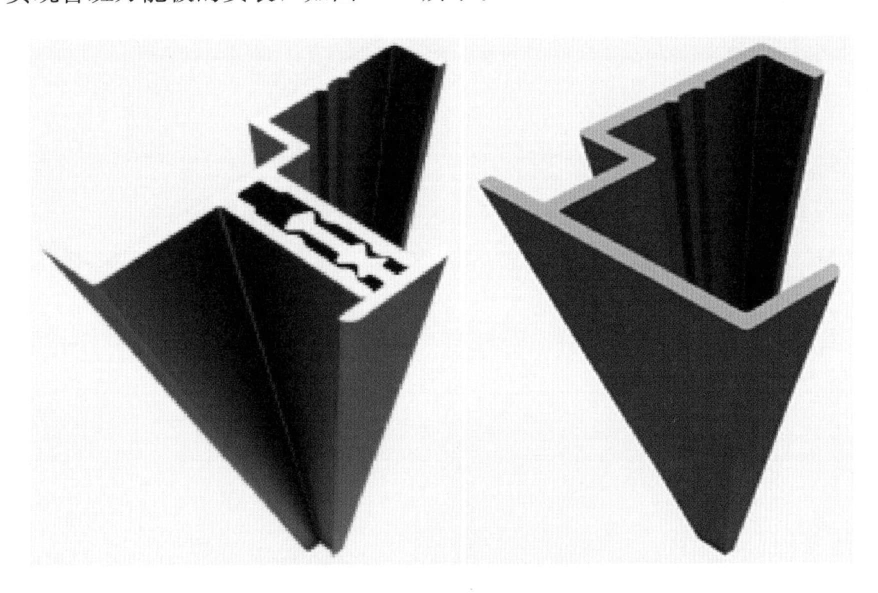

图 3-55　板缝扣条和端部扣条

2）工艺安装流程

调平件安装并调平、调平龙骨安装、端部扣条安装、板缝扣条底座安装、鲁班万能板及板缝扣条面板安装、开关及插座点位处理、阴阳角装饰条安装、装饰线安装、边角处理、板面清理等工序。

（1）调平件安装并调平：使用盘头自攻螺钉等将调平件安装固定在基墙上，并调平使调平件在同一平面。调平件间距为 400mm，距吊顶、踢脚线、两侧墙体 100mm。

（2）调平龙骨安装：调平龙骨横向卡扣在调平件上，调平龙骨间距不大于 400mm

且保证石膏基装饰板材接缝处有调平龙骨。

（3）端部扣条安装：使用自攻螺钉将端部扣条竖向安装固定在调平龙骨上，端部扣条的长度与鲁班万能板的长度一致，自攻螺钉间距 200mm。

（4）板缝扣条底座安装：在鲁班万能板接缝处，使用自攻螺钉将板缝扣条底座安装固定在调平龙骨上，自攻螺钉间距 200mm。若鲁班万能板的宽度大于 600mm，应在鲁班万能板中部竖向安装支撑龙骨，支撑龙骨通过自攻螺钉安装固定在调平龙骨上，自攻螺钉间距 200mm。

（5）鲁班万能板及板缝扣条面板安装：将鲁班万能板插入端部扣条内，并搭接在板缝扣条底座及支撑龙骨上，再将板缝扣条面板扣装在板缝扣条底座上，使鲁班万能板扣装在板缝扣条内并固定，完成鲁班万能板的安装，如图 3-56 所示。

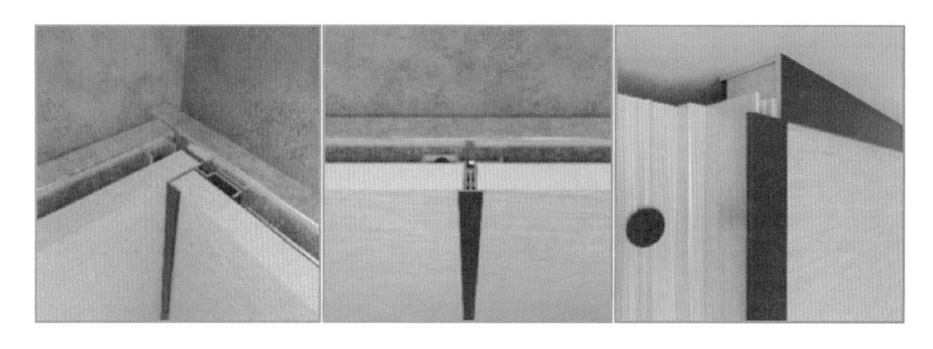

图 3-56　鲁班万能板及板缝扣条面板安装示意图

（6）其他施工工序：鲁班万能板现场改尺、鲁班万能板阳角制作、开关及插座点位处理、阴阳角装饰条安装、装饰线安装、边角处理、板面清理等工序同上文的粘贴工艺系统一样，如图 3-57 所示。

图 3-57　踢脚线安装示意图

3.3.4 石膏基复合板墙面系统适用场景

石膏基复合板墙面系统可应用于公共、民用建筑室内干区墙面装饰装修，适合多种类型的基墙墙面，应用范围广泛。可根据使用需求，采用 PVC、壁纸、壁布等饰面材质及纹理、图案的石膏基装饰板材，也可选用私人定制图案的石膏基装饰板材，如图 3-58所示。

图 3-58 石膏基复合板墙面系统典型项目案例

3.4 竹木纤维复合板墙面系统

3.4.1 系统组成及构造

竹木纤维复合板墙面系统主要是以竹木纤维复合饰面板为主体，针对不同的墙面结构和安装工艺，配套调平龙骨、金属卡扣、装饰线条等辅材，现场干法作业组装而成的装饰性墙面系统。

根据竹木纤维复合板的侧边工艺，有平口式、公母槽式、双母槽式三种结构，其安装工艺也各不相同。

3.4.2 系统设计要求

（1）竹木纤维复合板墙面系统目前只用于室内结构安装。

（2）室内管线宜敷设在基层墙体的空腔层内，并应采取防火封堵、隔声降噪、保温和防结露等措施。

（3）当在装配式墙面系统与基层墙体间的空腔层内敷设室内管线时，空腔层厚度应满足管线安装最小厚度。

（4）墙面线盒、插座、检修口等的位置应根据装配式墙面系统完成面造型要求进行精准定位，并应符合现行国家相关标准的规定。

（5）墙面系统应与成套化的内门窗部品进行一体化集成设计。

（6）墙面系统应与顶棚、地面的收口部位进行一体化集成设计，收口应完整、美观。

（7）系统设计应满足《建筑内部装修设计防火规范》（GB 50222—2017）的有关规定，根据不同防火等级的建筑及不同使用部位，选择相应的燃烧性能等级的材料。

（8）墙面系统设计应符合《民用建筑工程室内环境污染控制标准》（GB 50325—2020）的有关规定。

3.4.3 竹木纤维复合板

竹木纤维复合板也称为木塑复合板（WPC），是以竹木纤维为主材，高温状态下挤压成型的绿色环保型装饰板材。结构有桥梁式、方孔、圆孔设计，表面采用 PVC、PP、PET、PETG、皮革、PU 等饰面包覆材料，可实现木纹、布纹、石纹、皮纹、布艺、壁纸等各种质感和肌理的饰面，如图 3-59 所示。

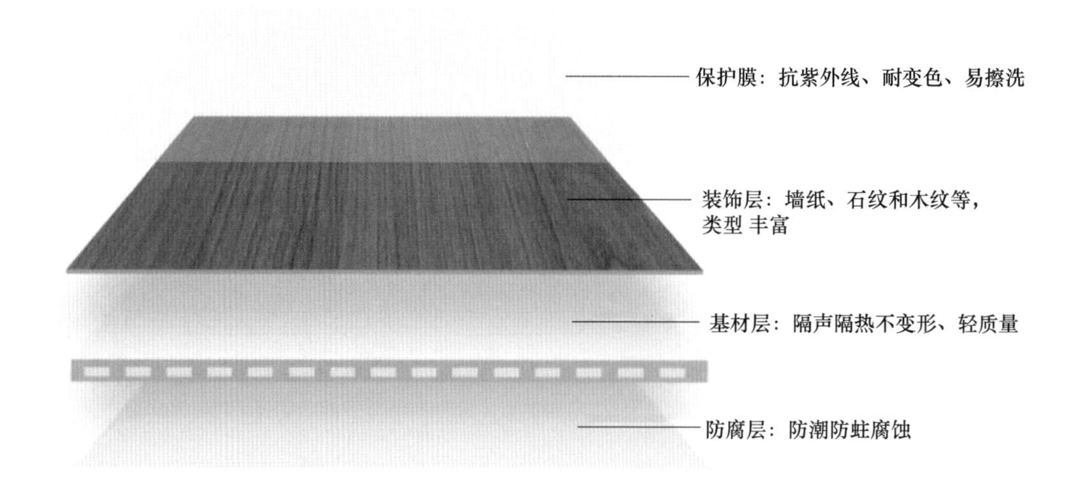

图 3-59 竹木纤维复合板结构图

1. 竹木纤维复合板的特点

竹木纤维复合板利用高分子界面化学原理和塑料填充改性的特点，整个生产全过程不含任何胶水成分，完全避免了材料中由于甲醛释放导致对人体的危害。因兼有木材和塑料的双重特性，又摒弃了木材和塑料的缺陷，可在很多领域替代木材、塑料和铝合金等使用，市场应用前景广泛。

竹木纤维复合板分实心板和空心板两种，具有高强度和硬度、耐老化、耐腐蚀、不开裂、抗静电和抗紫外线；吸水率低、耐热绝缘、防火阻燃；造型能力强，可切割可锯；环保无甲醛、绿色无污染，施工简单快捷、即装即住等优良性能，广泛应用于室内墙体、吊顶的装饰。

2. 竹木纤维复合板的主要技术参数

竹木纤维复合板的主要物理性能见表 3-5。

表 3-5 竹木纤维复合板的物理性能要求

序号	项目		性能要求
1	含水率（%）		≤1.2
2	尺寸稳定性（%）		≤1.5
3	邵氏硬度（HD）		≥50
4	剥离力[a]（N）		≥40
5	维卡软化点温度（℃）	空心板	≥75
		实心板	≥65
6	抗人工气候老化		≥3

a 剥离力未达到规定值，但是基材表面破损或是膜材变形撕破判定为合格。

竹木纤维复合板集成墙面的有害物质限量应符合表 3-6 和表 3-7 的规定。

表 3-6 竹木纤维复合板的有害物质限量

检验项目	限量值
甲醛释放量（室内用）（mg/m^3）	≤0.124
总挥发性有机化合物 TVOC [$mg/m^2 \cdot h$（72h）]	≤0.50

表 3-7 竹木纤维复合板的重金属限量

项目	重金属限量值（mg/kg）
可溶性铅	≤90
可溶性镉	≤75
可溶性铬	≤60
可溶性汞	≤60

竹木纤维复合板的防火性能应符合《建筑材料及制品燃烧性能分级》（GB 8624—2012）的规定，其中空心板应达到 B1 等级，实心板应达到 B2 等级的要求。

3.4.4 竹木纤维复合板墙面系统安装工艺

竹木纤维复合板墙面系统的安装，根据板材厚度、侧边工艺、墙面结构等，可以采用粘贴、装配、或者粘贴与装配式相结合的安装工艺。其中，装配式安装是以平口板或者带有公母槽、双母槽侧边结构的集成墙板为主体，配套固定件、铝合金线条等辅材现场组装而成，也是目前较为主流的安装工艺。竹木纤维复合板安装主要的拼接方式如图 3-60 所示。

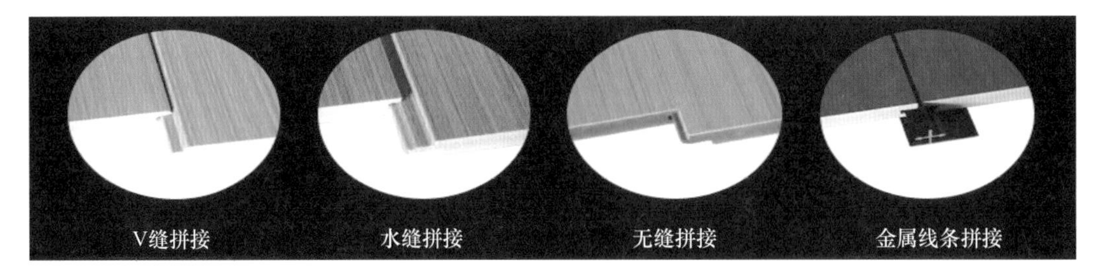

图 3-60 竹木纤维复合板拼接方式

1. 平口墙板安装

平口墙板是指侧边没有开槽的墙板，通常是通过工字线等装饰线条进行组合安装。简便快捷，还可与线性灯等模块组合安装，主要的安装节点示意如图 3-61 所示。

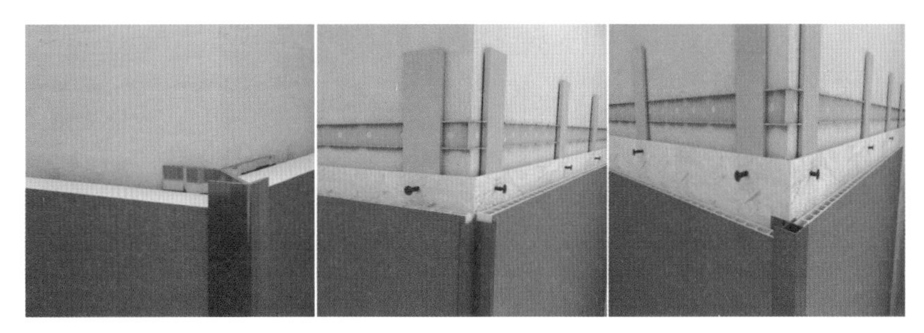

(a) 装配式阳角线

(b) 装配式阴角线 (c) 装配式工字线

(d) 平角U缝线 (e) 装配式踢脚线

图 3-61 平口墙板安装节点示意图

2. 公母槽墙板安装

公母槽墙板是直接利用自身结构、不通过任何线条就能进行吻合安装平整的墙板。公母槽式结构能够简化安装流程，提升安装效率。在进行公母槽式墙板安装时，只需要将金属卡扣固定在墙上，依次把墙板拼接好，也可以直接用枪钉固定，整体操作简单快捷，如图 3-62 所示。

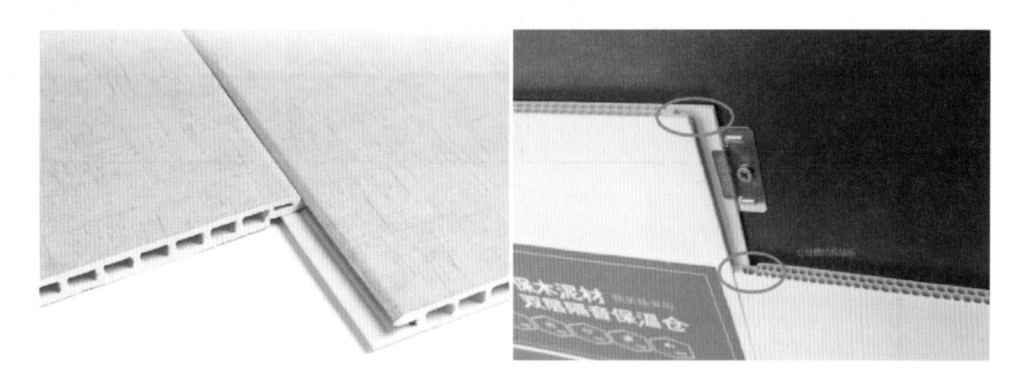

图 3-62　公母槽墙板安装示意图

3. 双母槽墙板安装

双母槽墙板的安装，是需要工字线条才可进行安装的墙板。其中，工字线条分为工字型、土字型、王字型以及 V 字型等，不同的型号呈现出来的安装效果也不同。在进行双母槽墙板安装时，需要将工字线条与一侧墙板安装好后，再逐一进行拼接上墙即可，如图 3-63 所示。

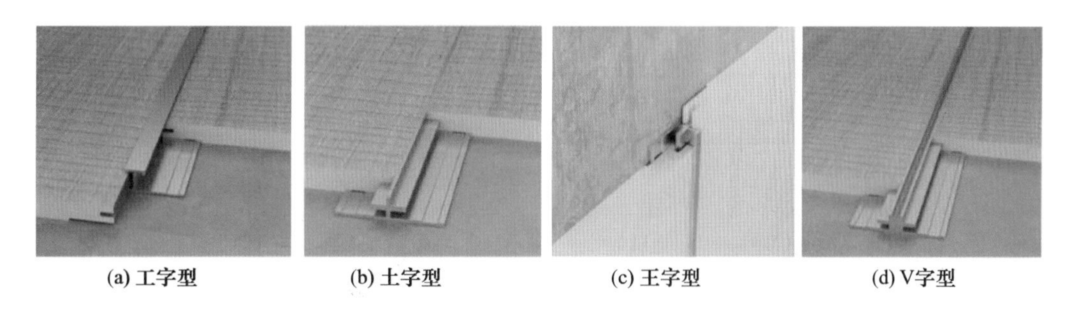

(a) 工字型　(b) 土字型　(c) 王字型　(d) V字型

图 3-63　双母槽墙板安装示意图

当基层为既有平整墙体或轻钢龙骨隔墙时，双母槽墙板可直接上墙安装，基层局部有不平整处可用微调平垫片进行调平，当基层为不平整的结构墙体或需要管线分离的墙体时，可使用龙骨和螺栓调平系统进行调平，该调平系统由横向龙骨和调平螺栓组成，如图 3-64 所示。

双母槽墙板比起一体挤出成型的公母槽竹木复合墙板，安装质量和效果更容易得到保障。因公母槽墙板基板为工厂生产线挤出机一体成型板材，冷却过程易产生不均匀变形，导致板缝拼接不均匀，装修质量会受影响。而双母槽墙板作为基板定型后，由两侧机器开槽，精度较高，且板材的双母槽结构便于与多种功能模块组合（如土字型型材、板缝线型灯、格栅板等）丰富墙面系统功能，更满足市场需求，如图 3-65 所示。

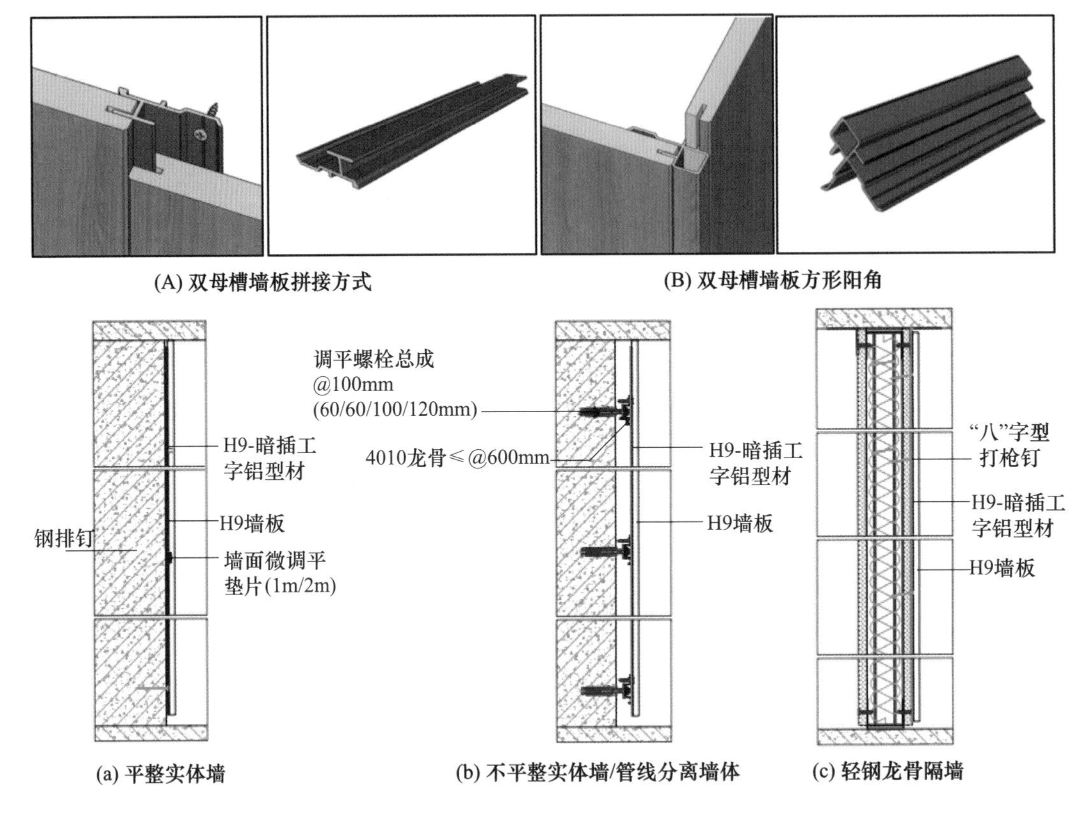

图 3-64　双母槽墙板用于不同墙体的安装示意图

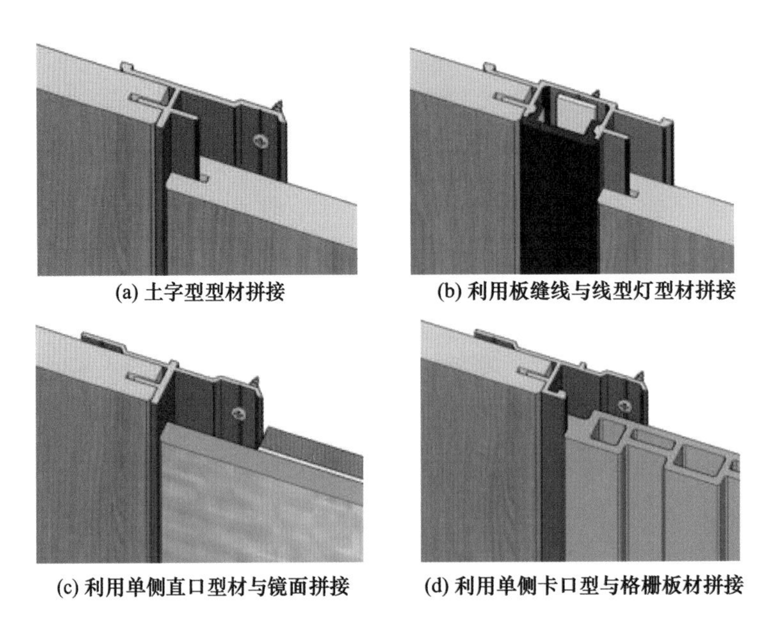

图 3-65　双母槽墙板与其他模块的组合安装示意图

4. 整体施工安装流程及要点

竹木纤维复合板墙面的施工安装流程如图 3-66 所示。

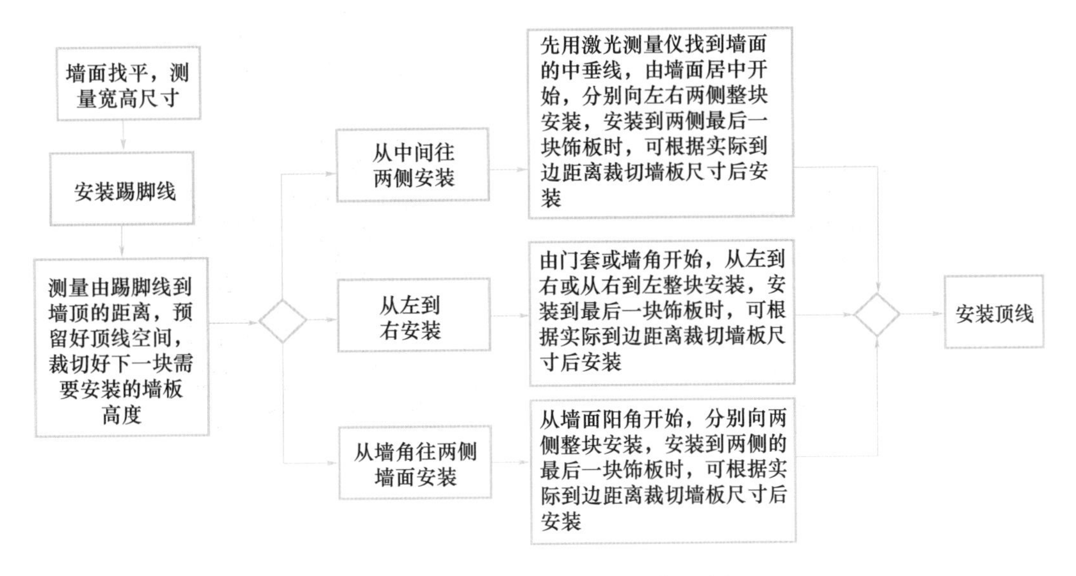

图 3-66　竹木纤维复合板墙面施工流程

1）直接上墙安装

对于符合标准要求，墙面平整的基墙、轻钢龙骨隔墙，或者无需管线布置的其他墙体，可直接上墙安装墙板。墙板采用铝材连接，针对不同的墙板侧边结构，选择不同的安装工艺。连接铝材可拼缝，可露出隔条，也可凹缝。

2）装配式挂件安装

主要是指通过轻钢龙骨、木龙骨、螺栓、胶挂件等配套辅材进行安装，适用于墙面平整度差，有管线布置需求的墙体。此安装方式，需要先对墙面调平。可采用胶体填充和修补的方式，也可采用龙骨调平的方式，如图 3-67 所示。

胶体填充和修补，是以发泡胶填充，耐候胶粘贴做局部小范围调整。操作方便，适合大面积快速安装、要求不是特别高的空间。但由于发泡胶干得快，调整时间、动作要迅速。

(a) 卡件龙骨

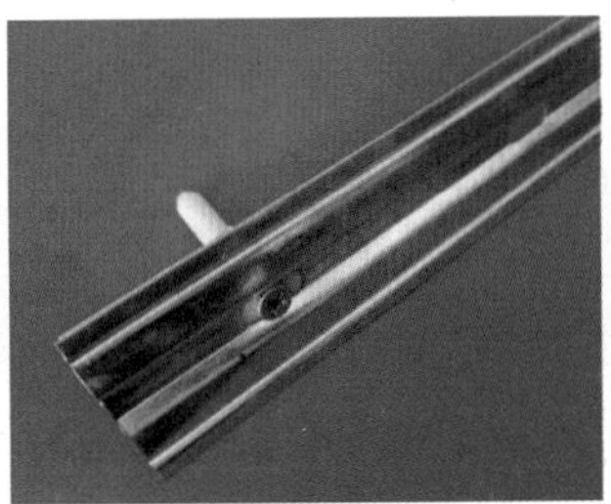
(b) 调平龙骨

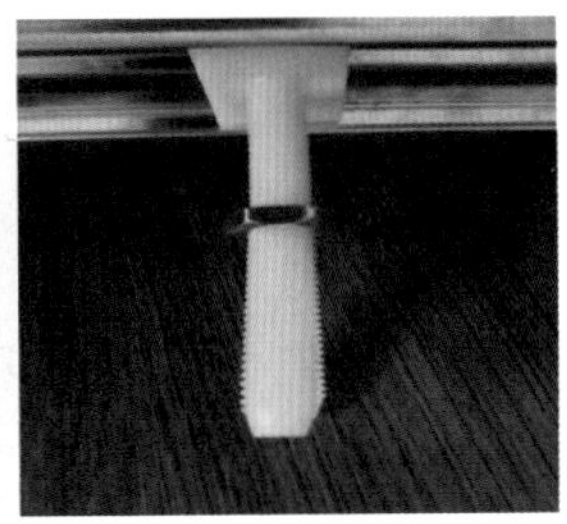
(c) 工程塑料楔子

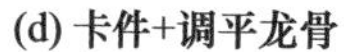

(d) 卡件+调平龙骨

(e) 穿线管+调平底座+调平龙骨

图 3-67　装配式挂件安装示意图

龙骨调平是目前应用最为广泛，也是采用最多的工艺。是通过在基墙上设置轻钢龙骨、木龙骨等找平和管线分离的设计结构，完成管线布置和龙骨找平后，再进行墙板的拼接和安装，如图 3-68 和图 3-69 所示。

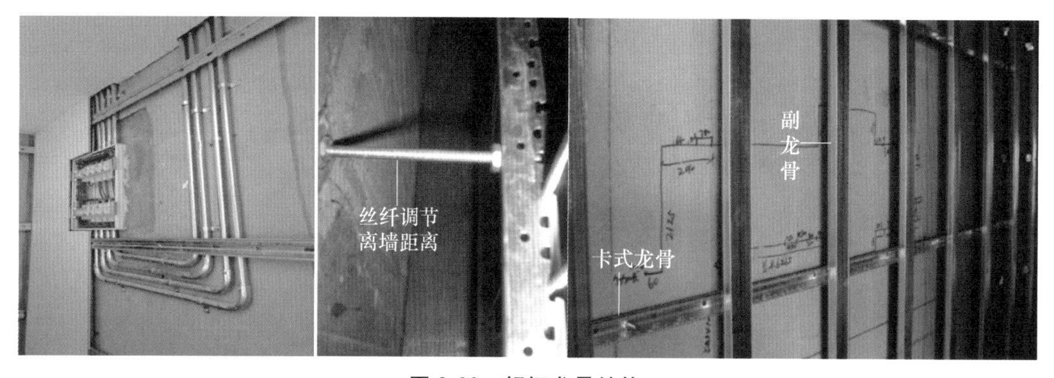

图 3-68　轻钢龙骨结构

图 3-69　木龙骨结构

3）墙板安装步骤及要点

（1）踢脚线的安装。为了确保踢脚线与地面的吻合，须先用激光测量仪把踢脚线与地面的平衡线测出来，再用结构胶（或 3M 泡棉胶）加少量平头螺丝加固的方法，结合 45°切角，把整墙或整屋的踢脚线一次性安装到位。对已经安装踢脚线的墙面，可将收口线靠墙的一面涂上结构胶后，将其紧靠于已有的踢脚线上方粘平，并加少量平头螺丝固定。踢脚线安装示意如图 3-70 所示。

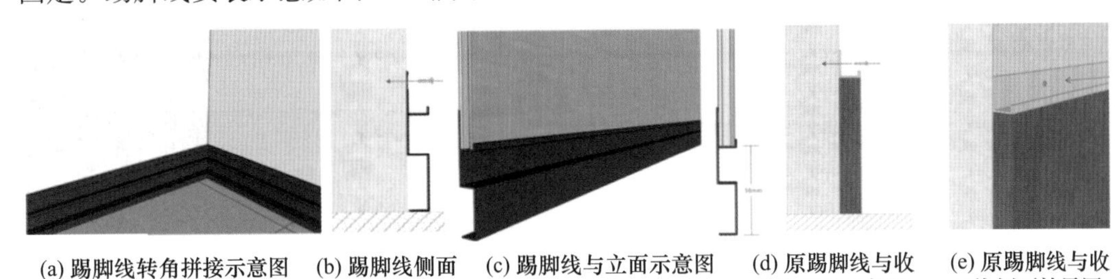

(a) 踢脚线转角拼接示意图　(b) 踢脚线侧面安装示意图　(c) 踢脚线与立面示意图　(d) 原踢脚线与收口线侧面示意图　(e) 原踢脚线与收口线侧面效果图

图 3-70　踢脚线安装示意图

（2）墙板与收口线、中缝线的安装。其安装示意如图 3-71 所示。

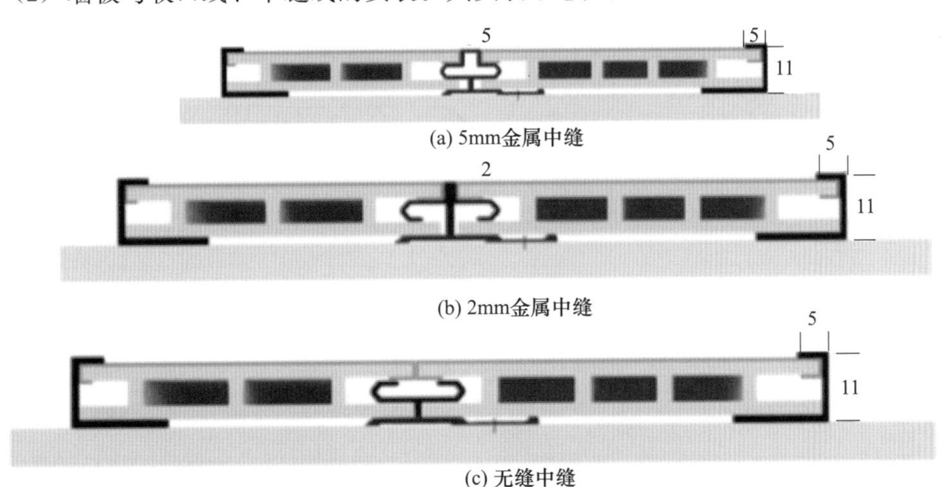

(a) 5mm金属中缝

(b) 2mm金属中缝

(c) 无缝中缝

图 3-71　墙板与收口线、中缝线安装示意图（单位：mm）

（3）墙板与阳角线、阴角的安装。其安装示意如图 3-72 所示。

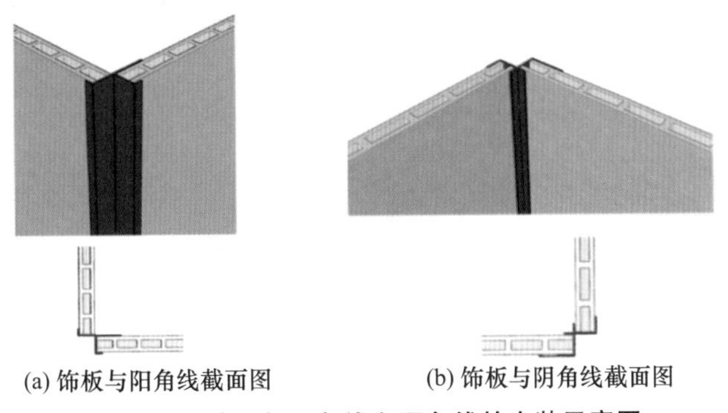

(a) 饰板与阳角线截面图　(b) 饰板与阴角线截面图

图 3-72　墙面与阳角线和阴角线的安装示意图

（4）墙板安装。墙面的安装有三种方法，从左往右（从右往左）、从中间往两侧、从墙角往两侧。典型安装如图 3-73 和图 3-74 所示。

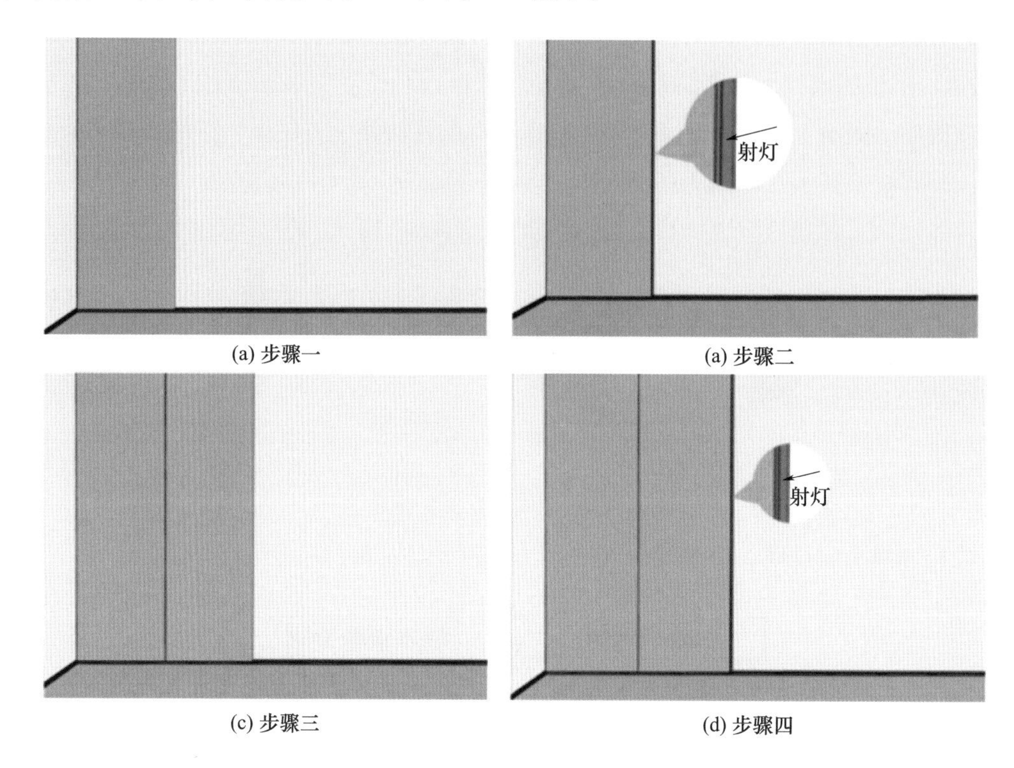

(a) 步骤一　(a) 步骤二

(c) 步骤三　(d) 步骤四

图 3-73　墙板从左往右（从右往左）安装示意图

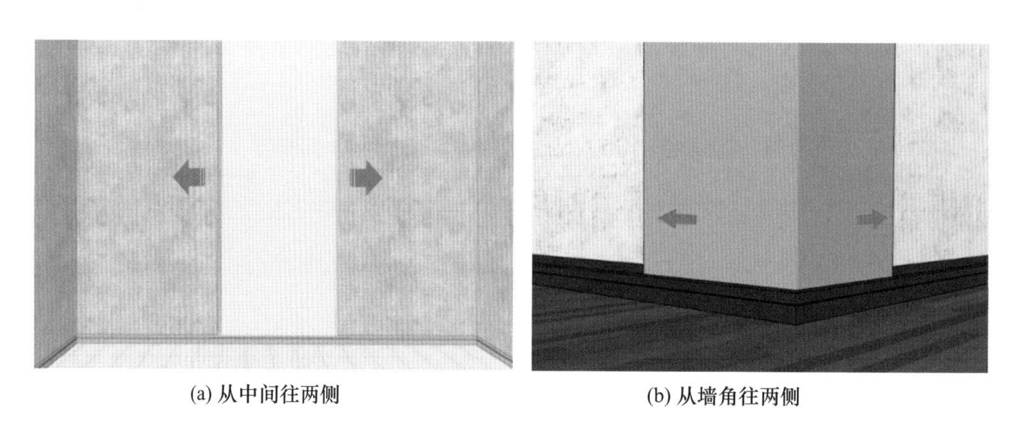

(a) 从中间往两侧　(b) 从墙角往两侧

图 3-74　墙板从中间往两侧、从墙角往两侧安装示意图

（5）墙板收边（不转角）。与门套线或墙角的收边，可将收口线靠墙的一面涂上结构胶后插入饰板的收口边，同时也在最后一块饰板背面涂上结构胶后，将其平压在墙面收口位。墙板收边安装示意如图 3-75 所示。

（6）顶线安装。因为很多屋顶不平，在安装每块饰板之前，必须严格使用激光测量仪确定实际高度，并在预留好 1.5cm 顶线位置的情况下，精确断切饰板高度后才能安装每块饰板。顶线安装是整个系统安装的最后一步，可根据饰板上方的实际长度和阴阳转角，断切顶线尺寸、切割45°转角，并在顶线靠墙的一面涂上结构胶后，将其扣压在饰板顶部加固即可，如图3-76所示。

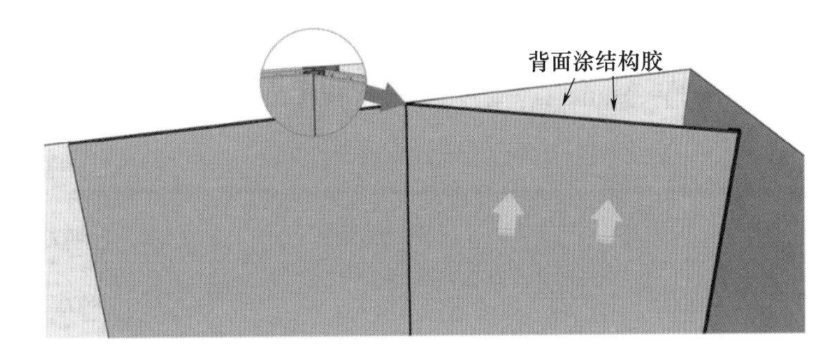

图 3-75 墙板收边安装示意图

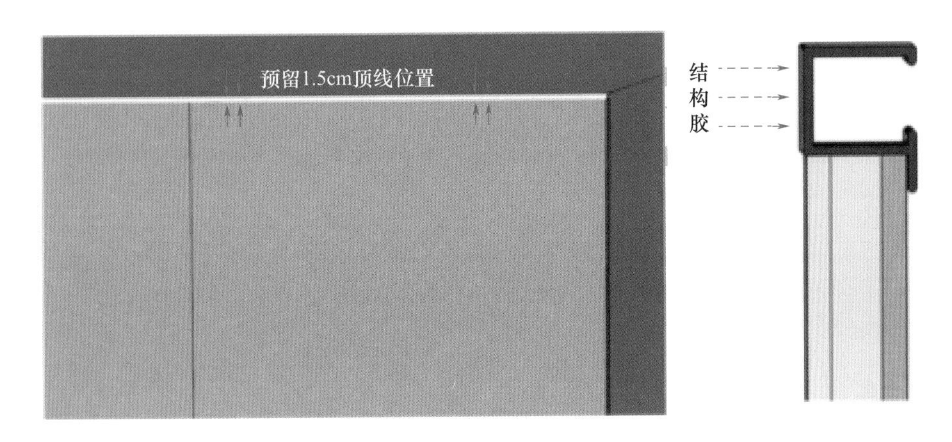

图 3-76 顶线安装示意图

3.4.5 全木塑体系的可逆式自调平快装墙面

该体系亮点为饰面墙板及主要构配件全部采用木塑制品，主要由MPF木塑龙骨、MPF木塑调平垫片、竹木纤维墙板、钢片卡扣、膨胀螺丝等组成。

通过MPF木塑龙骨自带的模块化调平装置，可快速调平，大大提高调平精度。墙面管线无须开槽埋墙，将MPF木塑龙骨在管线经过处断开过管即可。完全可逆式装配和拆卸，可重复利用。可逆式自调平快装墙面安装节点如图3-77所示。

该系统施工工艺流程为：基层检查处理→分隔弹线→安装调平垫片→安装MPF木塑龙骨→安装墙板→收边收口，主要的施工步骤如下：

(1) 墙面应基本干燥，基层含水率不得大于10%，过墙管道、洞口等提前处理完毕，裂缝、麻面、空鼓、脱壳、分离等现象用水泥砂浆进行填补，用刷子和风机对墙面进行清灰。

（2）从墙面顶部阴角开始，自上而下分格弹线，间距不大于 400mm。

（3）在弹线交叉位置用膨胀螺丝打入调平垫片进行找平。

（4）按照弹线位置用电锤将 MPF 龙骨固定在找平垫片上，先竖向（涉及墙板安装的墙面阴角、阳角），后横向，则整个 MPF 木塑龙骨架都处于同一平面，须达到 ±2mm/2m 标准。

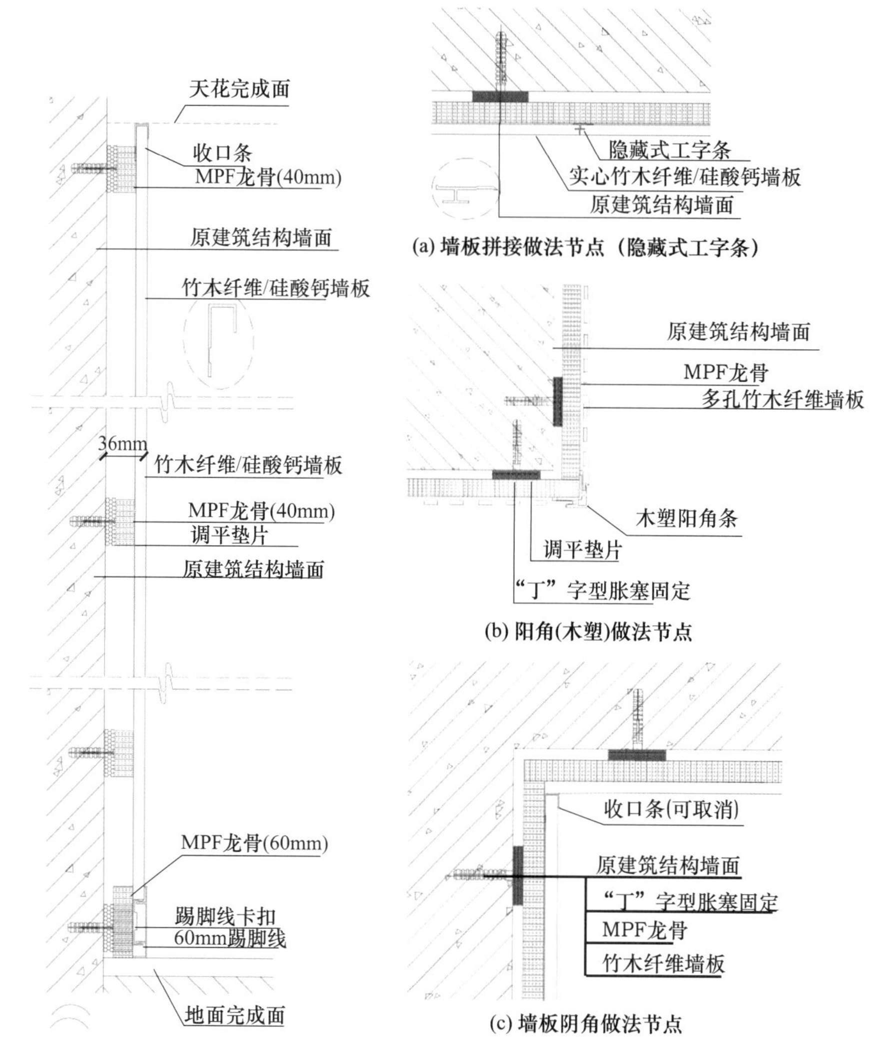

图 3-77　可逆式自调平快装墙面安装节点示意图

（5）墙板施工时要结合图纸分析，注意墙板安装的先后顺序。其顺序为：先顶后墙，先板后线，自上而下，从外往里。在墙面安装第一块竹木纤维集成墙面需用聚氨酯发泡胶 S 形路径喷在墙板背面，并试装在龙骨架上，母槽安装钢片卡扣（间距 400mm）结合钢排钉固定在龙骨上，以后每安装一块墙板将公槽插入上一块墙板母槽，进行安装的墙板母槽同样钢片卡扣结合钢排钉固定在龙骨上，横平竖直，以此类推。

（6）根据预先设计好的图纸安装。如遇到插座位置，需要预先留好插座口。

（7）注意第一块板一定要垂直和水平。先板后线是指先安装主要的板材，再安装线条，先大面积安装，再处理转角、收边等细节。

（8）如果遇到立柱，可采用背面开槽的方法将立柱包住。

3.4.6 竹木纤维复合板适用场景

竹木纤维复合板墙面系统主要适用于毛坯房、精装房、旧房改造项目。广泛应用于康养医疗、科教院校、商业综合体、酒店会所、地产精装、商业办公等室内墙面的装修，如图 3-78 所示。

图 3-78 竹木纤维复合板墙面效果图（中财案例）

3.5 陶瓷岩板复合板墙面系统

3.5.1 系统组成及构造

陶瓷岩板复合板墙面系统是主要是陶瓷岩板为主体，根据不同的施工安装工艺，配套调平龙骨、装饰线条、胶粘剂等辅材，现场干法作业组装而成的装饰性墙面系统。按施工方式分为普通干贴法和自调平干贴法。陶瓷岩板复合板墙面系统结构示意图如图 3-79和图 3-80 所示。

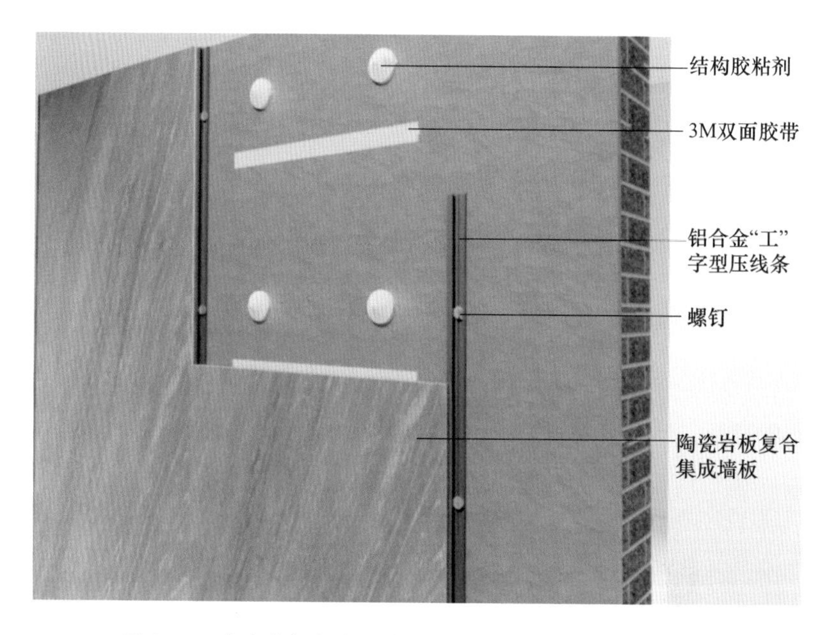

图 3-79　陶瓷岩板复合板墙面系统普通干贴法结构示意图

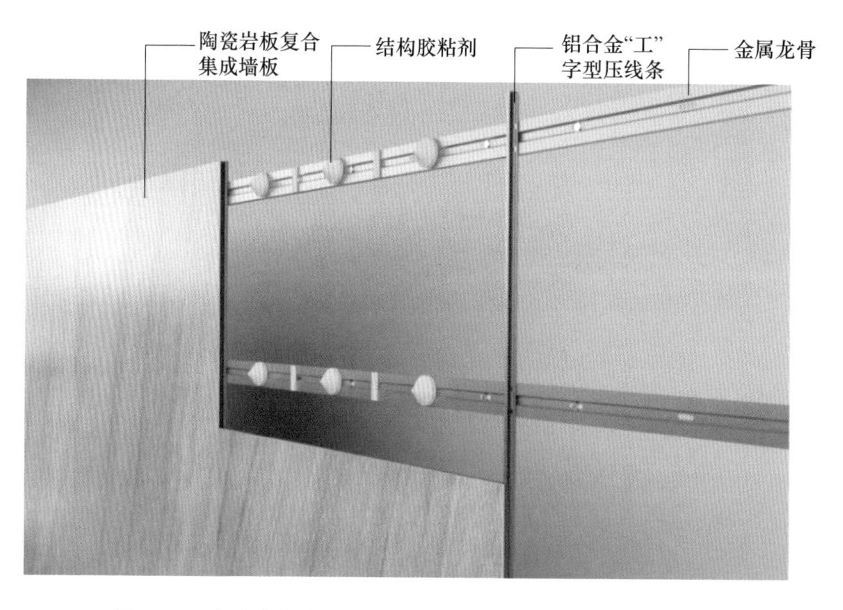

图 3-80　陶瓷岩板复合板墙面系统自调平干贴法结构示意图

3.5.2　系统设计要求

（1）陶瓷岩板复合板墙面系统设计应遵循《装配式内装修技术标准》（JGJ/T 491—2021）的有关规定。

（2）陶瓷岩板复合板墙面系统施工前应进行专业设计，保证建筑的美观、舒适、安全、健康。

（3）墙面系统构造应稳固结实、便于安装，墙面系统与基层墙体有可靠连接，并应与开关、插座、设备管线等的设计相协调；设备管线应与墙体连接牢固。

（4）有防水、防潮要求的房间应采取相关措施，墙面板宜采用耐水的陶瓷岩板复合板，板与板之间拼接缝应做防水处理。

（5）墙面上悬挂较重物体时，应采用专用连接件与基层墙体连接固定。

（6）陶瓷岩板复合板墙面系统应采用节能绿色环保材料，所使用材料的质量应符合设计要求和国家现行有关标准的规定。

（7）陶瓷岩板复合板墙面系统所采用材料的燃烧性能应符合《建筑内部装修设计防火规范》（GB 50222—2017）和《建筑设计防火规范（2018 年版）》（GB 50016—2014）的有关规定。

（8）陶瓷岩板复合板墙面系统应选用低甲醛、低挥发性有机物（VOC）的环保材料，其有害物质限量应符合《民用建筑工程室内环境污染控制标准》（GB 50325—2020）及国家现行有关标准的规定。

3.5.3 陶瓷岩板复合板

陶瓷岩板复合板是由陶瓷薄板与基板材料，通过黏结剂复合而成。

陶瓷薄板具有薄、质轻、规格大的特点，吸水率低，高强、耐磨、耐污染、质感好、色泽纹理丰富、不掉色、不变形，可实现天然石材、木纹等各种材料的 95％以上的仿真度。并且燃烧性能为 A1 级，能满足大部分建筑的装修要求。

基板材料如铝蜂窝板、镁基板、碳纤板等材料，与陶瓷岩板黏结复合，大大提高了板材的耐撞击性能和韧性，使墙面板更安全、经久耐用，也使陶瓷岩板最大限度地实现了装配化生产与应用。陶瓷岩板复合板结构示意如图 3-81 所示。

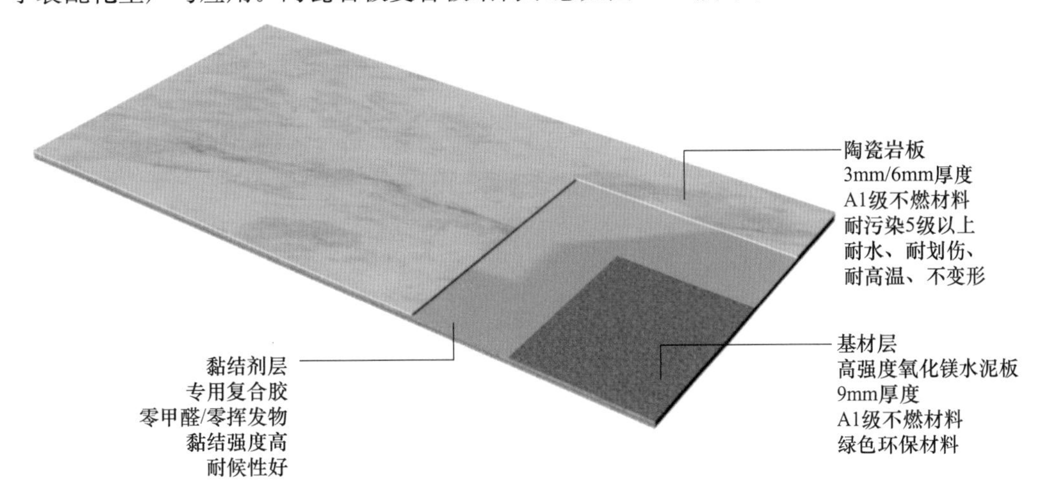

图 3-81 陶瓷岩板复合板结构示意图

1. 陶瓷岩板复合板的技术参数

陶瓷岩板复合板的主要技术参数见表3-8。

表3-8 陶瓷岩板复合板的主要技术参数

<table>
<tr><th colspan="2">项目</th><th>指标</th><th>检测方法</th></tr>
<tr><td colspan="2">吸水率（%）</td><td>≤0.5</td><td>GB/T 23266—2009中第6.4条</td></tr>
<tr><td colspan="2">拉伸黏结强度（MPa）</td><td>≥0.1</td><td>JG/T 579—2021中第6.3条</td></tr>
<tr><td colspan="2">抗冲击性（10J）</td><td>冲击破坏点个数小于4个</td><td>JG/T 579—2021中第6.3条</td></tr>
<tr><td colspan="2">弯曲强度（MPa）</td><td>≥30</td><td>GB/T 17657—2013中第4.7条</td></tr>
<tr><td rowspan="2">可溶性重金属</td><td>可溶性铅含量（mg/kg）</td><td>≤20</td><td rowspan="2">HJ/T 297—2006</td></tr>
<tr><td>可溶性镉含量（mg/kg）</td><td>≤5</td></tr>
<tr><td rowspan="2">放射性核素限量</td><td>内照射指数</td><td>≤0.9</td><td rowspan="2">按GB 6566规定进行试验</td></tr>
<tr><td>外照射指数</td><td>≤1.2</td></tr>
<tr><td colspan="2">甲醛释放量（mg/m^3）</td><td>≤0.124</td><td>GB/T 17657—2013中第4.6条</td></tr>
<tr><td colspan="2">总挥发性有机化合物TVOC
[mg/m^2·h（72h）]</td><td>≤0.5</td><td>HJ 571—2010中附录A</td></tr>
<tr><td colspan="2">燃烧性能</td><td>不低于B1级</td><td>GB 8624—2012</td></tr>
</table>

注：陶瓷复合板集成墙面，由3mm岩板和12mm基板通过胶粘剂复合而成，或者6mm岩板和9mm基板通过胶粘剂复合而成。

2. 陶瓷岩板复合板的规格尺寸

陶瓷岩板复合板的常用规格尺寸见表3-9。

表3-9 陶瓷岩板复合板的规格尺寸

<table>
<tr><td colspan="2">常用岩板厚度（mm）</td><td>3，6</td><td colspan="2">常用岩板规格（mm）</td><td rowspan="4">800×2600，
1200×2400，
1000×3000，
1500×3000，
1600×3200</td></tr>
<tr><td rowspan="3">常用基板厚度
（mm）</td><td>无机板</td><td>3，6，9，12</td><td rowspan="3">常用基板规格
（mm）</td><td>无机板</td></tr>
<tr><td>铝蜂窝板</td><td>6，10，12，15</td><td>铝蜂窝板</td></tr>
<tr><td>碳纤板</td><td>6，10，12，15</td><td>碳纤板</td></tr>
</table>

3. 胶粘剂

陶瓷岩板复合板所用胶粘剂包括硅酮结构胶和免钉胶（贴面胶），产品有害物质限量应符合现行国家标准GB 18583的要求。

（1）硅酮结构胶的理化性能应满足《建筑幕墙用硅酮结构密封胶》（JG/T 475—2015）的要求，见表3-10。

表3-10 硅酮结构胶的理化性能

<table>
<tr><th>序号</th><th colspan="2">项目</th><th>技术指标</th><th>检测方法</th></tr>
<tr><td rowspan="2">1</td><td rowspan="2">下垂度
（mm）</td><td>垂直</td><td>≤3</td><td rowspan="2">GB/T 13477.6</td></tr>
<tr><td>水平</td><td>0</td></tr>
</table>

续表

序号	项目			技术指标	检测方法
2	表干时间（h）			≤3	GB/T 13477.5A
3	气泡			无可见气泡	JG/T 475—2015
4	拉伸黏结性	23℃拉伸黏结强度标准值 $R_{U,5}$（MPa）		≥0.5	JG/T 475—2015
		拉伸黏结强度保持率（%）	80℃	≥75	
			−20℃	≥75	
5	剪切强度	23℃剪切强度标准值 $R_{U,5}$（MPa）		≥0.5	JG/T 475—2015
		剪切强度保持率（%）	80℃	≥75	
			−20℃	≥75	
6	撕裂性能，拉伸黏结强度保持率（%）			≥75	JG/T 475—2015
7	疲劳循环	拉伸黏结强度保持率（%）		≥75	JG/T 475—2015
		黏结破坏面积（%）		≤10	

（2）免钉胶理化性能应满足《室内墙面轻质装饰板用免钉胶》（JC/T 2186—2013）的要求，见表 3-11。

表 3-11 免钉胶理化性能

序号	项目		技术指标
1	可操作性	纤维水泥 A 板	>50%
		纤维水泥 B 板	>A 板黏结面积的 75%
2	下垂度		≤3mm
3	固含量		≥60%
4	初期抗滑移性		≤2mm
5	硬度（邵氏 A）		30～90
6	拉伸剪切强度	标准实验条件 24h	≥1.5MPa
		标准实验条件 168h	≥2.5MPa
		热处理	≥2.5MPa
		潮湿基面	≥1.5MPa
		高温储存后（40℃）	≥2.0MPa
7	静态荷载下的剪切变形		无开裂，无脱落

注：产品有害物质限量应符合现行国家标准 GB 18583 的要求。

3.5.4 陶瓷岩板复合墙面系统的施工安装

陶瓷岩板复合板墙面系统按施工方式分为普通干贴法和自调平干贴法。

1. 普通干贴法

采用“工”字型铝型材连接板材两条长边作为物理连接、采用硅酮结构胶或者岩板贴面胶（免钉胶）作为辅助黏结，物理连接与化学黏结相结合的结构形式。其安装节点如图 3-82 所示。

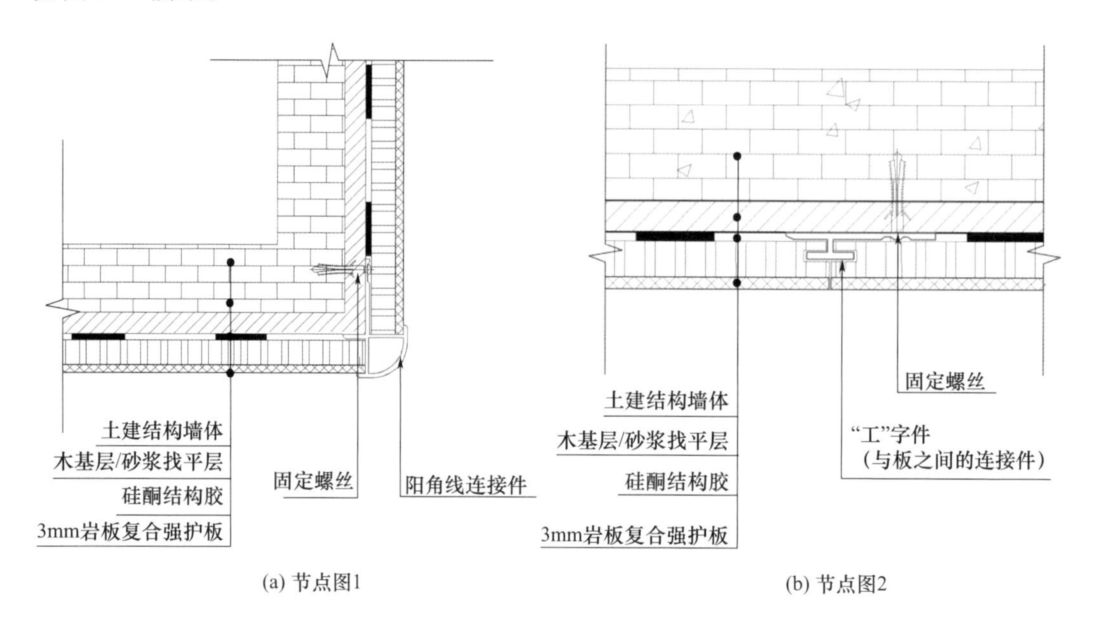

图 3-82 陶瓷岩板复合板普通干贴法安装节点图

2. 自调平干贴法

在实行普通干贴法之前，先制作龙骨架作为墙面系统的支撑结构。其安装节点如图 3-83所示。

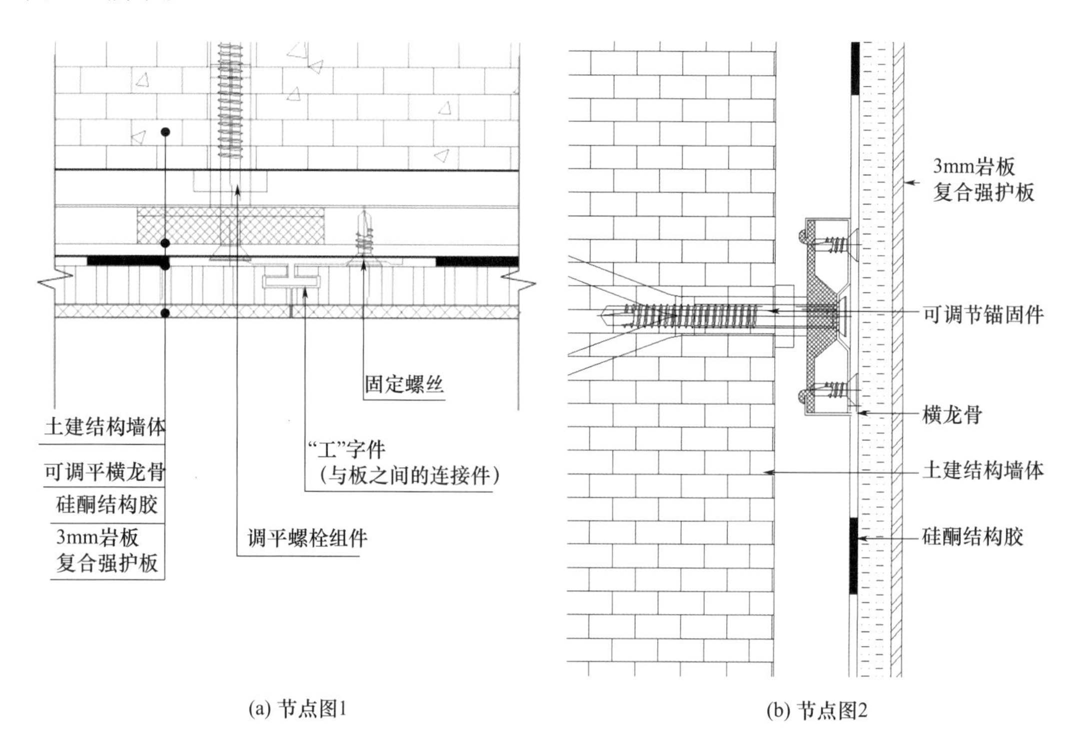

图 3-83 陶瓷岩板复合板自调平干贴法安装节点图

陶瓷集成墙面施工进场前，墙面上暗敷设的其他设备、管线工程已完成，作业面已清理干净，无其他专业交叉施工。

陶瓷集成墙面施工前应对基层与胶粘剂、胶粘剂与墙板粘合面之间的相容性、黏结性进行试验，黏结强度应不小于 0.4MPa，采用龙骨挂装施工方法的基层，应进行锚固点拉拔力测试，拉拔力不应小于 0.6kN。

如果基层是木板/石膏板基层，基层结构应结实牢固，基层表面平整度需达到 3mm/2m 的标准。

如果基层是旧饰面（瓷砖/腻子）基层，应清扫墙面上的腻子粉，并用钢丝刷干净，如基面情况良好，无须处理；若存在掉灰现象，再做一次界面剂处理；如有墙面空鼓，须敲掉重补（面积直径超过 10cm）。

3. 普通干贴法施工流程

施工流程：板材及辅材准备→弹线分格→安装踢脚线→安装边部金属线条→安装集成墙板→安装金属线条→安装顶部压边金属线条→填缝、清洁及保护。

1）板材及辅材准备

陶瓷岩板复合板应在加工厂内采用专用设备加工制作完成，应减少现场加工工作量，加工精度应满足设计要求。陶瓷岩板复合板开孔、切割等加工应使用水刀切割。开孔时，应对现场所需配合的设备设施开孔位置进行定位，测绘编制加工图纸进行加工生产。陶瓷岩板复合板侧边开槽应使用专用开槽机械进行开槽，开槽尺寸如图 3-84 所示。

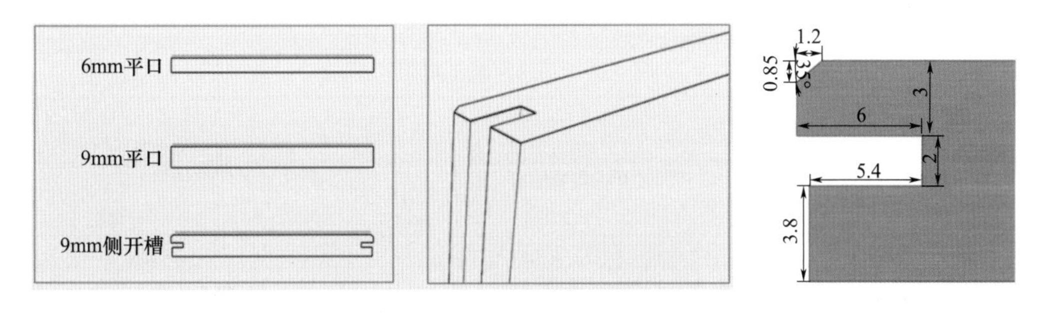

图 3-84 墙板边口加工方式（单位：mm）

对于厚度小于 9mm 的复合板应采用平口安装方法，对于厚度不小于 9mm 的陶瓷岩板复合板，可以采用平口安装，也可以侧槽进行安装，如图 3-85～图 3-87 所示。

2）弹线分格

清洁墙面，确保基面上无积灰、污渍、凸出物等。根据设计图纸要求，利用红外线水平仪、墨线盒等工具进行分段分格弹线定位。

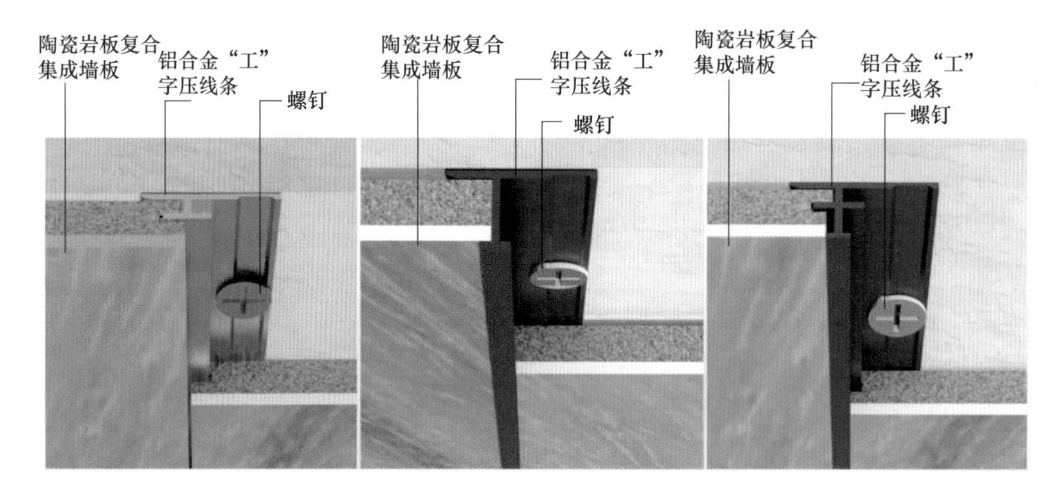

图 3-85　安装节点示意图

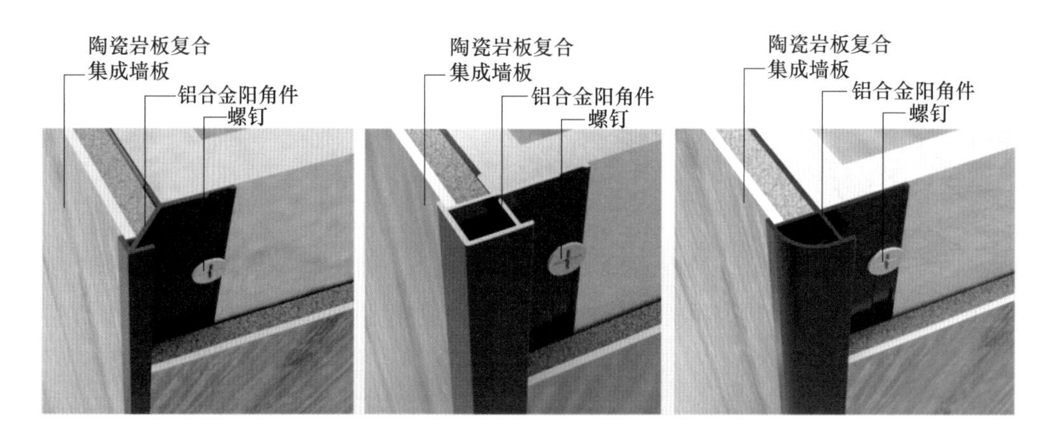

图 3-86　阳角安装示意图

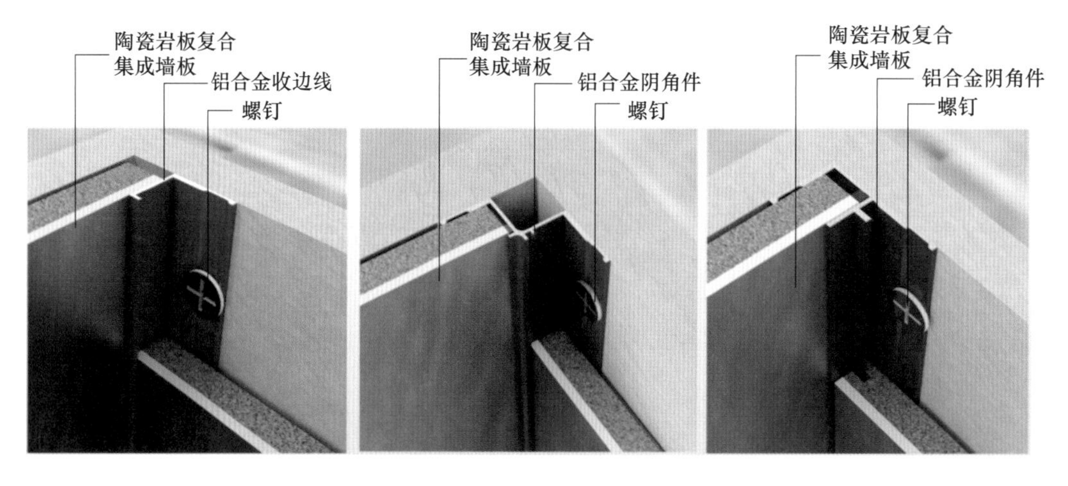

图 3-87　阴角安装示意图

3）安装踢脚线

在踢脚线背面涂两道结构胶，并用钢钉枪打进螺钉进行固定。阳角、阴角处踢脚线接口需 45°切角。

4）安装起始边部金属线条

在洞口边开始往两侧铺装，或者设定好的起始边处安装收边线，用钢钉枪打进螺钉进行固定。

5）安装集成墙板

在集成墙板表面沿竖向方向涂几道结构胶，结构胶间距约 200mm，然后将集成墙板安装到墙面上。安装时，应先确保下端进入踢脚线的槽内，再水平移动使墙板竖向一边进入金属线槽内。如遇转角可将墙板做 45°拼接处理。

6）安装金属线条（“工”字件）

在墙板的另一竖向边安装金属线分线条（或者“工”字件），并用钢钉枪打进螺钉进行固定。金属线条示意如图 3-88 所示。

图 3-88　金属线条示意图

7）安装顶部压边金属线条（顶线）

重复以上 4）、5）、6）步骤继续安装完所有集成墙板，然后在墙板顶面安装顶线，并用钢钉枪打进螺钉进行固定。

8）填缝、清洁及保护

集成墙板施工后，用海绵及少量清水清洁墙板表面并做好成品保护。贴上“禁止淋雨、禁止冲击、禁止挪移”的标语。

9）集成墙板施工的注意事项

（1）安装顺序：从左往右施工或者从洞口边开始往两边施工。

（2）复合板背面清洁：先用湿布刷擦除墙板背后的浮灰、污渍等，待无明水后抹涂结构胶。

（3）防护、防雨：在施工完成后 24h 内，禁止淋雨、禁止冲击、禁止挪移。

（4）完成面：集成墙板厚度为 6～15mm，构造内空腔层约 3mm。

4. 自调平干贴法施工流程

基本施工流程：施工准备→基层准备→弹线分格→龙骨安装→集成墙面饰面板铺设。

1）施工准备

进行设计交底工作，编制专项施工方案。准备施工所需的设备、部品部件及相关场地。明确施工所需场地、供水供电等条件。

2）基层准备

干贴免找平系统需要安装在基层墙体上，基层可以是砖墙、轻质隔墙板、混凝土墙或者是水泥纤维板等，基层应使用阻燃板。对基层平整度要求不大于15mm，基本可以不需做找平层处理。如果作业面无墙体或者平整度大于15mm时，墙面系统应增设竖龙骨。

3）弹线分格

根据设计图纸要求，利用红外线水平仪、墨线盒等工具进行弹线定位，弹出横龙骨定位线。

4）龙骨安装

（1）竖龙骨安装（如需要）：用锚固件将竖龙骨与主体结构或墙体连接，竖龙骨之间的间距为600mm，旋动锚固件后面的螺母进行微调。

（2）横龙骨安装：将横龙骨安装到竖龙骨上（或者直接安装在基层墙体上），旋动锚固件后面的螺母进行微调，并用螺丝固定。横龙骨间距宜为400mm。

5）集成墙面饰面板铺设

（1）面层安装：利用红外线水平仪确定墙板安装位置。将免钉胶和双面海绵胶贴施加（贴）到横龙骨上，免钉胶和双面海绵胶贴间距150mm并相互间隔；两人合力将墙板放到预定好的安装位置，墙板一边（左竖边或右竖边）插入“工”字件金属线条槽内并调整到位，将“工”字件金属线条压入墙板另一竖向边，并用螺丝固定在横龙骨上，并注意平整度及拼缝间隙。

（2）当地面未铺设时，地板与墙面板下端应加入一定厚度的木楔，使地板与其保持8～12mm距离。

（3）墙板与地面相接部位宜设踢脚或墙裙，方便清洁和维护。踢脚线安装宜在墙板安装之前进行。

（4）墙板宜从阴角处开始往两边铺装，或者门洞两侧开始往两边安装。

（5）墙板与吊顶的连接部位宜采用凹槽（顶线）镶嵌等方式进行处理，或者留5mm缝用填缝剂填缝处理。

（6）门窗与墙板的连接宜采用配套的连接件，连接应牢固；门窗框材与墙板之间的缝隙应填充密实，并宜采用门窗套进行收边。

(7) 墙面与不同材料交接处宜采用收边条进行处理。

3.5.5 陶瓷岩板复合板墙面系统适用场景

陶瓷岩板复合板墙面系统主要适用于家居场景，如康养医疗、科教院校、商业综合体、酒店会所、地产等室内墙面的装修。无论是毛坯房、精装房还是旧房翻新均可应用，具有无尘环保、施工成本低、耐磨抗污、不易变形、性能稳定、使用寿命长、抗冲击强度高、防火防潮、环保节能等诸多优势，其效果如图 3-89 所示。

图 3-89　陶瓷岩板复合板墙面系统效果图（东鹏案例）

第 4 章 装配式装修集成吊顶系统

4.1 装配式吊顶系统概述

4.1.1 概念及分类

装配式吊顶系统是由顶面板材、功能模块、连接件及固定件等构成。其中顶面材料、模块组件等在工厂统一定制生产，在现场用专用型材连接件进行密拼连接，并与周边墙体进行固定搭接的顶面系统。

装配式吊顶系统属于内装天花部分，涉及照明、消防喷淋、烟感、暖通、新风、强弱电桥架等其他系统的组合，在施工设计过程中，需要充分考虑到产品的特性、美观性、层次、安装强度、施工便捷性等。

目前，装配式吊顶系统应该广泛，针对建筑公共空间、室内厨卫空间等，都有各种成熟体系的装配式吊顶解决方案。根据顶面板材分类，有石膏装饰板、金属板、竹木纤维板、硅酸钙板等装配式吊顶系统。装配式吊顶系统示意如图 4-1 所示。

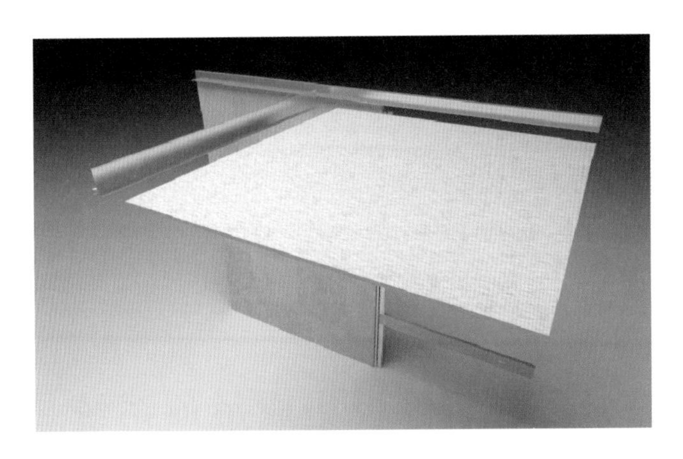

图 4-1 装配式吊顶系统示意图

4.1.2 装配式吊顶系统的特点及趋势

相对于其他装配式系统，装配式吊顶系统起步早，成熟度高，其主要特点及未来发展方向如下：

（1）在材质上，装配式吊顶具有自重轻、防水、防火、耐久等优点。

（2）在施工上，能无粉尘、无噪声，快速装配。

（3）部分装配式吊顶系统能够完全免去吊杆吊件，且不用预留检修口。

（4）在使用上，具有快速拆装、易于打理、易于翻新等特点。

（5）未来装配式吊顶需要通过提高产品美观度，提升大众接受度。

（6）通过工艺和产品的创新，解决大空间的应用问题。

4.1.3 装配式吊顶系统总体设计要求

（1）装配式吊顶系统可采用明龙骨、暗龙骨或无龙骨吊顶，软膜天花或其他干式工法施工的吊顶。

（2）装配式吊顶内宜设置可敷设管线的架空层。

（3）对于小空间，宜采用免吊杆的装配式吊顶。

（4）应用于较大空间时，应采取吊杆或其他加固措施，宜在楼板（梁）内预留预埋所需的孔洞或埋件。

（5）应根据房间的功能和装饰要求选择装饰面层材料和构造做法，宜选用带饰面的成品材料。

（6）吊顶系统宜与新风、排风、给水、喷淋、烟感、灯具等设备和管线进行集成设计。

（7）吊顶系统与设备管线应各自设置吊件，并应满足荷载计算要求。

(8) 质量较大的灯具应安装在楼板或承重结构构件上，不得直接安装在吊顶上，并应满足荷载计算要求。

(9) 吊顶系统内敷设设备管线时，应在管线密集和接口集中的位置设置检修口。

(10) 吊顶系统与墙或梁交接处，应设伸缩缝隙或收口线脚。

(11) 吊顶系统主龙骨不应被设备管线、风口、灯具、检修口等切断。

4.2 石膏装饰板集成吊顶系统

4.2.1 系统构成

石膏装饰板集成吊顶系统是由石膏装饰板、龙骨、吊杆、挂件、黏结剂等辅材，现场干法作业，组合装配而成的一种集成吊顶系统。

石膏装饰板集成吊顶系统根据安装工艺，主要有黏结法吊顶系统、模块化吊顶系统。

4.2.2 石膏装饰板

石膏装饰板材，以鲁班万能板为例，其最大宽度尺寸为1200mm、最大长度尺寸为3000mm、厚度为12mm，设计尺寸不能超过最大宽度及长度尺寸允许范围。石膏装饰板材的具体技术参数指标可见本书第3章第3.3.2节相关内容。

根据设计需要，可选用PVC、壁纸、壁布等材料的饰面材料及具有所需纹理、图案效果的石膏装饰板材。所需纹理、图案效果可以在常规花色中选取，也可根据设计需要特殊定制。

4.2.3 石膏装饰板集成吊顶系统的安装工艺

1. 黏结法吊顶系统

黏结法吊顶系统主要是通过粘贴工艺安装吊顶板，粘接材料为黏结石膏。该工艺适用于轻钢龙骨石膏板吊顶基层，粘接层厚度应不小于10mm，以保证黏结强度。该安装工艺具有装配式施工、安装效率高、材料成本低、环保无污染、即装即住、实用性强、固化时间快、遇火稳定性好等优点。

1）系统组成及构造

黏结法吊顶系统主要由石膏装饰板、黏结石膏组成，构造节点示意如图4-2所示。

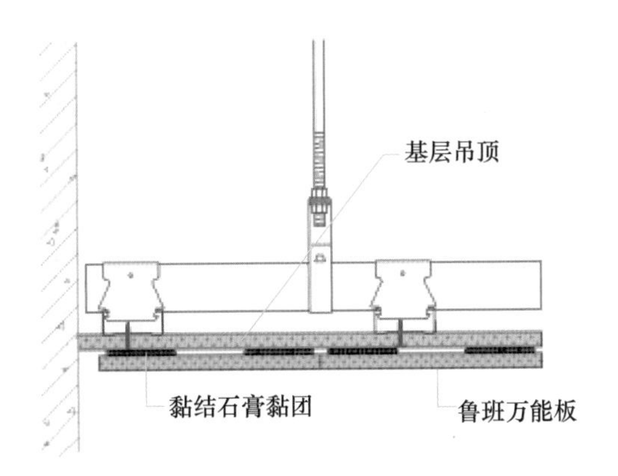

图 4-2 黏结法吊顶系统构造节点示意图

2）安装工艺流程

黏结法吊顶系统的施工安装流程主要包括：吊顶基层处理、标记点位位置、搅拌粘接材料、点涂粘接材料、粘贴鲁班万能板、鲁班万能板现场改尺、鲁班万能板阳角制作、灯孔等点位处理、装饰条、收边条的安装、板面清理等工序。

（1）吊顶基层处理：当吊顶基层平整度误差小于 10mm 时，无需对吊顶基层进行冲筋等找平处理，直接用粘接材料找平粘贴即可。当吊顶基层平整度误差不小于 10mm 时，需要对吊顶基层进行冲筋等找平处理，冲筋的位置应在鲁班万能板接缝处。

（2）标记点位位置：遇有灯具、风口、消防点位时，先在鲁班万能板正面相应处做标记或在点位中心处开小孔，待鲁班万能板安装完毕后再开合适的孔洞，以免先期开孔不合适，无法弥补。

（3）搅拌粘接材料：将粘接材料与清水搅拌均匀成膏状（水灰比 1∶2 左右，容器干净），黏团以不流坠为宜，一次搅拌不要太多（参考用量：1.5kg/m^2），需在 25min 钟内用完。若上次浆料未用完，必须将容器清理干净后再搅拌下一次的新浆料，禁止混合使用，否则将加速粘接材料的凝固。

（4）点涂粘接材料：将混合好的粘接材料点涂在鲁班万能板背面，黏团直径不小于 50mm、厚度不小于 10mm、间距不大于 300mm、距鲁班万能板边缘 40mm，黏团不得溢出鲁班万能板边缘。吊顶基层上有冲筋时，黏团高度必须高于冲筋厚度，且不要将黏团涂到冲筋上，如图 4-3 所示。

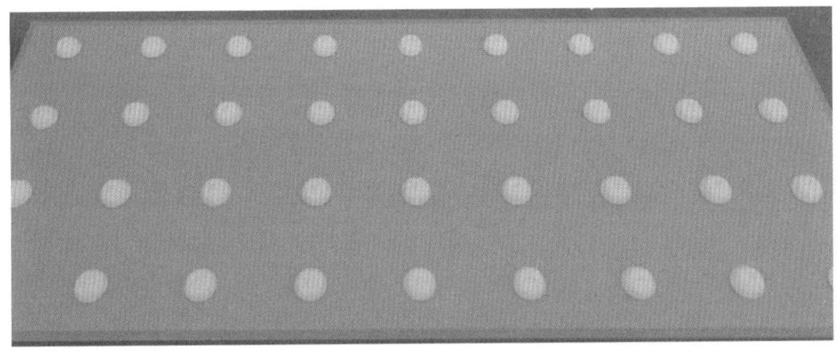

图 4-3 粘接材料点涂在鲁班万能板背面示意图

（5）粘贴鲁班万能板：从设定位置开始粘贴，首张鲁班万能板对准吊顶标线，用带水平的重型靠尺成“米”字形调平、按实，并用木支架支撑住被粘贴的鲁班万能板，保证鲁班万能板不发生位移、下垂，再依次顺序安装。密缝安装时，板与板之间自然靠紧，板面在同一水平面上。

① 鲁班万能板安装时必须同向安装，避免出现色差。

② 待粘接材料初凝后（不小于 25min），严禁挪动板材，以免破坏粘接强度。

③ 木支架支撑时间 120min 以上，待粘接材料终凝后才能撤掉木支架，防止鲁班万能板位移、脱落，如图 4-4 所示。

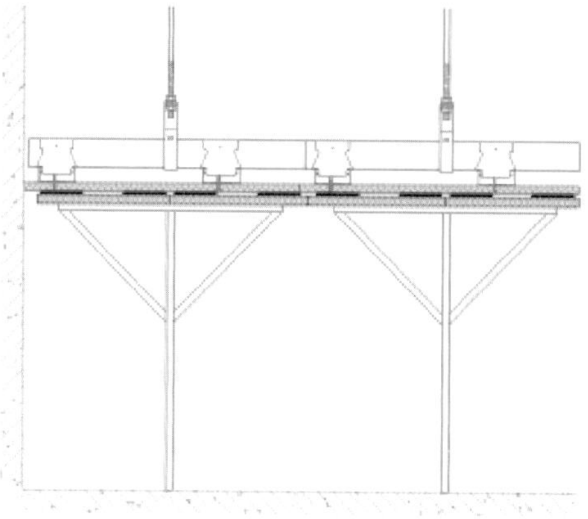

图 4-4　木支架支撑被粘贴鲁班万能板示意图

（6）其他施工工序：鲁班万能板现场改尺、阳角制作、灯孔等点位处理、装饰条、收边条的安装、板面清理等工序可参考第 3 章第 3.3.3 节相关内容。

2. 模块化吊顶系统

模块化吊顶系统主要采用模块化制作、干挂式装配，全干法安装，施工效率高，施工现场无污染，立体感强，装饰效果美观。

1）系统组成及构造

模块化吊顶系统主要由石膏装饰板、黏结石膏、普通纸面石膏板、覆面龙骨、自攻钉、双扣卡挂件、主龙骨、卡吊件、全牙吊杆等组成。配套件及系统构造节点如图 4-5 和图 4-6 所示。

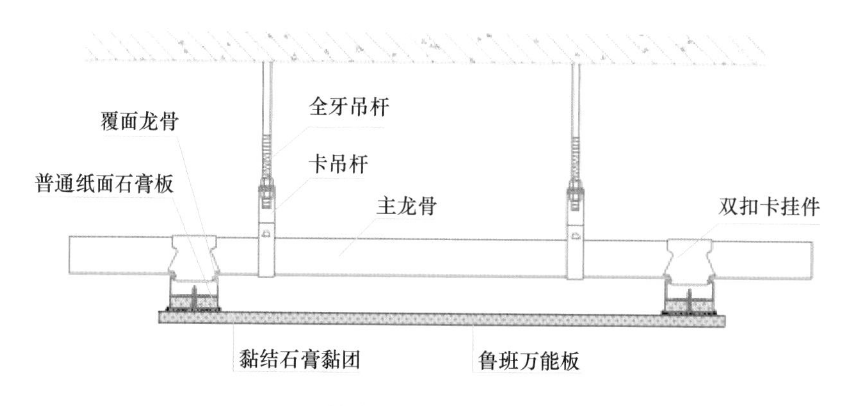

图 4-5　模块化吊顶系统构造节点图

2）安装工艺流程

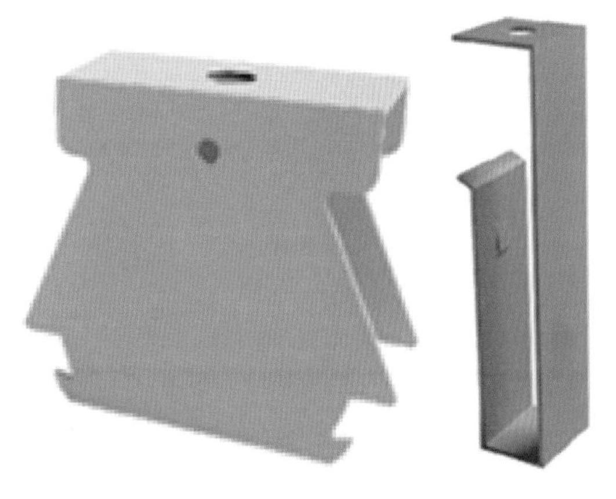

图 4-6 双扣卡挂件及卡吊件示意图

模块化吊顶系统的安装流程主要包括：吊顶模块制作、吊顶主龙骨框架安装、鲁班万能板吊顶模块干挂、灯孔等点位处理、板面清理等工序。

（1）吊顶模块框架制作：根据设计要求，确定吊顶模块可视面尺寸，以裁切或定尺加工鲁班万能板。若吊顶模块之间做离缝处理，为防止吊顶内部可视，可通过开背槽的方式，将吊顶模块四周做成阳角并做翻边处理，翻边高度为50mm，使用白乳胶将四周翻边固定，阴角处也可用黏结石膏加固黏结，如图 4-7 所示。

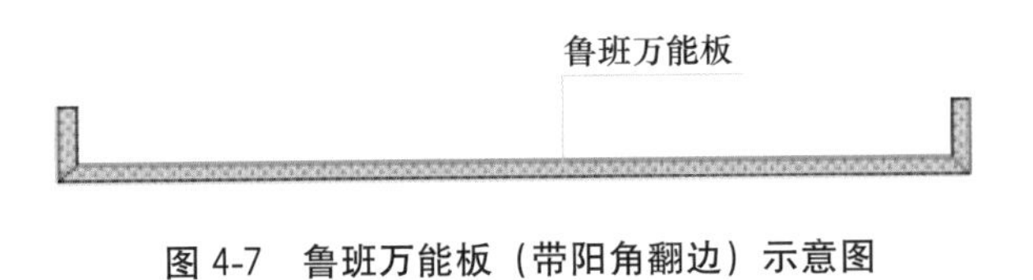

图 4-7 鲁班万能板（带阳角翻边）示意图

（2）吊顶模块的制作：先将 50mm 宽的普通纸面石膏板条，使用自攻螺钉固定在覆面龙骨上做成复合模块；再通过黏结石膏将上述复合模块粘贴在鲁班万能板背面长度方向两侧，复合模块间距不小于 400mm，即完成鲁班万能板吊顶模块的制作，如图 4-8 和图 4-9 所示。

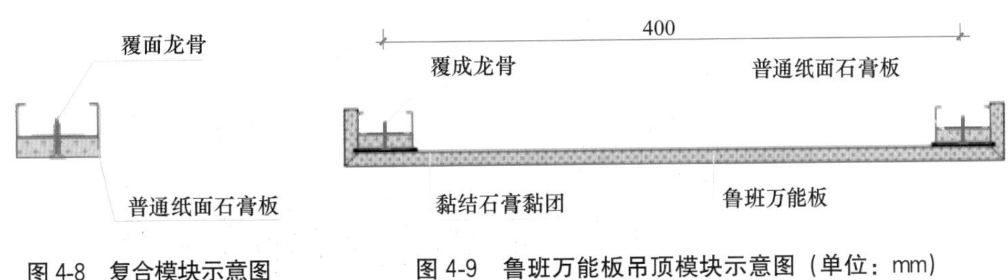

图 4-8 复合模块示意图　　图 4-9 鲁班万能板吊顶模块示意图（单位：mm）

（3）吊顶主龙骨安装：按照轻钢龙骨石膏板吊顶安装要求，安装全牙吊杆、卡吊件及主龙骨，并调平，作为鲁班万能板模块化吊顶系统受力骨架，如图 4-10 所示。

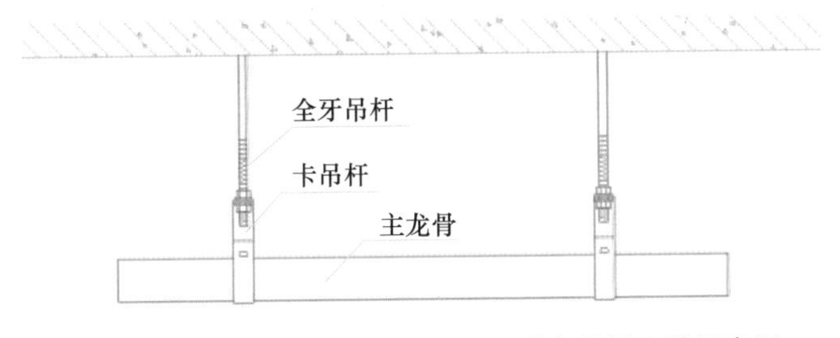

图 4-10 鲁班万能板模块化吊顶系统主龙骨安装示意图

（4）吊顶模块干挂：使用双扣卡挂件，将鲁班万能板吊顶模块干挂在主龙骨上，即完成鲁班万能板模块化吊顶系统安装，如图 4-11 所示。

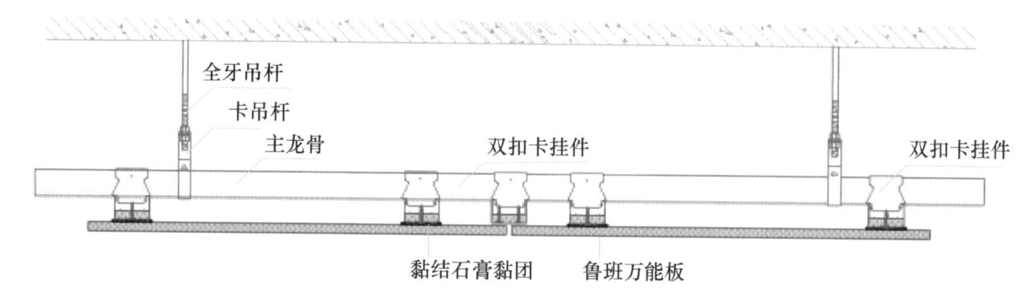

图 4-11　鲁班万能板模块化吊顶系统安装示意图

（5）其他施工工艺：灯孔等点位处理、板面清理等工序同黏结法吊顶系统相应安装工艺一样。

4.2.4　石膏装饰板集成吊顶系统适用场景

石膏装饰板集成吊顶系统可应用于公共及民用建筑干区室内吊顶装饰装修，安装工艺适用于轻钢龙骨石膏板、混凝土楼板等的吊顶基层，应用范围广泛。用户可以根据使用需求，采用 PVC、壁纸、壁布等饰面材质及纹理、图案的石膏基装饰板材，也可选用私人定制图案的石膏基装饰板材，如图 4-12 所示。

图 4-12　石膏装饰板集成吊顶系统效果图

4.3 金属板集成吊顶系统

4.3.1 金属板集成吊顶系统的组成及构造

金属板集成吊顶系统主要是以金属扣板为顶面材料，配套龙骨、吊杆、卡件、收边条等辅材组成。金属板吊顶根据材料不同，安装工艺也稍有不同。

金属板集成吊顶系统通常采用三角龙骨安装，主要有卡扣结构、勾搭结构、桁架结构等。安装速度快，结构简单、可以根据需要随意调节吊筋的高度，满足吊顶空间的标高需求和顶上配套设备系统的安装。典型安装结构如图 4-13 所示。

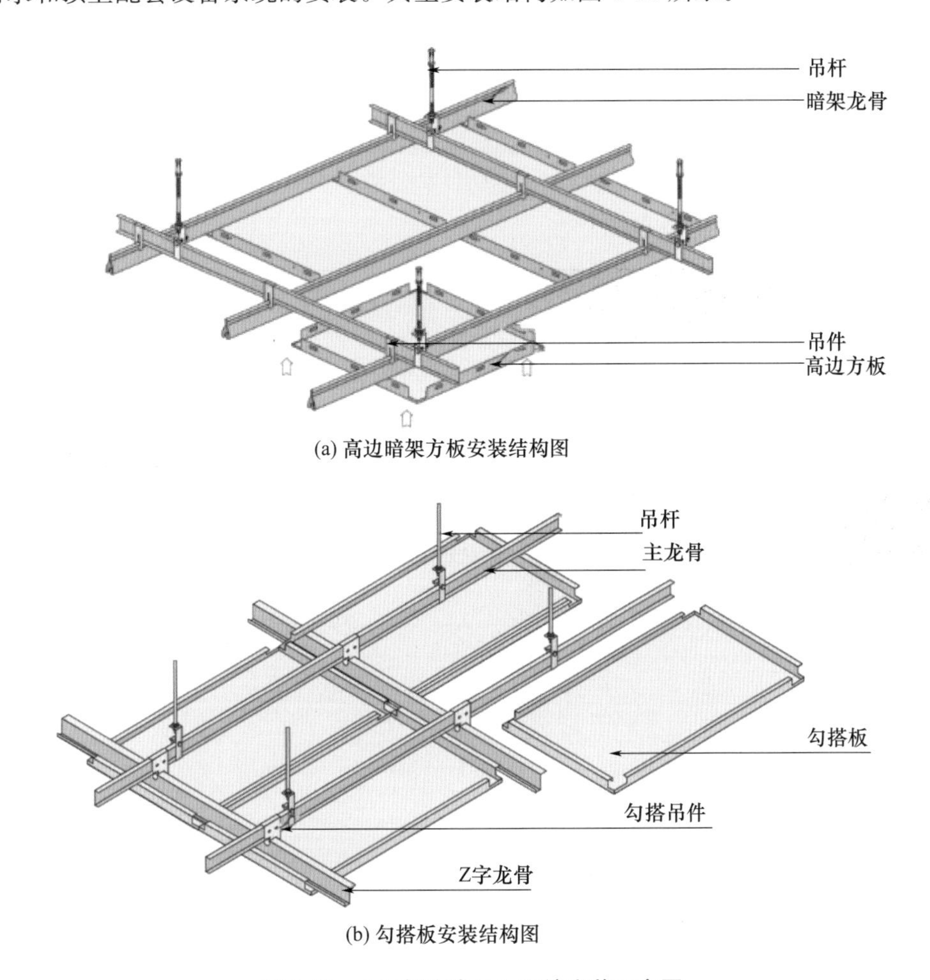

图 4-13 金属板集成吊顶系统安装示意图

4.3.2 金属吊顶材料

金属吊顶材料多种多样，较为常见的有铝扣板、铝蜂窝板、铝单板、冲孔铝板、铝方通、铝圆通等类型。下文以目前吊顶应用广泛的铝扣板和铝蜂窝板为例。

1. 铝扣板

铝扣板主要是以铝板为基板，表面通过聚酯辊涂、聚酯粉末喷涂、氟碳烤漆、PVC覆膜等工艺处理，形成具有多种装饰效果的板材。

铝扣板吊顶可采用暗架方板无缝拼接，色彩丰富、经久耐用。铝扣板具有防火、防潮、防腐、易清洁的优点、结构轻巧、装拆方便。多种规格铝扣板拼装适用于多种空间吊顶，冲孔铝扣板具有良好的吸声效果，其效果如图 4-14 所示。

2. 铝蜂窝板

铝蜂窝板是以铝蜂窝为芯材，两面黏结铝板的复合板材，通常表面具有装饰面层。装饰面层一般采用喷涂或辊涂形式，涂层为聚酯或氟碳漆。

蜂窝铝板质轻刚性好、平整度高、不易变形、不易脱落。安装简便、无缝对接、效果美观、颜色丰富。绿色节能，具有良好的隔声隔热效果，更适用于建筑大空间的吊顶安装。铝蜂窝板的结构如图 4-15 所示。

图 4-14 铝扣板效果图

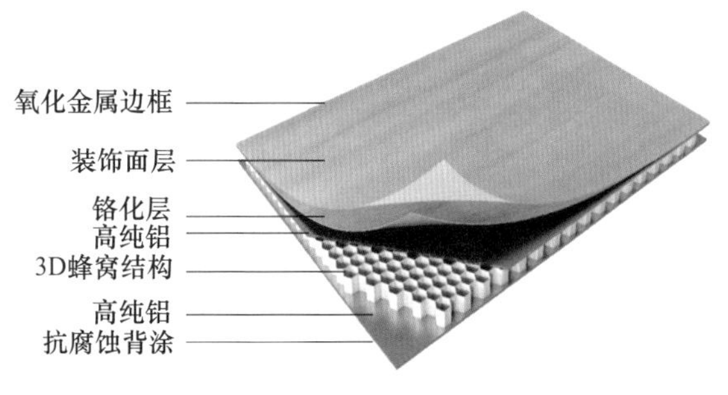

图 4-15 铝蜂窝板示意图

4.3.3 金属集成吊顶系统的施工安装

1. 确定龙骨结构

根据层高和实际需求来确定选择龙骨结构。通常情况下会选择卡式龙骨来安装，主要是为了尽量保持层高。卡式龙骨调整高度比较小（调平）所以对于安装要求平整度高的产品，需要注意水平调平的高度差。

2. 基层准备

根据吊顶的实际情况，如果吊顶平整，没有其他障碍物、电气、暖通、消防设施，可以直接放线找膨胀螺丝点位。如有其他设备就需要在跨度不小于 1500mm 位置增加锚点。

3. 弹线分格

根据设计图纸要求，利用红外线水平仪、墨线盒等工具进行弹线定位，弹出主龙骨锚点点位、横龙骨定位线。

4. 吊筋及龙骨安装

锚点打孔后，安装膨胀螺栓，ϕ8 吊筋/38 主龙骨安装，主龙骨之间的间距为 1500～1800mm，红外线顶面高度找平后，高度微调通过旋动锚固件后面的螺母进行微调。

横龙骨（99 三角龙骨）安装：将横龙骨安装到竖龙骨上（通过锁片、挂件），固定位置。横龙骨间距根据铝蜂窝短边尺寸来确定，一般为 600mm、900mm、1200mm 标注模数居多。

5. 板材安装

找到安装标高尺寸，开始安装收边线，收边线安装完三个边后，从另一边开始安装铝蜂窝大板。根据图纸和现场尺寸复尺，要计算好板材尺寸余量。在铝蜂窝大板长边需要增加安全锁扣，增加板材安全性。

对于一些特殊区域和部位，可采用二级吊顶，其典型应用，如图 4-16 和图 4-17 所示。

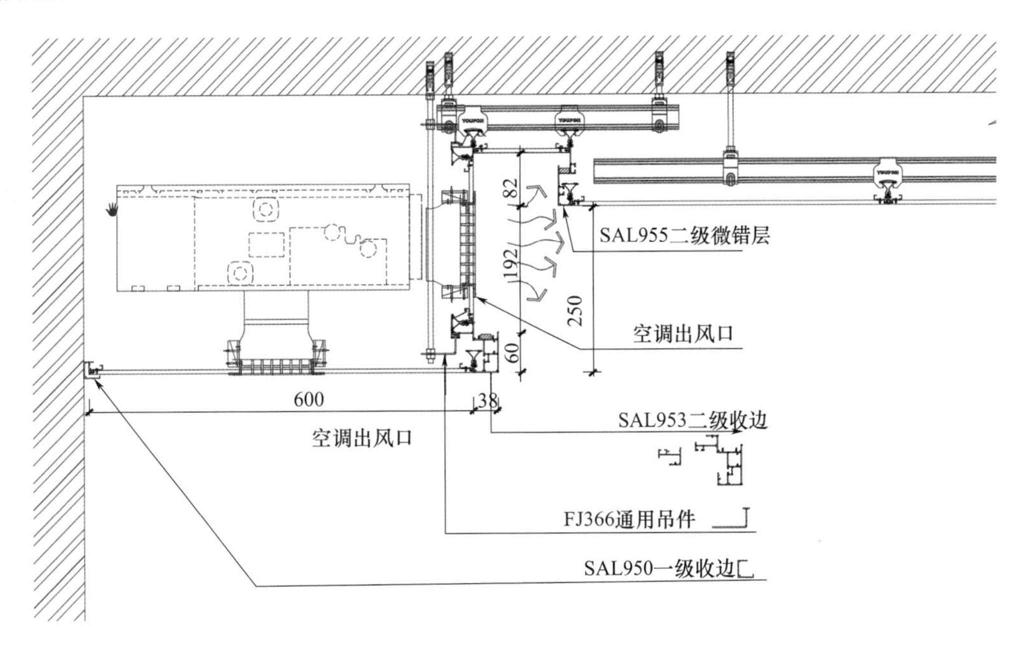

图 4-16 二级吊顶施工方案示意图（单位：mm）

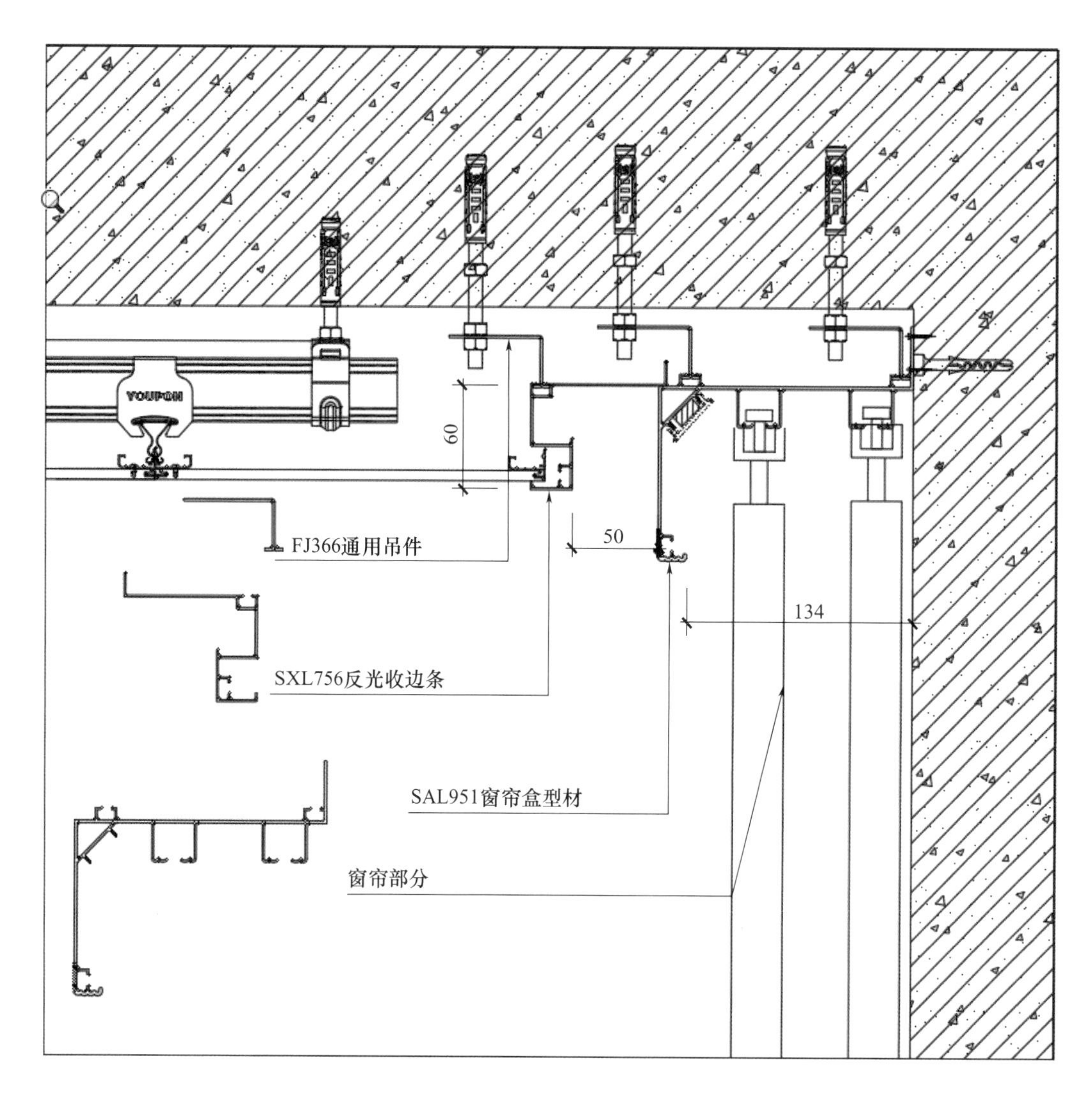

图 4-17　沿墙回光＋窗帘盒施工方案示意图（单位：mm）

4.3.4　金属板集成吊顶系统的应用

金属板集成吊顶系统广泛应用于医疗、酒店、办公、商业及住宅等公共区域的装修。

铝蜂窝板还可以应用于二级吊顶，主要是针对风管机中央空调。这类设计应用需要考虑铝合金型材的组合型应用，型材有带灯带和不带灯带、有带装饰线和不带装饰线几种类型。完成面的高度，是整个配合顶墙一体化设计施工需要注意的要点。中央空调风管的吊顶装饰效果和铝蜂窝吊顶与墙板一体化设计效果如图 4-18 和图 4-19 所示。

图 4-18 中央空调风管的吊顶装饰效果

图 4-19 铝蜂窝吊顶与墙板一体化设计效果图

4.4 竹木纤维复合板集成吊顶系统

4.4.1 竹木纤维复合板集成吊顶系统的组成及构造

竹木纤维复合板集成吊顶系统是以竹木纤维复合板（木塑复合板 WPC）为顶板，配套龙骨、吊杆、挂片、卡扣、收边条、格栅等辅材组成，通常采用轻钢龙骨卡件（锁片）安装工艺。典型安装节点如图 4-20 所示。

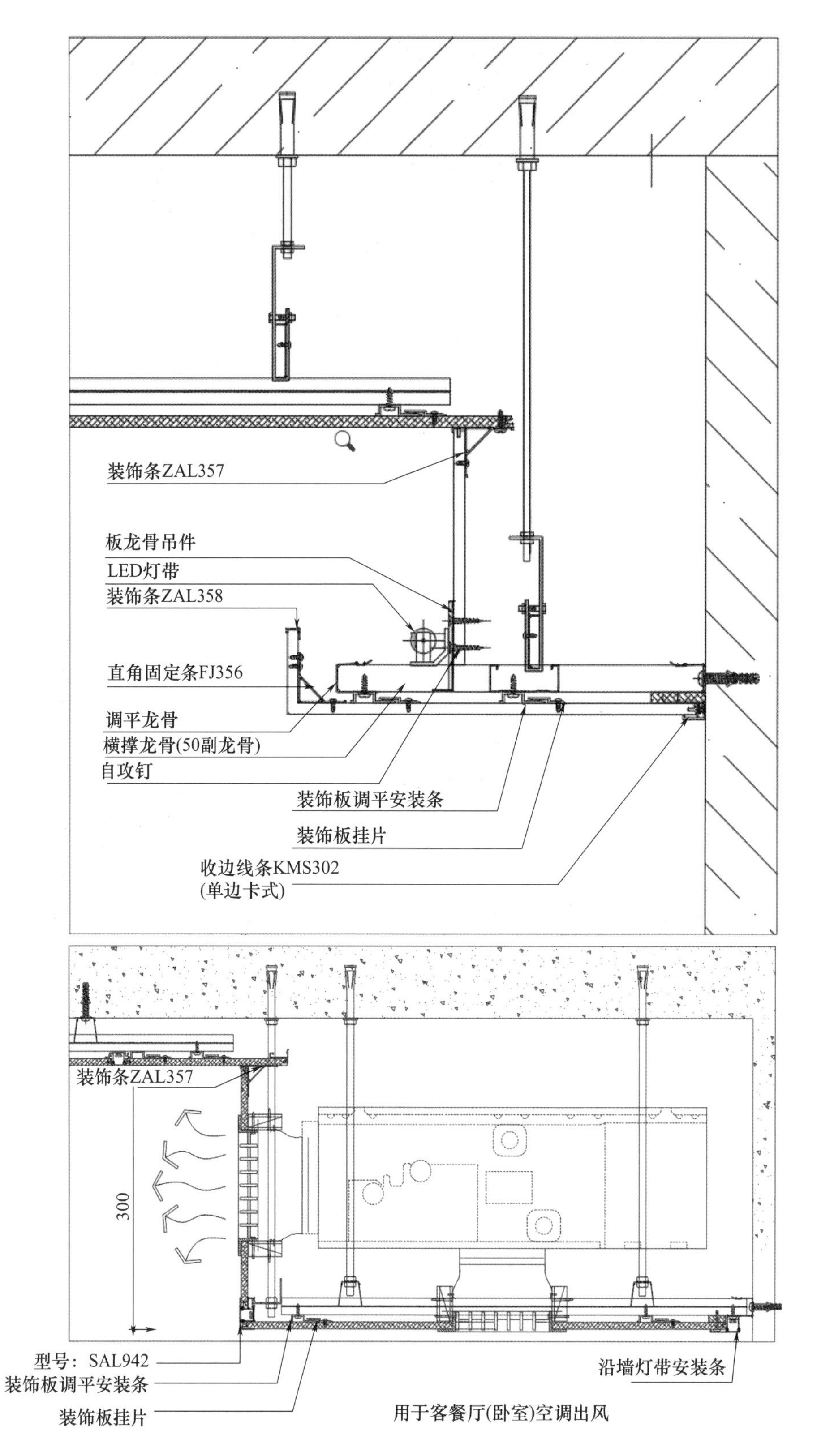

图 4-20　竹木纤维复合板集成吊顶系统典型构造节点图

另外，目前也出现一些较为创新的做法，如可逆式免龙骨 1+N 一体化集成吊顶系统，是以 MPF 木塑压条、木塑复合板（WPC）、镀锌衬管、M5 不锈钢 U 形吊环、可调节钢丝卡勾保险绳、膨胀螺丝等构成的新型吊顶系统。可逆式免龙骨一体化集成吊顶系统典型示意如图 4-21 所示。

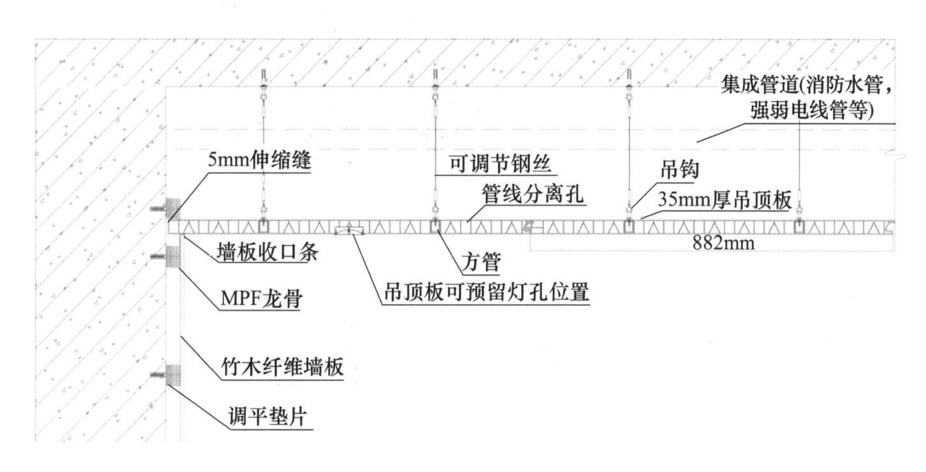

图 4-21 可逆式免龙骨一体化集成吊顶系统典型示意图

该系统无需龙骨装置，顶板通过钢丝组件直接与顶面基层连接，柔性自由升降，自带锁扣结构实现板与板之间密拼锁定。采用 1+N 功能模块定制化集成，可依据客户需求进行工厂化定制安装照明、Wi-Fi、广播/音响、空调、回风、消防烟感（喷淋）、监控等功能模块，强弱电路通过航空插头即插即连，内部走线，与自调平墙面架空层无缝衔接。

该系统实现可逆向式的快速装卸，使用时通过直装组件和锁扣结构快速安装顶板，使用结束后，只需要反向拆卸，可将吊顶板单板、直装组件等部件进行回收，便于下次使用，实现循环重复使用。

4.4.2 竹木纤维复合吊顶板

竹木纤维复合板也称为木塑复合板（WPC），用于吊顶顶板的主要类型有波浪型、格栅型、平面板、收口线条等。竹木纤维复合吊顶板与装饰线条应用如图 4-22 和图 4-23所示。

图 4-22　竹木纤维复合吊顶板

图 4-23　装饰线条应用

竹木纤维复合吊顶板（木塑复合板 WPC）的主要技术性能指标见表 4-1。

表 4-1　木塑复合板技术性能指标要求

序号	项目	单位	标准要求
1	含水率	%	≤1.2
2	抗弯程度	MPa	平均值≥20.0
			最小值≥16.0
3	抗弯弹性模量	MPa	≥1800
4	尺寸稳定性	%	≤1.5
5	邵氏硬度	HD	≥55
6	吸水厚度膨胀率	%	≤0.5
7	甲醛	mg/m^3	≤0.124
8	燃烧性能	级	达到 B1

续表

序号	项目	单位	标准要求
9	防霉性	级	≤1
10	白蚁	级	—
11	邻苯二甲酸酯	%	*DBP*≤0.1 *BBP*≤0.1 *DEHP*≤0.1 *DNOP*≤0.1 *DINP*≤0.1
12	重金属	mg/kg	砷≤25 钡≤1000 镉≤75 铬≤60 汞≤60 铅≤90 锑≤60

4.4.3 竹木纤维复合板吊顶系统的安装

1. 采用轻钢龙骨安装工艺

竹木纤维复合板吊顶系统的安装是通过轻钢龙骨、胶挂件、锁片、挂片等辅材的组合使用，进行吊顶板安装。墙板上顶，主要是铝合金型材连接件的合理使用，如图 4-24所示。

图 4-24 采用轻钢龙骨安装吊顶板的现场图

2. 采用可逆式免龙骨安装工艺

1）施工工艺

弹线→安装四边压条→安装吊钩→安装吊顶→吊丝调平→安装收口条。

2）施工步骤

（1）弹线，用水平仪在房间内每个墙（柱）角上抄出水平点，弹出水平线。

（2）用水准线量至吊顶设计高度加上一层顶板的厚度（35mm），并与水平线位置钉上 MPF 边条。

（3）中区部分根据相应设计图纸在顶部弹出网格线。

（4）用电锤打眼并安装吊丝，吊丝最大间距不大于 800mm×630mm。

（5）安装顶板时按顶面排版图从墙体一边开始安装第一块板，以此类推。

竹木纤维复合板吊顶系统应用场景广泛，适用于住宅客厅、空调风管类的吊顶装饰，也可适用于公共场所的大平面吊顶系统。其安装效果如图 4-25 所示。

图 4-25　竹木纤维复合板吊顶（用于家装）效果图

第5章 装配式装修楼地面系统

5.1 装配式楼地面系统概述

装配式楼地面系统是由工厂生产满足装饰和功能要求的部品部件，现场采用干式工法装配而成的集成化地面。装配式楼地面系统的目标是在避免抹灰湿作业的前提下，实现地板下部空间的管线敷设、支撑、找平、地面装饰等。

5.1.1 装配式楼地面系统组成及构造

装配式楼地面系统主要由可调节支撑模块、基层模块、饰面模块等组成，如需要设计使用地暖，可在基层模块与饰面模块之间铺设集成地暖模块。装配式楼地面系统可分为非架空楼地面系统和架空楼地面系统。

1. 非架空楼地面系统

非架空楼地面系统主要是由基层模块和饰面层模块组成，适用于地面平整、满足免抹灰找平条件或无需管线分离设置时，可采用直铺方式，通过干铺或薄贴工艺进行施工。其中，薄贴工艺一般采用瓷砖黏结剂铺贴，厚度需控制在5～10mm以内。直铺形式的楼地面系统，管线敷设通常采用沿着顶棚敷设，或是将管线设置在预留的管沟中。相对于架空地面敷设管线，直铺形式楼地面管线的敷设较为复杂，且检修也不够方便。目前，也出现一些创新的做法，如梁架式或板式结构直铺地面系统，其构造如图 5-1 所示。

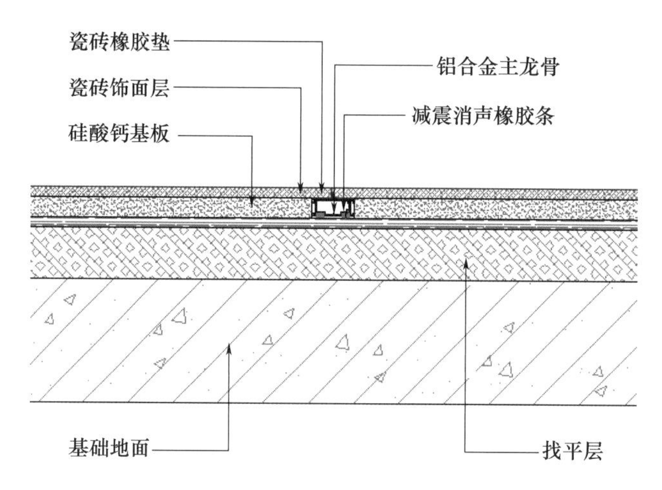

图 5-1 梁架直铺地面系统构造示意图

2. 架空楼地面系统

架空楼地面系统主要由可调节支撑模块、基层模块、饰面模块等组成。适用于地面不平整、未能满足免抹灰找平条件，以及需要进行管线分离时，可设置架空楼地面系统。安装时，需根据要求调整架空层高度、平整度和坡度等，架空层高度应满足使用需求，并结合管线路径进行综合设计。架空楼地面系统根据采暖形式，可分为采暖型架空楼地面和非采暖型架空楼地面，典型结构如图 5-2 和图 5-3 所示。根据《住宅装配化装修主要部品部件尺寸指南》，装配式地面系统具体分类见表 5-1。

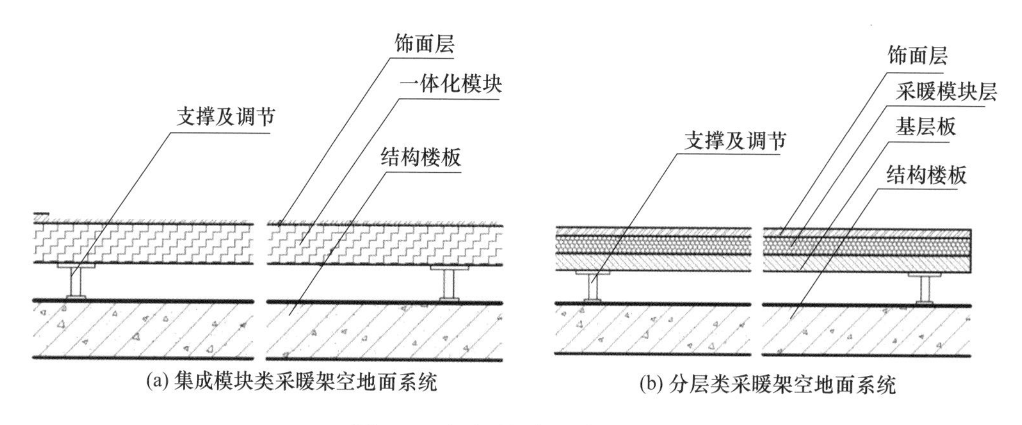

图 5-2 采暖型架空楼地面系统

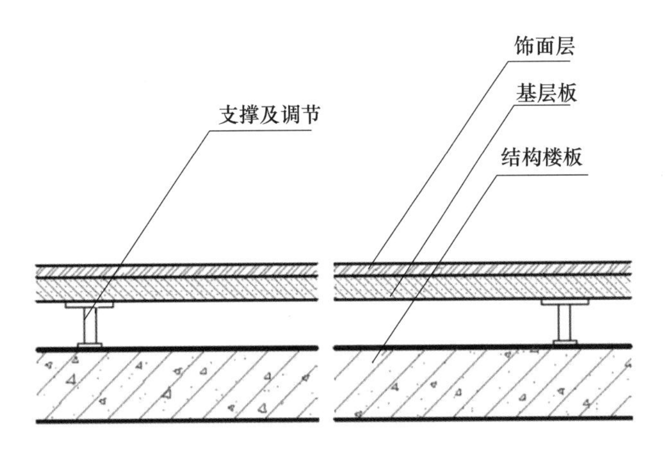

图 5-3 非采暖型架空楼地面系统

表 5-1 装配式地面系统分类

种类		产品类型
采暖架空地面系统	集成模块类采暖架空地面系统	如型钢复合架空模块，水泥板复合架空模块等
	分层类采暖架空地面系统	如板材支撑架空模块，网格支撑架空模块等
非采暖架空地面系统		如型钢复合架空模块，板材支撑架空模块，网格支撑架空模块等方式

另外，架空楼地面的支撑形式包括：点式架空（四角支撑）和骨架架空（四边支撑）方式。点式架空形式无需龙骨作为边支撑，在材料用量和层高方面具有优势，可节约工程造价，且更能方便调整架空地面平整度。点式架空的点支撑，可采用金属地脚（须加橡胶垫隔声）、树脂地脚；骨架架空方式多用于机房等需要防静电的活动地板。二者构造示意如图 5-4 和图 5-5 所示。

图 5-4 点式架空地面系统构造示意图

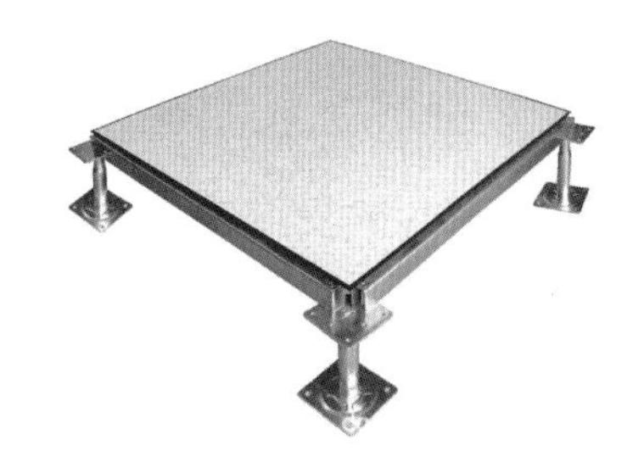

图 5-5 骨架架空地面系统构造示意图

装配式楼地面的基板层通常采用纤维增强水泥平板、纤维增强硅酸钙板、刨花板、铝板或钢板等。基板可与饰面层材料复合成一体，也可单独设置。饰面层材料选择多样，包括陶瓷砖、石材、木地板、地毯、石塑地板、PVC 地板、自饰面硅酸钙板（纤维水泥平板）等。同时，按照饰面类型不同，干式工法楼地面的架空层上部构造还需根据饰面的做法进行合理的构造设计。现阶段，除木地板外，装配式内装修实际工程项目中，国内对于地砖、石材、地毯、地胶类饰面产品的干式安装做法并不完善，工程上多数采用瓷砖胶等胶粘剂进行饰面材料的薄贴施工，无法做到可逆安装，业内也需要进一步研究相关装配化的构造做法。

5.1.2 装配式楼地面系统的特点

在装配式内装系统中，装配式楼地面系统一般与管线系统进行了深度集成，加之其在安全承载、保温隔声、防火、检修等方面的特殊要求，装配式楼地面系统是整个装配式内装系统中较为复杂的部分，也是核心子系统。

目前，我国在实施的绝大部分装配式建筑项目中，还存在在结构中预埋水、暖、电管线的做法。事实上，预埋管线与结构、墙地的寿命不同，而一般装修使用时间为10年左右，这对建筑后期的维护、检修带来极大困难。将管线从结构主体中分离出来，采用SI体系，可规避传统做法的弊端，具有以下优势。

（1）工厂化生产。装配式将所有的装饰部品部件的生产工厂化，实现标准化、机械化，代替了传统的施工现场手工作业，又大幅度提升了产品的生产效率与质量。

（2）装配化施工。装配式装修在现场只需要对工厂生产的部品部件进行安装，完全干法作业，避免了湿作业的污染问题，同时加快了装修施工效率。

（3）不破坏主体。传统装修需要大量地预埋、开槽来排布管线，而装配式装修实现主体与管线分离，结构面层装饰板的架空安装构造，用暗藏管线的方式避免破坏主体，延长了建筑物的寿命。

（4）方便检修。装配的建造方式同样可以方便拆分，也就方便检修，避免了检修中的二次工程。

（5）可更改、可重复。装配式装修的所有部件都是可拆卸，同样也可以重新进行布置、更换，并且拆分之后还可重复利用，减少资源的浪费。

5.2 装配式楼地面系统基本设计要求

装配式楼地面系统的总体设计应用遵循国家相关标准规范，重点包括如下要求：

（1）装配式楼地面系统可采用架空楼地面、非架空干铺楼地面或其他干式工法施工的楼地面。

（2）装配式楼地面系统应满足房间使用的承载、防水、防火、防滑、隔声、减振等各项基本功能需求，放置重物的部位应采取加强措施。

（3）装配式楼地面系统宜与地面供暖、电气、给水排水、新风等系统的管线进行集成设计。

（4）装配式楼地面系统应与主体结构有可靠连接，且施工安装时不应破坏主体结构。

（5）装配式楼地面系统与地面辐射供暖、供冷系统结合设置时，宜选用模块式集成部品。

（6）架空楼地面内敷设管线时，架空层高度应满足管线排布的需求，并采取防火封堵、隔声降噪、保温或防结露等措施。还应设置检修口或采用便于拆装的构造。

（7）架空楼地面与墙体交界处应设置伸缩缝，并宜采取美化遮盖措施。

（8）非架空干铺楼地面的基层应平整，当采用地面辐射供暖、供冷系统复合脆性面材地面时，应保证绝热层的强度。

（9）非架空干铺楼地面的面层和填充构造层强度应满足设计要求，当填充层采用压缩变形的材料时，易产生局部受压凹陷，应采取加强措施。

（10）架空地板的支撑件应与地面基层连接牢固，架空高度应符合设计要求。

（11）架空地板系统与地面基层间宜做减振处理。

（12）非架空干铺地面系统的基层平整度和强度应满足干铺地面系统的铺装要求。

（13）当采用地面辐射供暖系统时，应在辐射区与非辐射区、建筑物墙面与地面等交界处设置侧面或水平绝热层，防止热量渗出。

（14）装配式楼地面系统应优先选用绿色节能建材产品，并根据建筑和使用部位的防火等级要求，选择相应燃烧性能等级的材料。

5.3 装配式架空地面系统

装配式架空地面是指主要采用干式工法工厂生产、现场组合安装而成的集成化地面，由可调节支撑构造和面层构成。通过调节支撑地脚使地面达到统一高度，然后在其上安装刨花板、硅酸钙板等结构受力板，并铺设地面饰面材料。架空空腔内可以敷设排水、采暖、电气等管线设备。

5.3.1 装配式架空地面系统的主要做法

目前，装配式架空地面系统主要有集成模块类设计和分层类设计。其中，以型钢复合模块架空地面和复合板模块架空地面应用较为广泛，也有通过铝合金骨架支撑的梁架式支撑调节架空地面系统。

1. 型钢复合模块架空地面

型钢复合模块架空地面是由型钢架空模块、地面调整脚、自饰面硅酸钙复合地板和各类连接部件构成，主要是以型钢和高密度硅酸钙板为基层定制加工的模块。根据项目需求，可做采暖型与非采暖型设计。采暖式型钢复合模块架空地面主要由型钢复合地暖模块、地暖管、平衡板等共同构成，适用于客厅、卧室、厨房等房间的架空采暖地面，具有“架空、调平、采暖、保护”四合一复合构造。非采暖式型钢复合模块架空地面是集架空层、调平层、饰面层于一体的三合一功能构造。型钢复合模块架空地面系统示意如图 5-6 所示。

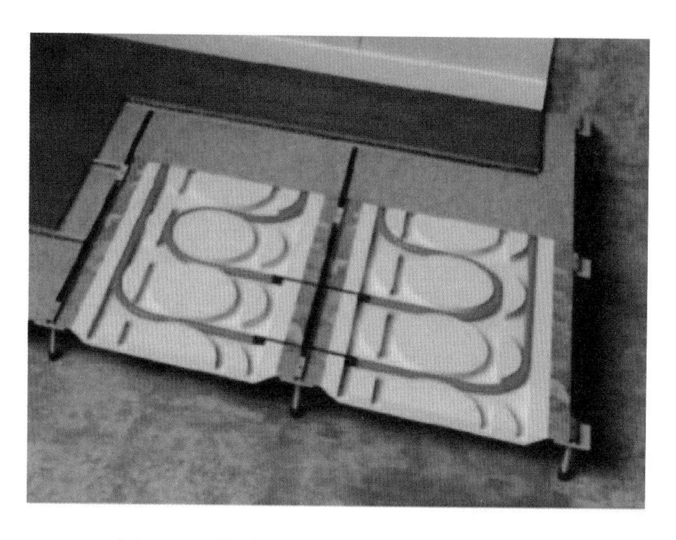

图 5-6　型钢复合模块架空地面系统示意图

该体系采用专用构造、集成化部品，架空层为沿地面敷设管线预留空腔，调平层具有自适应能力。所有部品均来自工厂化精密制造，现场无需二次裁切。各个部件之间为物理连接，可实现快速装配、快速调平、完全拆卸。全过程干法作业，无噪声、无粉尘、无垃圾。具有装配快捷、承载力高、散热均衡、蓄热持久等优点。

2. 复合板模块架空地面

复合板模块架空地面，从采暖方式上可以分为采暖式复合板模块架空地面和非采暖式复合板模块架空地面，主要由支撑及调节层、受力结构层、采暖模块层和饰面层组成。复合板模块中的采暖模块是指由聚苯乙烯一体化而成的干式低温热水采暖系统，其组成是厚度为 30～50mm 的聚苯乙烯垫板。垫板是底部平整，上部设有预制沟槽，沟槽是供采暖管线敷设所用，垫板顶部铺设有金属板片封闭沟槽，可以更高效地将热量向上传送出去，使散热更为均匀。采暖式复合板模块架空地面如图 5-7 所示。

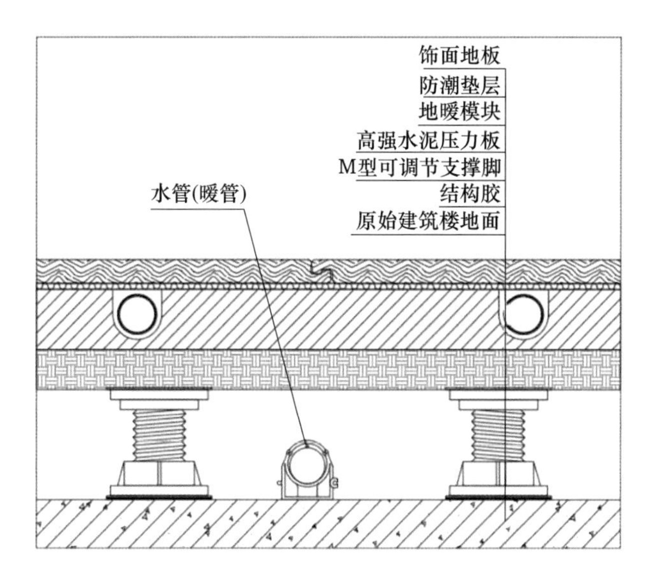

图 5-7 采暖式复合板模块架空地面

3. 梁架式支撑调节架空地面

梁架式支撑调节架空地面系统主要是由调平支架、铝合金龙骨、硅酸钙基板、饰面层等组成。通过多点支撑将基层板架空于楼板结构层，由主龙骨和副龙骨组成的框架系统承载能力强，安全可靠。其示意如图 5-8 所示。

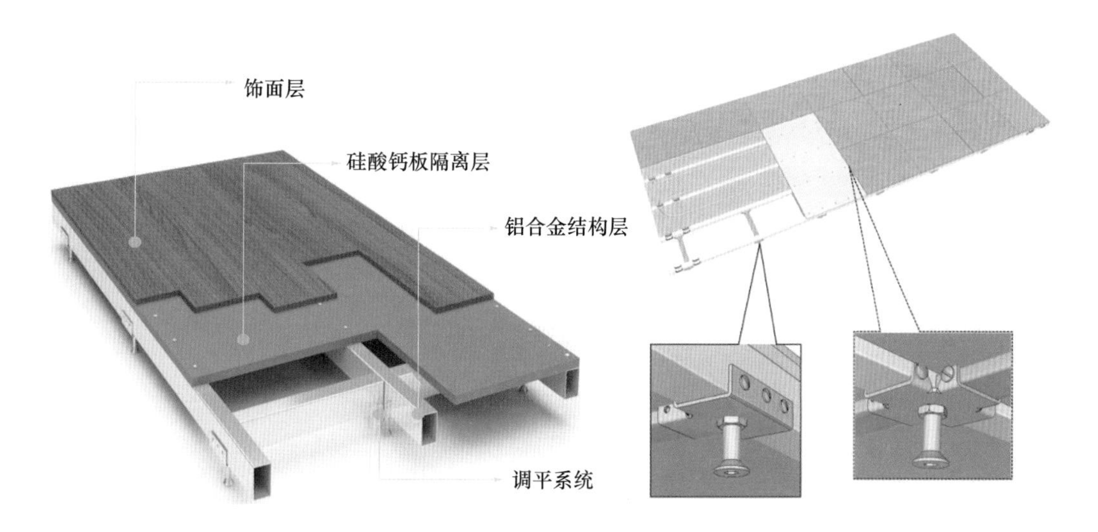

图 5-8 梁架式支撑调节架空地面示意图

5.3.2 架空地面主要材料

1. 支撑及调节材料

支撑及调节层为点式支撑脚，一般按照一定间距进行排布。支撑上部设受力结构板，然后在其上铺设干式地板采暖模块和地面装饰板。支撑及调节层主要有金属和塑料2种，金属类支脚也称“C型支撑脚”，塑料类支脚也称“M系列点龙骨”和“树脂螺栓调节支脚”。塑料类支脚具有较大的柔性，因此更有利于减振降噪，同时塑料类支脚采用了可再生材料，成本更低也更加环保。

2. 受力结构板材

受力结构层主要有欧松板、水泥压力板和硅酸钙板及其他新型板材。

欧松板也称为刨花板，是一种新型结构的安全环保绿色材料，具有高环保功能、防水性能好、承载力高、内部构造稳定、防火等级高、握定力强等优点。

水泥压力板是以天然纤维和水泥为原料所生产的板材，具有强度高、防水防潮、防腐、防火、规格多、加工性能好、施工效率高、坚固耐用等特点。

硅酸钙板是以硅、钙为主要原材料，经过辊压、加压、蒸养、表面磨光等处理后形成的建筑板材，具有质量轻、强度高、防火隔热、不发烟、防水防潮、防霉、隔声、干缩湿胀及挠曲变形小等优点。此外，纤维增强硅酸钙板的加工性也很好，可钉、可锯、可钻、可黏结。

3. 干式采暖模块材料

干式采暖模块主要是由保温层和导热层组成。其中，保温层主要有挤塑板（XPS）和聚苯板（EPS），导热层指采暖模块中的反射膜，主要有铝箔和碳晶硅。另外，目前也出现了一些新型地暖产品，如利用石墨烯材料制作的石墨烯地暖模块，具备发热快，耗能低，不占层高，环保健康的优点，但价格相对较高，与装配式地面系统的结合也需要做更好实践与集成设计。

1）保温层

保温层的作用是阻止热量向下传递，降低结构层的无效热损耗，从而也要求保温层要具备良好的保温绝热效果。此外，隔热材料还应采用导热系数小、吸水率低、难燃或不燃、具备一定的承载能力的材料。满足上述条件的地暖保温板主要有挤塑板（XPS）和聚苯板（EPS）两种，保温板性能对比分析见表5-2。

表5-2 保温板性能对比

名称	厚度	强度	吸水率	热导率	保温性能	柔韧性	耐候性	延展性	透气性	是否承重	价格
挤塑板（XPS）	薄	高	极低	极低	高	低	高	低	极低	承重	贵
聚苯板（EPS）	厚	低	高	高	低	高	低	高	高	不承重	便宜

2）导热层

导热层是通过反射膜实现，通过反射膜将热量向上反射，降低向下的热量损失。反射膜置于发热体和绝热体中间，作为一种热反射材料，能够有效降低热能的散失，并且能够起到快速升温的作用。反射率是衡量反射膜的主要指标之一，反射率越高发射热量的效果就越好，相反就越差。目前，地暖反射膜应用较多的为铝箔膜和碳晶硅超导热膜。

（1）铝箔膜。新型的铝箔镜面由多层 PET（Polyethylene Glycol Terephthalate，聚对苯二甲酸乙二醇酯）保护层和铝箔反射层构成，正反面的 PET 保护层能够有效地隔绝氧气和水分，反射热量为 95%左右，具有耐高温蒸煮、耐冷冻、无毒无味、健康环保等优点。

（2）碳晶硅超导热膜。碳晶硅超导热膜为均热层，耐高温、耐碱、耐酸、耐有机溶剂，可贴在预制沟槽保温板表面。由于本身具有横向导热能力，所以导热速率要比铝快 6 倍。可以让地暖管中的热量均匀、快速地传导至整个模块表面，从而形成面散热效应，大大地提高了热量的散发速度。

5.3.3 装配式架空地面系统主要安装工艺

（1）点式支撑调节构造的一般安装顺序为：基层处理→放线→墙边龙骨安装→可调节支撑安装→基板安装→饰面材料。

（2）梁架支撑调节构造的一般安装顺序为：基层处理→放线→可调节支撑安装→主龙骨安装调平→副龙骨安装→基板安装→饰面材料。

（3）应先从一侧墙开始安装墙边龙骨，调整龙骨高度使其与设计高度一致，龙骨与墙体固定牢固。

（4）根据墙边地板龙骨的高度调整可调节支撑的高度并安装。

（5）沿墙边龙骨安装第一块基板，基板与墙体之间应预留 10～30mm 的空隙，基板与墙边龙骨和可调节支撑的固定应牢固，依次安装基板；基板安装过程中应随时调整水平高度。

（6）基板施工完成后应检查行走是否有异响、有无起鼓、有高低差等现象。

（7）基板完成后应尽快进行面层的装修施工，地板长向应与衬板长向垂直。

5.3.4 装配式架空地面典型应用示例

1. 高强水泥基纤维板架空地坪系统

高强水泥基纤维板架空地坪系统（非防静电地板）是由高强水泥基纤维板、钢塑静音支架、U 型边龙骨组成的预调平架空地坪系统。该系统如图 5-9 所示。

1）材料选用

高强水泥基纤维板架空地坪系统，楼层板规格：600mm×2400mm×20mm，板幅较大，整体性好，板材为 20mm 厚 5 层玻纤加强镁基楼层板，抗折强度超过 450kg，A1 级防火、无醛、防潮。

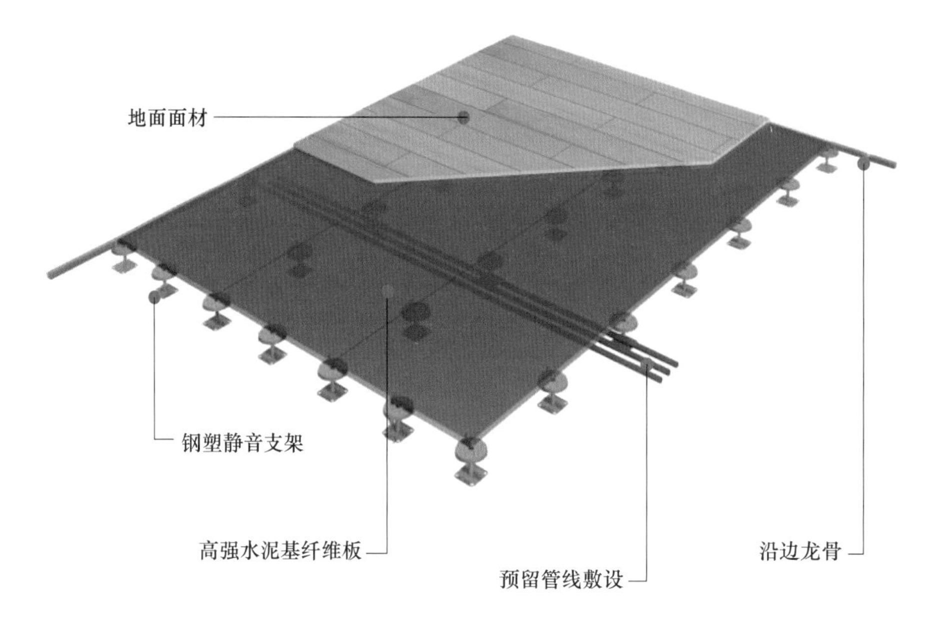

图 5-9　高强水泥基纤维板架空地坪系统

安装系统包含 U 型边龙骨、ϕ16 钢塑组合支架，标高控制精度高、稳定性好；支架触地面积达 64cm^2，有效分散荷载、避免下层顶板出现敲击噪声，整套系统支持整体循环利用。其中，沿墙安装 U 型边龙骨，可控制整个空间地坪标高，保证地坪整体平整度，并可增强沿墙架空地板板边强度。支架可调节范围为 50～620mm（含楼层板）。钢塑组合支架和沿边龙骨示意如图 5-10 和图 5-11 所示。

图 5-10　钢塑组合支架

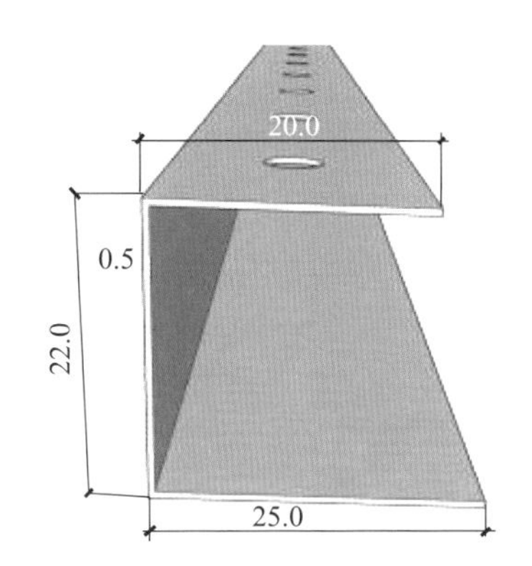

图 5-11　沿边龙骨（单位：mm）

2）应用要点

高强水泥基纤维板架空地坪系统适用于办公场所等多种场景，根据需要可铺装地板、地毯、薄贴地砖等饰面材料，并可铺设干式地暖模块。也适用于卫生间沉箱、地送风系统、整层同层排水改造的架空地面需求。该系统多种结构示意如图 5-12 所示。

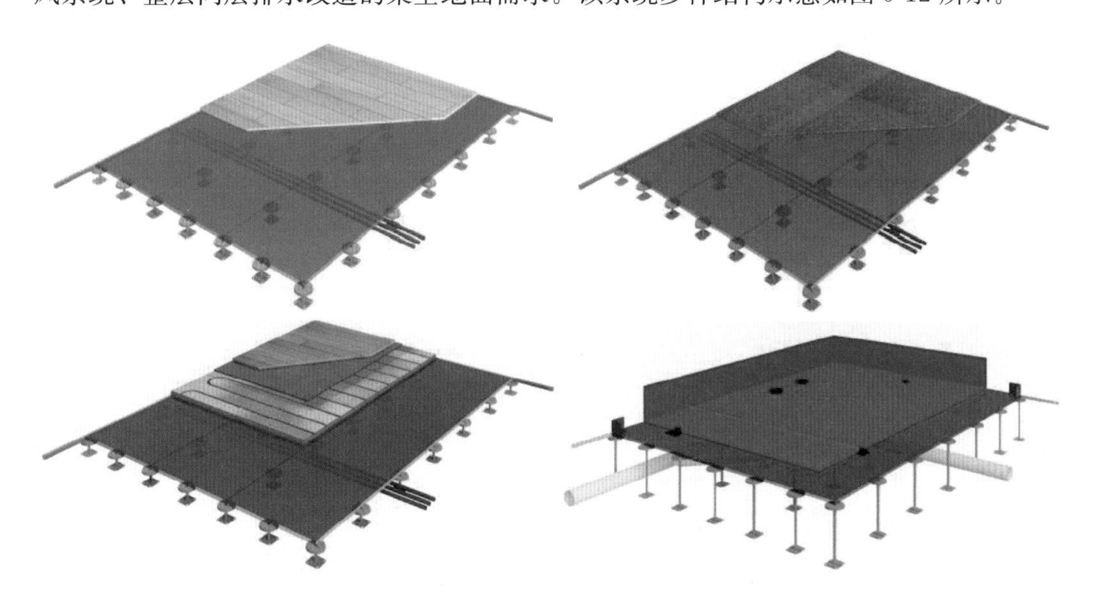

图 5-12　高强水泥基纤维板架空地坪系统多种结构示意图

有采暖需求的空间，高强水泥基纤维板架空地坪系统可直接安装干法地暖模块，地暖模块与架空地板应进行有效连接。针对同层排水要求的卫生间时，需先铺设丁基防水卷集，方可进行面层施工。

高强水泥基纤维板架空地坪系统，架空高度可根据具体要求选择不同规格的支架，在沿墙的板边，因边龙骨增强了板边的抗折强度，沿墙支架间距可调整至 600mm，其余支架间距为沿楼层板长边方向@400mm，沿楼层板短边方向@300mm。该系统的支架布置及主要安装节点示意如图 5-13 和图 5-14 所示。

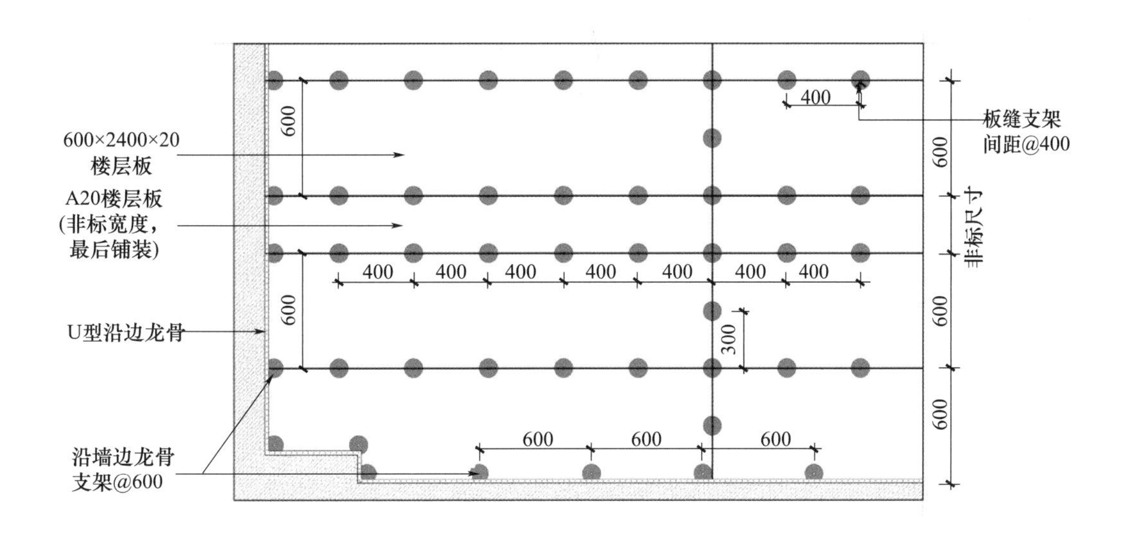

图 5-13　高强水泥基纤维板架空地板支架布置图（单位：mm）

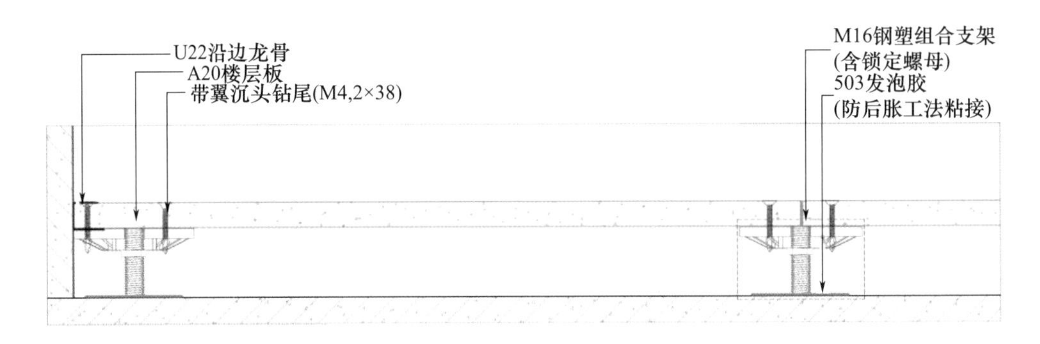

图 5-14　高强水泥基纤维板架空地板安装节点图（单位：mm）

2. FPC 装配式集成地面系统

FPC 装配式集成地面系统主要是由可调节支架、承重找平板、防潮垫、地板等组成。该系统结构是采用支座支撑承重找平板，从而承载整个地面集成系统。地坪与承重找平板之间中空，可起到隔声降噪作用，并可敷设各类线管。FPC 系统结构示意如图 5-15所示。

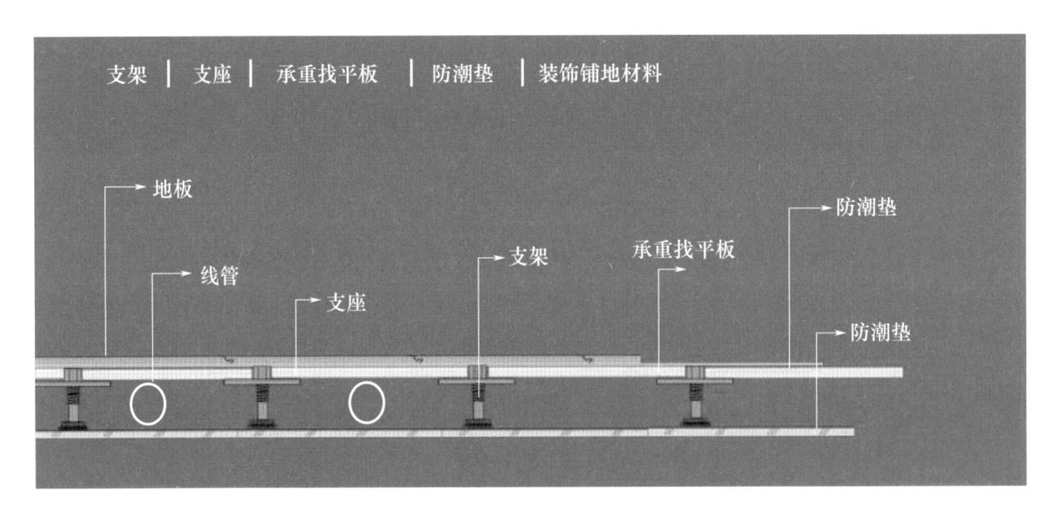

图 5-15　FPC 装配式集成地面系统示意图

1）材料选用

FPC 装配式集成地面系统均选用绿色环保材料，其中地板为浸渍纸层压实木地板或实木复合地板。

防潮垫通常为高压聚乙烯发泡材料，表面覆盖塑料膜或铝薄膜，起到缓冲、降噪和防潮的作用。承重找平板为圣象 ENF 级密度板和刨花板。

底座为丁基橡胶，其他材质为高分子功能 PPR 树脂。丁基橡胶弹性好、减振、受压形变后可复原。高分子功能 PPR 树脂耐腐蚀、耐老化、方便切割。支架、支座部分支撑着整个的地面集成系统，可以通过扳手旋转螺栓上的多边形孔，来调节支架的高度，单个承重在 430kg 以上。

2）技术特点

FPC 装配式集成地面系统基于绿色环保、装配集成化理念，打造全新地面集成系统，施工快速，安全环保，具有简易放线、便于调平、坚固耐用、舒适防震及满足多种空间需求的特点。

（1）环保。使用无醛基材，无湿作业，无打磨粉尘，无现场废料，杜绝一切污染源。装配式能大大降低人工成本、时间成本以及维修成本，减少地球能源和资源的消耗，避免环境污染，低碳、绿色、环保，守护绿色地球。

（2）减震。运用多种抗震减震材料，全方位抗压减震，缓冲力度高，撞击时形成的冲击性更低，降低身体负担，不易疲劳，减轻膝盖腰部疼痛感，尤其是家中有老人与儿童时，更是绝佳之选。

（3）快洁。快速且洁净，现场只进行组装工作，无水无尘无噪声，施工周期短，工程简单。同时降低劳动强度，且无须等待，即铺即用。

（4）安静。利用装配式自身材料和结构将声音隔挡，所有非固定接触面间均采用软性接触，避免噪声的产生，保证室内环境的私密性。

（5）健康。把健康的概念完全融入研发升级，突破技术局限，研发出达到国家最高标准的 ENF 新国标系统（甲醛释放量≤0.025mg/m^3），解决消费者的后顾之忧，为守护家人健康带来精致的无醛生活。

（6）耐用。架空设计也有效降低了因地面含水率问题引起的地板发黑等情况的出现。

3）安装施工要点

（1）测量房间尺寸，根据房间的长宽，以及拐角数量确定防潮膜、支撑、找平板等物料数量。

（2）清理水泥地面的杂物，特别是清除尖锐杂物，在房间内通铺防潮膜，膜的拼缝处用防水防潮胶带黏结。

（3）根据预先设计好的位置摆放管线，支座与承重找平板预铺装，（必要时可通过自攻螺丝钉固定），先由墙角铺起，然后呈工字形铺开，其余区域可根据需要选用不同规格的找平板。

（4）使用螺钉将找平板与支座进行固定。

（5）找平板铺设完毕后，检验是否水平，对未达到水平要求的区域，通过扳手，调节支架的高度，微调至水平，如果螺柱高出找平板，可以用管子割刀将支架螺柱剪掉。

（6）在已经找平的承重找平板上铺设防潮垫，接膜的拼缝处用防潮胶带黏结。

（7）在防潮垫上铺设（带锁扣）地面装饰材料。

3. 可逆式面基一体同步调平架空地面系统

可逆式面基一体同步调平架空地板系统是由 MPF 龙骨、面基一体地板、调平螺脚等组成。其中，面基一体板是采用木塑材料在工厂一体化制作成型。架空地板在铺设的同时通过调整螺脚的高度达到板面水平的效果，边铺设边调平。实现可逆向式的快速装卸，可循环重复使用。其结构及安装节点如图 5-16 所示。

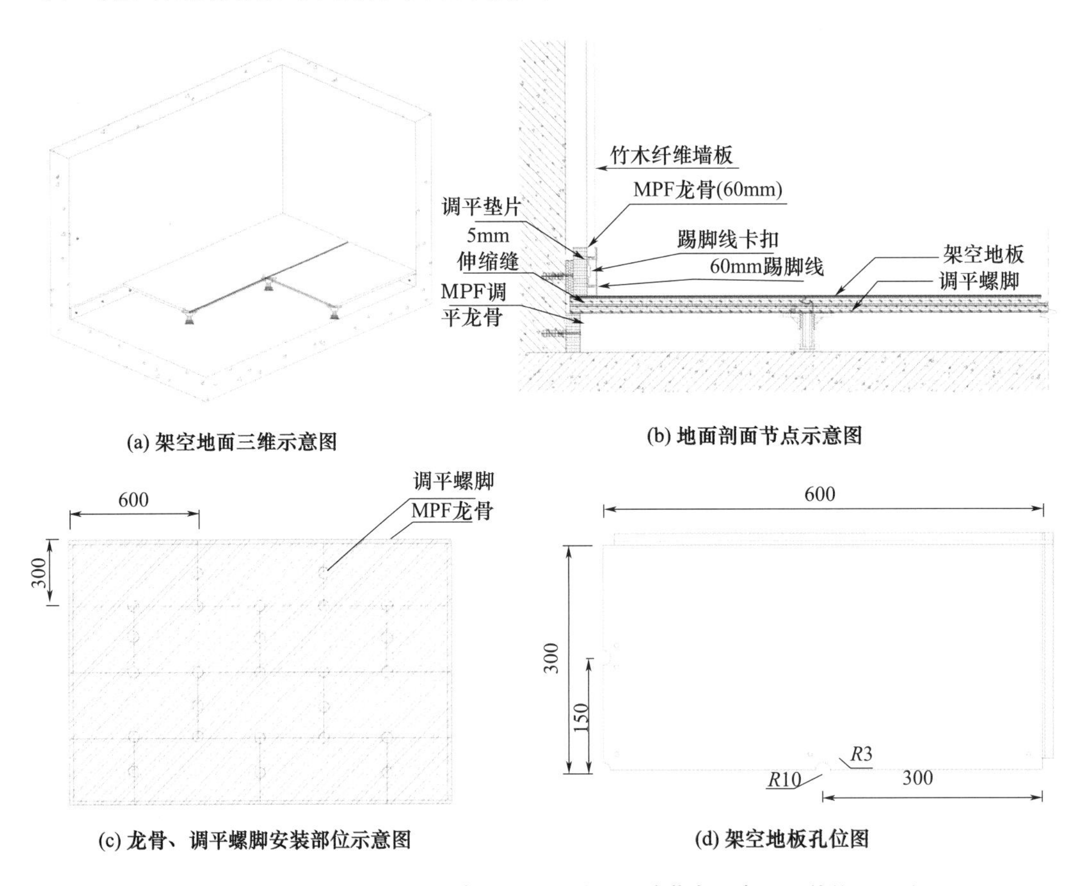

图 5-16　可逆式面基一体同步调平架空地面系统节点示意图（单位：mm）

1）材料选用

该系统的架空地板面层和基层在制造过程中通过高温熔融复合，所见即所得，且面层可根据客户需求更换为陶瓷、织物或皮革等面层。其中，板材的主要技术性能指标见表 5-3。

表 5-3　面基一体地板主要技术指标

项目	单位	技术标准	检测结果
燃烧	%	EN 13501-1：2007＋A1：2009	Bf1-s1
直角度	mm	EN ISO24342：2012＋A1：2012	0.20
直线度	mm		0
整体厚度	mm	EN ISO 24346：2012	5.66

续表

项目	单位	技术标准	检测结果
单位面积质量	g/m^2	EN ISO 24997：2012	6390
残余压痕	mm	EN ISO 24343-1：2012	0.01
剥离强度	N/mm	EN 14041：2004/AC：2006 & EN 651：2011 & EN ISO 24345：2012	机械加工方向：115
			垂直加工方向：125
柔韧性	mm	EN ISO 24344：2012 的方法 B	机械加工方向：34.1
			垂直加工方向：38.0
加热尺寸变化率	%	EN ISO 23999：2012	机械加工方向：0.12
			垂直加工方向：0.06
接缝强度	N/50mm	EN 684：1995	机械加工方向：210
			垂直加工方向：220
耐光照色牢度	级	蓝色羊毛标准	6 级
动摩擦系数	cm	EN 14041：2004/AC：2006	0.36
热导率	W/（m·K）	EN 14041：2004/AC：2006 Section 4.7 & EN 12667：2001	0.086
甲醛释放量	mg/m^3	E1：≤0.124 mg/m^3 air	ND
TVOC	mg/m^3	US EPA 5021A：2003	ND
防霉性	级	≤1	0 级
白蚁	级	—	10.0 级
邻苯二甲酸酯	%	*DBP*≤0.1 *BBP*≤0.1 *DEHP*≤0.1 *DNOP*≤0.1 *DINP*≤0.1	ND
重金属含量	mg/kg	EN71-3：2013+A1：2014 砷≤25 钡≤1000 镉≤75 铬≤60 汞≤60 铅≤90 锑≤60	ND

2）安装流程及步骤

该系统主要的施工流程为：基层清理→弹线→安装边龙骨→铺设地板→细部处理。

主要的施工步骤如下：

（1）用水平仪定水平点，墨斗弹线，设置水平高度。

（2）将地板龙骨放置在房间四边墙角，用钢排钉或膨胀螺丝将龙骨固定在水平高度。

（3）用切割机切去地板靠墙一侧锁扣部分，将地板螺脚粗调至水平高度，安装在地板背面孔位。

（4）将地板按照工字铺装法，先铺装成楼梯踏步形状，如图 5-17 所示。

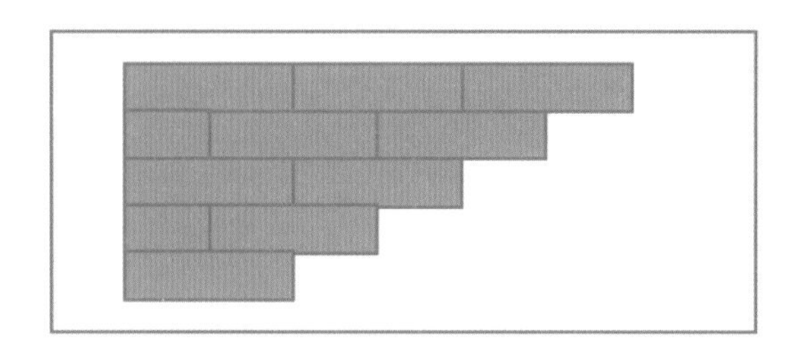

图 5-17　楼梯踏步造型

（5）首先在房间左上角放置第一块地板，将靠墙的短边与长边架在龙骨上，并与墙边预留 5～8mm 伸缩缝，架空螺脚与地面相接，结合水平尺使用专用扳手调整架空螺脚至水平高度。

（6）第二块地板的短边和第一块的短边对齐，垂直落下，使用皮锤轻轻敲击使锁扣连接（切一小片地板做垫片，切不可直接敲击锁扣），同样结合水平尺使用专用扳手调整架空螺脚至水平高度。重复上述步骤，完成第一排三块地板安装。

（7）开始第二列安装，仍从左侧开始，裁切整片地板的 1/2 作为起始块，倾斜 15°～30°，将长边的锁扣与第一排长边的锁扣结合，同时短边对齐落下，结合皮锤、垫片使锁扣连接，并调整架空螺脚至水平高度，后续整板安装，重复上述步骤，完成第二排安装，直至完成楼梯踏步造型。

（8）楼梯踏步造型完成后，按上述规律进行铺设，先从前往后横向补齐地板，再向下铺设至最后一排时，按实际需求进行适当裁切，注意应与墙面留有 5～8mm 伸缩缝，且裁切后安装的产品宽度不小于 1/2 的标准产品宽度。

（9）所有地板铺设完成后安装踢脚线（踢脚线与地板衔接处不可用胶封闭）及门槛位置收边条，完成后进行成品保护。

5.4 装配式架空集成地暖系统

装配式架空地面主要是解决地面架空和地暖铺设。首先，就地面架空而言，现有做法是通过支撑脚实现。其中，螺栓调节支撑脚虽然解决了地面架空，但是安装时需要对调节支脚进行一一调试，安装效率较低。如果铺装受力结构板后发现地面不平，还需要拆除后再对调节支撑脚进行重新调试，工期和效率较低。其次，地暖铺设的做法是需要在调节支撑脚上铺设一层受力结构板，然后再铺设地暖模块，施工步骤较为繁琐，没有做到真正的省工省料。

因此，架空地面系统虽然解决了地面架空和干式地暖的应用，但是在工艺做法、安装效率上仍然存在问题，需要进一步进行改良设计。针对此种情况，目前行业内也有一些积极的实践和探索，设计出装配式架空集成地暖系统，通过对支撑件和调平龙骨的结合，以及对地暖模块的集成设计，可有效提升安装效率，从而保障整体装配质量。

5.4.1 装配式架空集成地暖系统的组成及构造

装配式架空集成地暖结构由饰面层、地暖层、支撑件组成。地暖层设于饰面层下方，地暖层上表面设有嵌装地暖管的安装槽。支撑件由连接件、支撑顶座和固定底座组成，其连接件的顶端与支撑顶座的底端固定连接，并通过轴向调节结构与固定底座连接。装配式架空集成地暖系统的典型构造如图 5-18 所示。

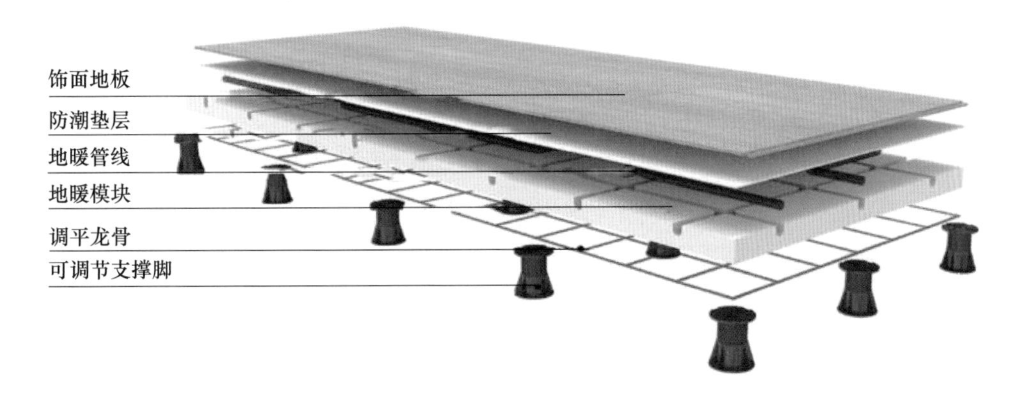

图 5-18 装配式架空集成地暖系统示意图

1. 支撑件与调平龙骨

支撑件是包括了支撑调节和调平两种功能的构件。支撑件是由连接件、支撑顶座和固定底座组成的树脂螺栓构件。其中，连接顶座上表面设置有十字形凹槽，连接件为轴向螺纹调节结构，通过旋转螺纹杆可以调节支撑顶座与固定底座之间的距离，实现在装配过程中对地面基层进行快速找平，达到调装饰面层表面平整度的目的。此外，在支撑件上方还设置了格栅框架的调平龙骨，直接卡接于支撑件顶座上的十字形凹槽内，并与支撑件顶座齐平。如此，能够快速地调整各个支撑件的高度，从而保证支撑件整体的平整度，便于后续地暖层的铺设。

2. 集成型地暖模块

地暖层包括保温层和铺设于保温板上的反射膜。保温基板由硅酸钙板和挤塑板复合而成，其中挤塑板上设有预制沟槽，可内嵌地暖管线。挤塑板表面覆有一层碳晶硅反射膜，可以快速地将热量向上传递。集成型预制地暖沟槽模块示意如图 5-19 所示。

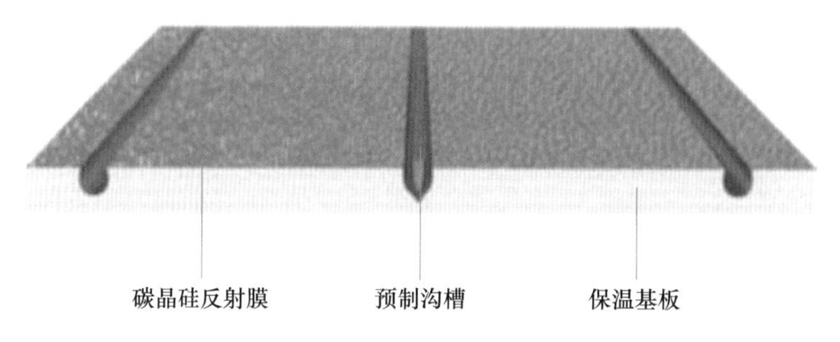

图 5-19　集成型预制地暖沟槽模块示意图

通常情况下，预制沟槽模块内可敷设低温热水管和线缆，安装方式根据预制沟槽的形式而定，一般其盘管方式包括旋转型和往复型。地暖模块盘管方式如图 5-20 所示。

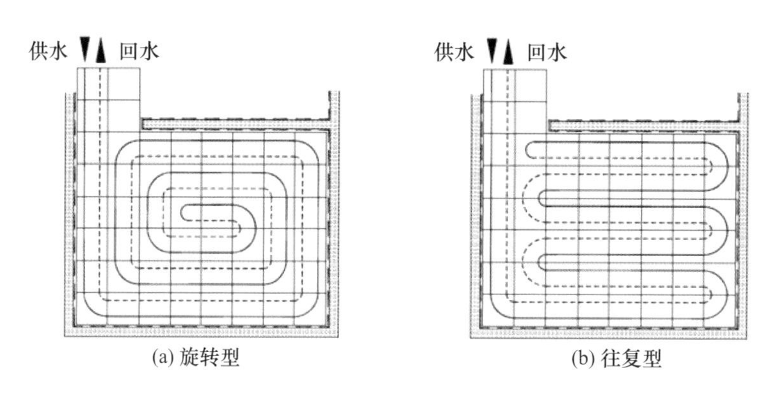

(a) 旋转型　(b) 往复型

图 5-20　地暖模块盘管方式

5.4.2　装配式架空集成地暖系统的特点

1. 快速调平，高效装配

首先，通过调平龙骨将支撑件固定为整体，对其进行统一调平。在不占用多余空间的情况下能够快速地提高地面调平效率，保证安装质量，避免了像传统调平方式那样要对支脚进行逐一调平。其次，地暖层中的保温板是由硅酸钙板和挤塑板在工厂进行工业化复合而成，现场直接装配，可以减少安装步骤，提高安装效率。

2. 超薄地暖，高速传热

地暖层采用挤塑板保温板和碳晶硅反射膜，表面均具备散热功能。地面升温仅需 20～30min，导热速度是普通金属板的 6 倍，缩短导热时间，有效地减少热损，达到节能 50% 的目标。

3. 高度集成，便于检修

支撑件和地暖层均为工厂化生产，现场无需再二次加工。各部件之间连接牢固，可实现快速装配、快速调平、完全拆卸，全过程干法作业，无噪声、无粉尘、无垃圾。地暖层与地面之间形成的架空空腔，可以敷设地面水电管线，在后期维护中，只需要拆除饰面层即可对地暖管进行更换维修，整体操作简便快捷。

4. 绿色环保，安全健康

所有部品均为绿色环保建材，零甲醛、零污染。地暖管线直接铺设在地暖层的槽口内，不仅能够节省地面空间，而且还可以利用安装槽将地暖管周边进行支撑保护，避免地暖管损坏。此外，地面无须再做回填处理，施工安全，易于找到检修位置。

5.4.3 装配式架空集成地暖系统适用场景

装配式架空集成地暖系统是基于目前装配式架空地面技术存在的问题进行的改良设计，不仅解决了地面的快速调平，还针对采暖模块做了更为便捷的集成设计方案。

装配式架空集成地暖系统不仅适用于住宅建筑中的起居室、卧室、厨房、公共区域等空间，而且也适用于办公建筑中的办公室、会议室等区域。就饰面材料而言，可以使用实木地板、实木复合地板、强化复合地板瓷砖、复合瓷砖、石材及弹性地板（卷材）等材料。此外，还可以根据不同地面高度选用不同规格的地面支撑件，使用范围广、适应性强。

5.5 高强挤塑聚苯地暖板系统的应用

5.5.1 高强挤塑聚苯地暖板系统组成及构造

高强挤塑聚苯地暖板系统可分为直铺型及架空型，采用直铺型高强挤塑聚苯地暖板系统的楼地面构造应由混凝土楼地面基层、胶粘剂黏结层、高强挤塑聚苯地暖板（内嵌加热管）及饰面层等组成，如图 5-21 所示。

采用架空型高强挤塑聚苯地暖板系统的楼地面构造应由混凝土楼地面基层、可调节支撑、基层板、胶粘剂黏结层、高强挤塑聚苯地暖板（内嵌加热管）及饰面层等组成，其中可调节支撑设置间距宜为 600mm，且每平方米宜设置 4 个，如图 5-22 所示。

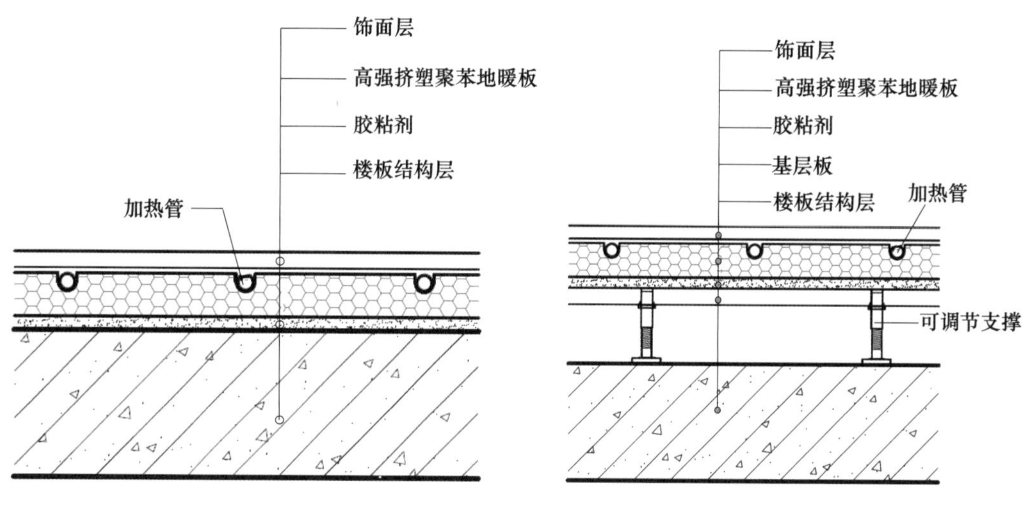

图 5-21 直铺型高强挤塑聚苯地暖板系统构造

图 5-22 架空型高强挤塑聚苯地暖板系统构造

5.5.2 高强挤塑聚苯地暖板系统设计要求

1. 基本设计要求

(1) 房屋热负荷计算、辐射面传热量计算、温控与热计量应符合行业标准《辐射供暖供冷技术规程》(JGJ 142—2012) 的有关规定；高强挤塑聚苯地暖板系统地面向上的有效散热量和向下散热损失量应按产品检测数据确定，当无资料且供暖地面与供暖房间相邻时，可按表 5-4 取值。

表 5-4 高强挤塑聚苯地暖板系统热水供暖地面单位面积散热量

系统构造			单位面积散热量 (W/m²)	
饰面层	地暖板	加热管	向上有效散热量	向下传热损失量
10mm 厚地砖＋8mm 厚胶粘剂	0.2mm 均热层＋30mm 厚高强挤塑聚苯板	ϕ16mm PE-RT 管材 (间距 150mm)	107.4	15.3
		ϕ20mm PE-RT 管材 (间距 200mm)	83.1	12.9
8mm 木地板 (直铺)		ϕ16mm PE-RT 管材 (间距 150mm)	64.5	13.4
		ϕ20mm PE-RT 管材 (间距 200mm)	55.0	11.9

注：供水温度为 40℃，室内空气温度为 18℃。

(2) 采用高强挤塑聚苯地暖板系统时，辐射供暖表面平均温度宜符合表 5-5 的规定。

表 5-5 辐射供暖表面平均温度

设置位置	宜采用的平均温度（℃）	平均温度上限值（℃）
人员经常停留地面	25～27	29
人员短期停留地面	28～30	32
无人停留地面	35～40	42

（3）地面平整度应符合《建筑地面工程施工质量验收规范》（GB 50209—2010）的有关规定，如不符合要求应进行找平处理。

（4）地面辐射供暖工程宜采用直铺型高强挤塑聚苯地暖板系统，当地面需设置其他设备管线时，可采用架空型高强挤塑聚苯地暖板系统。

（5）地面上的固定设备或卫生器具下方，不应布置加热管。

（6）饰面层设置应符合规定：采用地砖饰面时，宜在高强挤塑聚苯地暖板上涂刷界面剂一道，并采用瓷砖胶粘剂粘贴，胶粘剂厚度宜为 3～5mm；采用木地板饰面时，可直接铺设于高强挤塑聚苯地暖板上方。与土壤接触的地面，应在高强挤塑聚苯地暖板系统与地面之间铺设防潮层，防潮层厚度不宜小于 2mm，如图 5-23 所示。

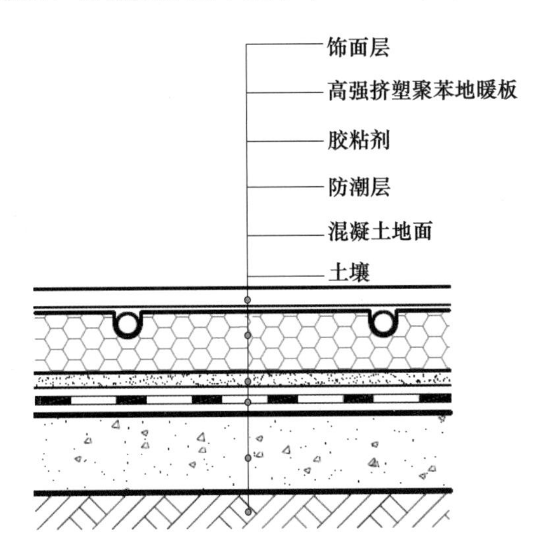

图 5-23 与土壤接触的地面

（7）有防水要求的楼地面，防水层设置应符合规定：卫生间应设置两道防水层，其他有防水要求的房间可设置一道防水层；设置一道防水层时，应铺设在高强挤塑聚苯地暖板上方，且铺设防水层前应采用水泥砂浆进行找坡，找坡层坡度不宜低于 2%，最薄处厚度不宜小于 20mm；设置两道防水层时，第一道防水层应符合标准规定，第二道防水层应设置在高强挤塑聚苯地暖板系统与楼板之间；防水层厚度不应小于 2mm。有防水要求的楼地面如图 5-24 所示。

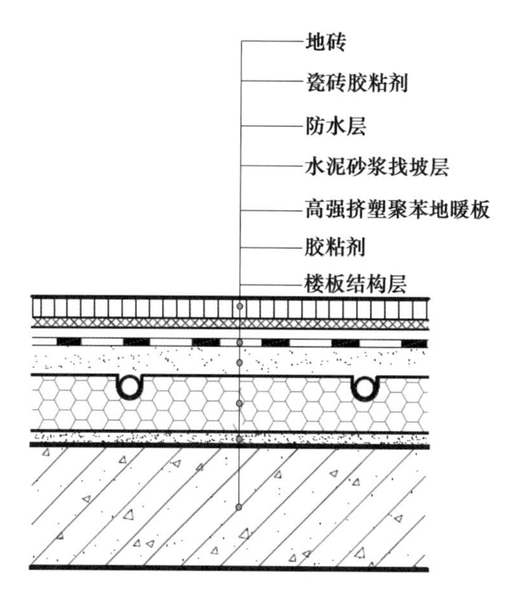

图 5-24　有防水要求的楼地面

（8）端部构造应符合规定：踢脚处应采用密封胶密封；饰面层应进行收边处理，木地板饰面层可采用密封胶或金属收边条进行收边处理，地砖饰面层宜采用密封胶密封；与过门石交接处，端部应设置木方或 U 型钢进行加强处理，如图 5-25 所示。

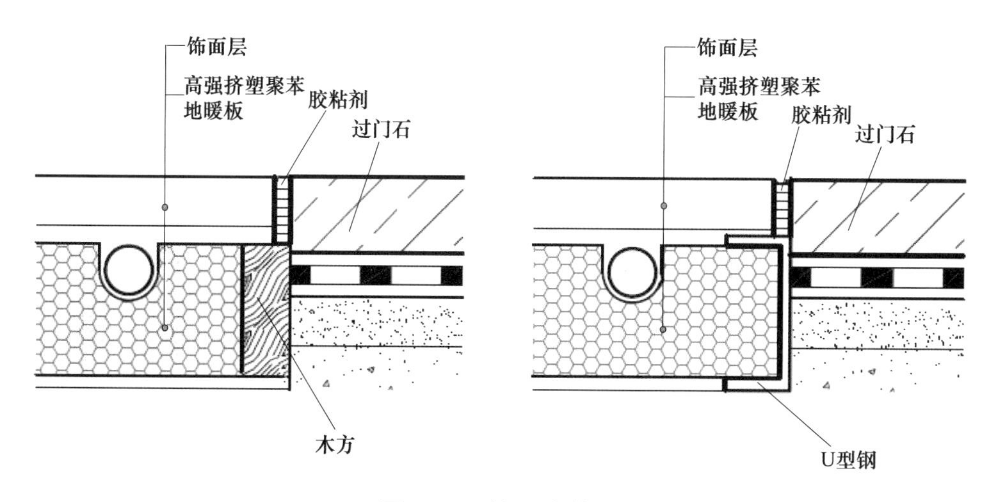

图 5-25　过门石交接处

（9）有隔声要求的楼面，高强挤塑聚苯地暖板系统构造应符合规定：应在高强挤塑地暖板底部复合交联聚乙烯，厚度不宜小于 3mm；墙体四周应设置交联聚乙烯竖向隔声片，厚度不宜小于 5mm，顶标高应与饰面层表面齐平，如图 5-26 所示。

2. 材料选用要求

（1）高强挤塑聚苯地暖板应符合规定：高强挤塑聚苯地暖板预制沟槽截面应为 U 型，沟槽应包含直槽和弯槽，加热管转弯处应使用定型弯槽地暖板；高强挤塑聚苯地暖

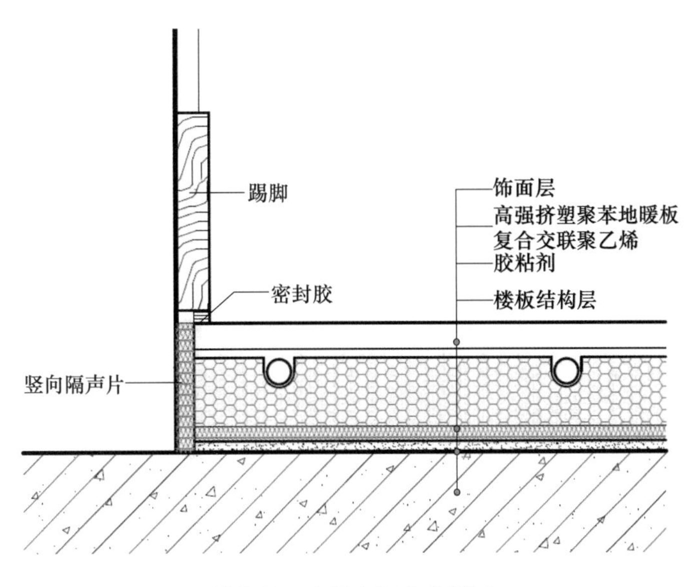

图 5-26 有隔声要求的楼面

板及均热层的沟槽尺寸应与加热管外径吻合；高强挤塑聚苯地暖板性能应符合表 5-6 的规定。

表 5-6 高强挤塑聚苯地暖板性能

项目	性能要求	试验方法
点荷载（N）	≥4000	《建筑用绝热制品 点载荷性能的测定》（GB/T 30802—2014）；记录变形 1mm 时的点荷载
游离甲醛［mg/（m³）］	≤0.07	《民用建筑工程室内环境污染控制标准》（GB 50325—2020）
总挥发性有机化合物［mg/（m³）］	≤0.45	

（2）高强挤塑聚苯地暖板组成材料应符合规定：均热层应采用压花铝板，厚度不应小于 0.2mm；高强挤塑聚苯地暖板平整度偏差不应大于 1.0mm，且不应存在负偏差；高强挤塑聚苯地暖板性能应符合表 5-7 的规定。

表 5-7 高强挤塑聚苯地暖板性能

项目	性能要求	试验方法
密度（kg/m³）	45～55	《泡沫塑料及橡胶 表观密度的测定》（GB/T 6343—2009）
压缩强度（kPa）	≥1200	《硬质泡沫塑料 压缩性能的测定》（GB/T 8813—2020）
导热系数［W/(m·K)，25℃］	≤0.035	《绝热材料稳态热阻及有关特性的测定 防护热板法》（GB/T 10294—2008）或《绝热材料稳态热阻及有关特性的测定 热流计法》（GB/T 10295—2008）

续表

项目		性能要求	试验方法
尺寸稳定性（%）	（60℃±2℃，48h）	≤1.0	《硬质泡沫塑料 尺寸稳定性试验方法》（GB/T 8811—2008）
	（70℃±2℃，48h）	≤2.0	
水蒸气透过系数［ng/（Pa·m·s］		≤3.5	《绝热用挤塑聚苯乙烯泡沫塑料（XPS）》（GB/T 10801.2—2018）
吸水率（%，浸水 96h）		≤1.0	《硬质泡沫塑料吸水率的测定》（GB/T 8810—2005）
燃烧性能等级（级）		B1 或 B2	《建筑材料及制品燃烧性能分级》（GB/T 8624—2012）

注：干式地暖板燃烧性能等级根据工程项目铺地材料选用。

（3）水系统材料。加热管除应符合行业标准《辐射供暖供冷技术规程》（JGJ 142—2012）的有关规定外，还应符合规定：宜采用公称外径 16mm 或 20mm 的塑料管材；当采用 PE-RT 管材时，规格宜采用 De16×2.0、De20×2.0 或 De20×2.3，管材的规格应符合表 5-8 的规定；加热管的工作压力不应小于 0.6MPa。分水器、集水器应符合《冷热水用分集水器》（GB/T 29730—2013）的有关规定。

表 5-8　PE-RT 管材规格要求

塑料管材	公称外径（mm）	最小平均外径（mm）	最大平均外径（mm）
PE-RT 管	16.0	16.0	16.3
	20.0	20.0	20.3

（4）胶粘剂。高强挤塑聚苯地暖板系统宜采用水泥基胶粘剂或聚氨酯胶粘剂，性能应符合表 5-9 的规定。

表 5-9　高强挤塑聚苯地暖板系统用胶粘剂性能

项目		性能要求	试验方法
与水泥砂浆的拉伸黏结强度（MPa）	原强度	≥0.6	《挤塑聚苯板（XPS）薄抹灰外墙外保温系统材料》（GB/T 30595—2014）
与高强挤塑聚苯板的拉伸黏结强度（MPa）	原强度	≥0.20	
可操作时间（h）		1.5～4.0	

注：用于厨房、卫生间等潮湿房间时，须检测耐水强度。

（5）基层板可采用纤维增强硅酸钙板或纤维水泥平板，规格宜为 2440mm×1220mm×10mm，性能应符合行业标准《纤维增强硅酸钙板 第 1 部分：无石棉硅酸钙板》（JC/T 564.1—2018）和《纤维水泥平板 第 1 部分：无石棉纤维水泥平板》（JC/T 412.1—2018）的有关规定。可调节支撑应采用金属螺栓，单个螺栓承载力不应小于 4000N。

（6）饰面层应符合规定：采用地砖饰面时，地砖性能应符合《陶瓷砖》（GB/T 4100—2015）的有关规定，陶瓷砖胶粘剂应符合《陶瓷砖胶粘剂技术要求》（GB/T 41059—2021）的有关规定，陶瓷砖填缝剂应符合《陶瓷砖填缝剂》（JC/T 1004—2017）的有关规定；当需要界面剂时，界面剂应符合行业标准《混凝土界面处理剂》（JC/T 907—2018）的有关规定；采用木地板饰面时，木地板性能应符合《地采暖用实木地板技术要求》（GB/T 35913—2018）、《地采暖用木质地板》（LY/T 1700—2018）等的有关规定。

5.5.3 高强挤塑聚苯地暖板系统的施工要点

高强挤塑聚苯地暖板系统基本的施工流程如图 5-27 所示，主要的施工安装要点如下文所述。

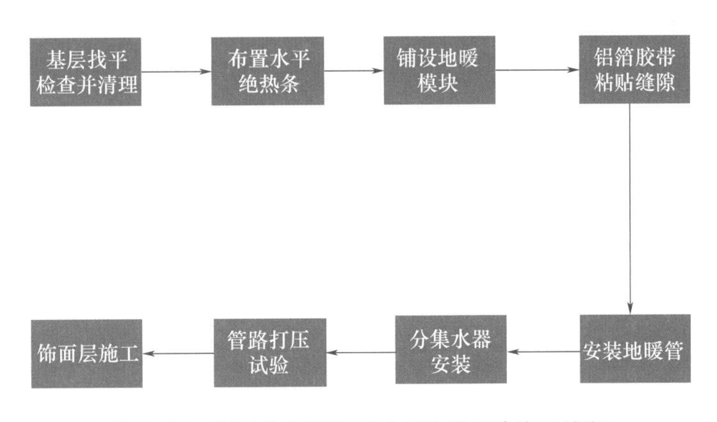

图 5-27　高强挤塑聚苯板干式地暖系统施工流程

1. 高强挤塑聚苯地暖板铺设

（1）采用架空型高强挤塑聚苯地暖板系统时，应采用机械锚固的方式将可调节支撑与基层板连接，基层板安装完毕且平整度符合要求后进行高强挤塑聚苯地暖板的铺设。

（2）高强挤塑聚苯地暖板应采用粘贴工艺进行铺设，应将胶粘剂分别在高强挤塑聚苯地暖板背面和楼地面基层表面涂满，总厚度宜为 3～5mm。

（3）粘贴高强挤塑聚苯地暖板时，应均匀按压并调平；铺设应平整，板缝应紧密，相邻板面应平齐。

（4）直接与土壤接触或有潮湿气体浸入的地面应在高强挤塑聚苯地暖板粘贴前铺设一层防潮层。

（5）有隔声要求的楼面，应在高强挤塑聚苯地暖板粘贴前，在墙体四周粘贴竖向隔声片，粘贴应平整、牢固；接缝应采用对接方式，且应采用防水胶带密封。

（6）过门石等端部处理应符合设计要求。

2. 水系统安装

（1）分水器、集水器宜在加热管铺设前进行安装。水平安装时，宜将分水器安装在上，集水器安装在下，中心间距宜为 200mm，集水器中心距地面不宜小于 300mm。

（2）加热管敷设前，应对照施工图纸核定加热管的选型、管径、壁厚符合设计要求；应检查加热管外观质量、管内无杂质和盘管保压无泄漏，确认后方可施工。

（3）加热管应按设计图纸标定的管间距和走向敷设，应保持平直并完全嵌入高强挤塑聚苯地暖板沟槽内；加热管安装完毕或中断时，敞口处应随时封堵。

（4）加热管切割应采用专用工具，切口应平整，断口面应垂直管轴线。

（5）加热管安装时应防止管道扭曲；弯曲管道时，圆弧的顶部应加以限制，并用管卡进行固定，不得出现硬弯折。

（6）加热管安装时，应采用铝箔胶带将敷设在高强挤塑聚苯地暖板沟槽内的加热管表面与高强挤塑聚苯地暖板黏结固定，且不应有接头。

3. 饰面层施工

（1）应在与内外墙、柱等垂直构件交接处预设伸缩缝；采用地砖饰面时，缝宽宜为10mm；采用木地板饰面时，缝宽宜为14mm；伸缩缝填充材料宜采用高发泡聚乙烯泡沫塑料。

（2）采用地砖饰面时，干式地暖板表面使用未经过钝化处理的铝板宜在高强挤塑聚苯地暖板上涂刷专用界面剂一道；干式地暖板表面使用经过钝化处理的铝板，则无须涂刷专用界面剂一道；应采用瓷砖胶粘剂进行粘贴。

（3）采用木地板饰面时，木地板应经过干燥处理后方可进行施工；木地板可直接铺设在高强挤塑聚苯地暖板上方；铺设方法应符合行业标准《地面辐射供暖木质地板铺设技术和验收规范》（WB/T 1037—2008）的有关规定。高强聚苯挤塑地暖板系统铺装效果如图5-28所示。

图5-28　高强聚苯挤塑地暖板系统铺装效果图

第 6 章 装配式整体厨房

6.1 装配式整体厨房概述

6.1.1 装配式整体厨房的概念及构成

装配式整体厨房是指由装配式部品及构件、厨房家具、厨房设备等，经工厂模块化生产，现场组装而成，供使用者进行炊事、餐炊等活动的功能空间。

装配式整体厨房由集成墙面、吊顶、地面、橱柜、厨房设备、家具等构成，通过集成化设计、管线分离、干法施工技术建造。具有标准化生产、快速安装、防渗漏等多种优点。其构造如图 6-1 所示。

其中，厨房墙面、地面、顶面基材主要以硅酸钙复合板、陶瓷薄板、蜂窝铝板、SMC、PU 等复合材料为主。装配式整体厨房的地墙顶模块如图 6-2 所示。

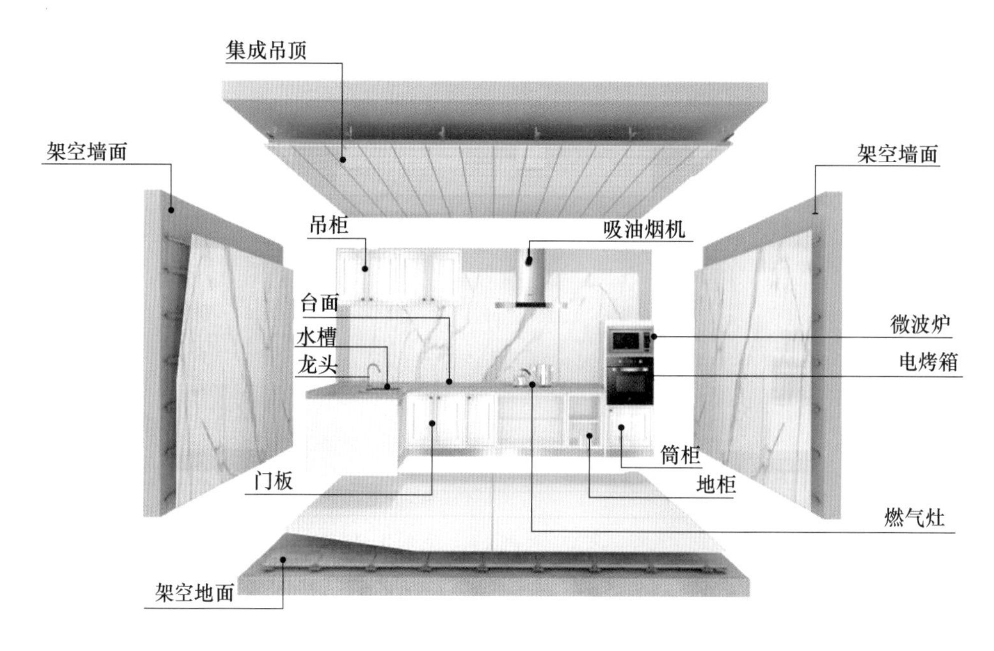

图 6-1 装配式整体厨房构造示意图

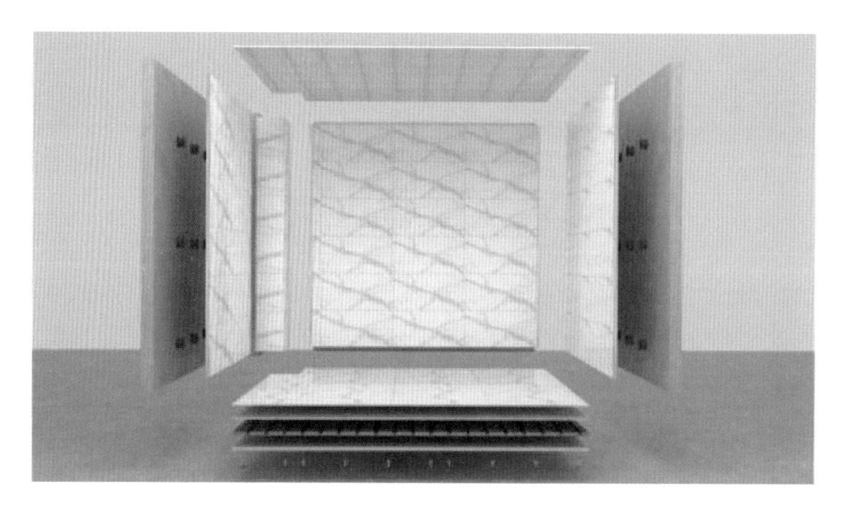

图 6-2 装配式整体厨房地墙顶模块示意图

6.1.2 装配式整体厨房的特点

装配式集成厨房是通过科学手段和操作习惯设计的厨房装修方式。其色彩划分合理，各种功能齐全统一，风格时尚前卫，实现了厨具的一体化。具有模块标准化、框架趣味化、形式组合多样化、功能需求化、质优价廉、绿色环保的特点。

1. 集成设计

装配式集成厨房是通过用具和电器的系统搭配，形成一个有机的整体形式。它实现了整体配置、设计和施工装修，从而实现了在功能、科学、艺术三个方面的完全统一。不同配置的整体厨房示意如图 6-3 所示。

图 6-3　不同配置的整体厨房

2. 健康环保

装配式集成厨房应使用无毒无害的健康环保材料，可有效避免甲醛和辐射；橱柜专用材料和设备，加上专业人士的精心设计，告别“烟熏火燎”“卫生死角”的操作环境。

3. 统一安全

专业的整体设计和施工装修杜绝了传统厨房的各种安全隐患，实现了水与火、电与气的完美融合。

4. 操作方便

人体工程学、工效学、工程材料等原理在整体厨房设计和制作中的巧妙应用，彰显了装配式集成厨房“以人为本”的文化理念，使人们能够零距离感受科学带来的舒适生活。

5. 美观舒适

现代的厨房将是一件功能性的艺术品，将不仅是家庭主妇做饭的工作空间，也将成为完美家居中一道亮丽的风景线。

6. 个性十足

设计师遵循“以人为本，量身定制”的原则，反复推敲，精心设计，体现装配式集成厨房的独特魅力和顾客的个性化需求。

7. 降本增效

橱柜、电器、厨具都是标准化产品，装饰部品工厂模块化生产，现场组装。在模块化生产的基础上，实现了工业化批量生产模式，降低了成本，增加了效益。

6.1.3 装配式整体厨房的发展趋势

整体厨房作为民生工程的重点消费品，日益成为各界关注的焦点。越来越多的厨电产品被消费者认可，但是中国厨房面积普遍偏小。在厨电品类需求多样化、厨房面积普遍较小的矛盾下，整体集成化正在成为我国厨房新的发展趋势。

整体厨房在空间上做减法、在功能上做加法，为当代家庭提供更加现代化的厨房整体解决方案，经过多年的普及和发展，消费者对集成整体厨房已形成一定的认知基础。

整体厨房将传统的分散的家电、橱柜和建筑进行了一次变革，在注重整体搭配的时代，整体厨房凭借其整体化、健康化、安全化、舒适化、美观化、个性化六大优势成为今后发展的必然趋势，行业未来市场增长空间巨大。

6.2 装配式整体厨房的型式

6.2.1 一字型厨房

一字型厨房设计，是将厨具沿着墙面一字排开，安排冰箱、水槽及燃气灶的顺序，依储藏、洗涤、烹煮的处理流程，让动线都在一条直线，不占空间，费用也较经济，如图 6-4 所示。

图 6-4 一字型厨房示意图

6.2.2 L 型厨房

呈现L型长宽比例特征，狭窄型、正方形、开放式厨房等都可以设计，在空间处理上，每个设备的位置相对宽敞许多，从取材、洗菜、切菜、备菜、烹饪都不存在重复路线，一个简单的流线型动线操作，这种配置比较简单经济，能够节省空间，如图 6-5 所示。

图 6-5 L 型厨房示意图

6.2.3 U 型厨房

U型厨房的设计，动线的规划，储藏、洗涤、烹煮各占一方，成三角形动线，同时为避免拥挤感，将橱柜分三面设计，所需空间较大，但中央动线不会受到干扰，适合较大的厨房，如图 6-6 所示。

图 6-6 U 型厨房示意图

6.2.4 中岛型厨房

中岛型厨房的设计能够突破面积、布局的限制，而且随着隔断的消失，无形中达到放大视觉空间效果。同时，此设计也可将客厅、餐厅、厨房串连在一起，弱化原本空间的封闭性，让公共场域提升互动性，成为公共场域的视觉焦点，起到美化居家的效果，如图 6-7 所示。

图 6-7　中岛形厨房示意图

6.3 装配式整体厨房的设计

6.3.1 总体设计要求

（1）整体厨房应遵循模数协调的原则，并应符合《住宅厨房及相关设备基本参数》（GB/T 11228—2008）、《住宅厨房模数协调标准》（JGJ/T 262—2012）的有关规定。整体厨房产品应符合《装配式整体厨房应用技术标准》（JGJ/T 477—2018）要求，根据《建筑内部装修设计防火规范》（GB 50222—2017）和《建筑设计防火规范（2018 年版）》（GB 50016—2014）要求厨房内地面、墙面和吊顶材料防火性能都应达到 A 级，厨房内的固定橱柜宜采用不低于 B1 级的装修材料。内部设计可以参考《工业化住宅尺寸协调标准》（JGJT 445—2018），吊顶、水电线路的设计标准参考《住宅设计规范》（GB 50096—2011）执行。

（2）模数是整体厨房标准化、产业化的基础，是厨房与建筑一体化的核心。模数的目的是使建筑空间与厨房的装配相吻合，使橱柜单元及电器单元具有配套性、通用性、互换性，是橱柜单元及电器单元装入、重组、更换的最基本保证。

装配式整体厨房模数主要包括吊柜、灶具柜、洗涤柜、操作台柜、高柜等部品的尺寸模数。各类部品的主要常规尺寸（模数）可参照表 6-1～表 6-5。

表 6-1 吊柜尺寸（模数）系列

项目	尺寸（模数）系列
宽度 *W*	3M、3.5M、4M、5M、6M、7M、7.5M、8M、9M
深度 *D*	3.2M、3.5M、4M
高度 *H*	5M、6M、7M、8M

注：1. 吸油烟机吊柜的尺寸推荐宽度 9M；吊柜的深度尺寸推荐 3.5M；
2. M 是国际通用的建筑模数符号，1M=100mm。

表 6-2 灶具柜尺寸（模数）系列

项目	尺寸（模数）系列
宽度 *W*	6M、(7.5M)、8M、9M、10M、12M
深度 *D*	5.5M、6M、6.5M、7M
高度 *H*	7.5M*、8M、8.5M、9M

注：1. 深度尺寸推荐 6M，高度尺寸推荐 8.5M；
2. 括号内的尺寸（模数）不推荐使用；
3. 深度尺寸（模数）指操作台面的深度。
*适用于无障碍厨房的灶具柜高度。

表 6-3 洗涤柜尺寸（模数）系列

项目	尺寸（模数）系列
宽度 *W*	6M、(7.5M)、8M、9M、10M、12M
深度 *D*	5.5M、6M、6.5M、7M
高度 *H*	7.5M*、8M、8.5M、9M

注：1. 深度尺寸推荐 6M，高度尺寸推荐 8.5M；
2. 深度尺寸（模数）指操作台面的深度。
*适用于无障碍厨房的洗涤柜高度。

表 6-4 操作台尺寸（模数）系列

项目	尺寸（模数）系列
宽度 *W*	1.5M、2M、3M、4M、4.5M、5M、6M、7.5M、8M、9M、10M、12M
深度 *D*	5.5M、6M、6.5M、7M
高度 *H*	7.5M*、8M、8.5M、9M

注：1. 深度尺寸推荐 6M，高度尺寸推荐 8.5M；
2. 深度尺寸（模数）指操作台面的深度。
*适用于无障碍厨房的操作台高度。

表 6-5 高柜尺寸（模数）系列

项目	尺寸（模数）系列
$W \times D \times H$	(6～12M) × (5.5～7M) × (10～22M)

注：深度 *D* 尺寸推荐 6M。

（3）整体厨房的设计应遵循人体工程学的要求，合理布局，进行标准化、系列化和精细化设计，并应与结构系统、外围护系统、设备与管线系统、内装系统进行一体化设计，且宜满足适老化的需求。

（4）整体厨房部品应按照设计要求和现行相关标准进行防水、防火、防腐和防蛀处理，处理后所用材料的耐火极限应符合《建筑内部装修设计防火规范》（GB 50222—2017）和《建筑设计防火规范（2018年版）》（GB 50016—2014）的有关规定。有害物质限量应符合行业标准《住宅建筑室内装修污染控制技术标准》（JGJ/T 436—2018）的有关规定。

（5）为了保障厨房内部装修的消防安全，防止和减少火灾的危害，要求在厨房部品设计中，认真、合理地使用各种装修材料，并积极采用先进的防火技术，做到“防患于未然”，从积极的方面预防火灾的发生和蔓延。

（6）厨房的设计应选用通用的标准化部品，标准化部品应具有统一的接口位置和便于组合的形状、尺寸，并应满足通用性和互换性对边界条件的参数要求。

（7）整体厨房设计采用标准化参数来协调部品、设备与管线之间的尺寸关系时，可保证部品设计、生产和安装等尺寸相互协调，减少和优化各部品的种类和尺寸。

（8）整体厨房应积极采用新技术、新材料和新产品，积极推广工业化设计和建造技术，宜采用可循环使用和可再生利用的材料。

（9）整体厨房实现标准化，并不断采用新技术、新材料、新产品，推广新技术下的工业化建造模式，可减少人力的投入，节约成本。在满足厨房材料使用安全性能的前提下，尽可能采用可循环使用、可再生利用的材料，减少资源浪费。

6.3.2 装配式整体厨房的内装部品

1. 整体墙面

整体墙面可大幅缩短现场施工时间，厨卫饰面耐磨又防水，可适用不同环境，施工环保，即装即住。

（1）厨房非承重围护隔墙宜选用工业化生产的成品隔板，现场组装。

（2）厨房成品隔断墙板的承载力应满足厨房设备固定的荷载需求。

（3）当安装吊柜和厨房电器的墙体为非承重墙体时，其吊装部位应采取加强措施，满足安全要求。

（4）整体厨房的整体墙面，可采用干挂体系，可选传统瓷砖及陶瓷大板体系，也可采用铝蜂窝复合瓷砖或岩板的复合瓷砖体系。相关安装节点如图6-8～图6-10所示。

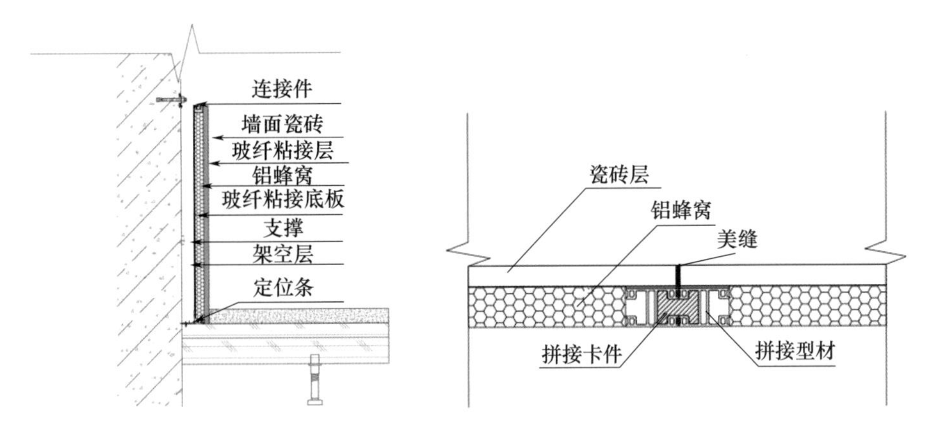

图 6-8 厨房铝蜂窝复合瓷砖墙面安装节点图

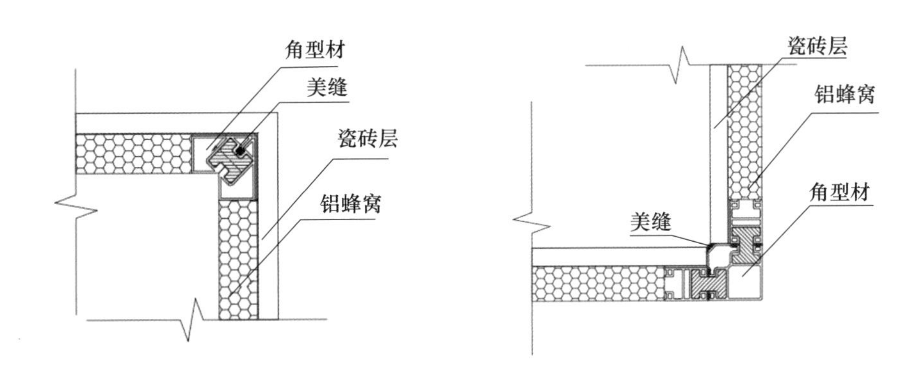

图 6-9 厨房铝蜂窝墙面阳角与阴角拼接安装节点图

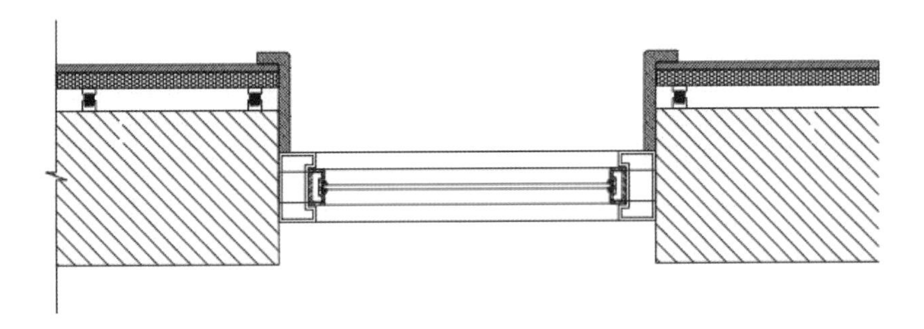

图 6-10 厨房实体墙窗收口套线平面做法节点图

2. 整体地面

（1）地面可采用双层可调节地面架空体系，在架空层内布置水、暖、电等管线。

（2）针对楼面有偏差的情况，可通过调平地脚螺栓进行调平。

（3）在安装地暖模块的同时，面层也可选择瓷砖及其他各种材质铺贴，如图 6-11 所示。

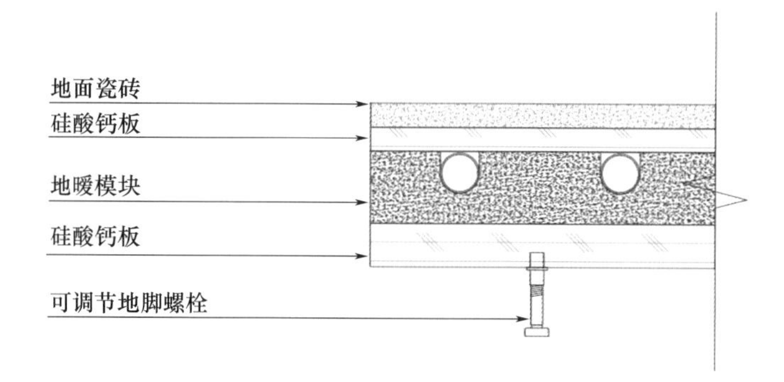

图 6-11 带地暖模块厨房地面示意图

(4) 地面架空层所用材料，需绿色环保，并采用安全规范的金属地脚螺栓。

(5) 利用架空空腔实现隔声处理。

(6) 采用干法施工方式，提升施工效率。

3. 整体吊顶

(1) 厨房吊顶不仅要面对潮湿、水气的侵袭，而且炒菜时产生的油烟和异味也会黏附在其表面，时间一长便难以清理。因此耐锈、耐脏、易清洁是选择厨房吊顶材料的准则。

(2) 当厨房吊顶内敷设管线时，应设检修口。

(3) 整体吊顶主要采用铝扣板等集成吊顶模块。

4. 整体橱柜

(1) 整体橱柜按照客户的使用习惯以及需求，将厨房内相关的设施，包括台面、厨电、灯饰、配件等进行合理规划集合而成，通过地柜与吊柜的融合，成为整体厨房空间的重要组成部分。

(2) 整体橱柜设计要根据厨房的格局，预留管线、插座位置，让空间布置更合理。同时，橱柜在设计前会考虑到使用人员的活动路线，通过合理的功能布局，便利厨房操作流程更加方便、畅通，进而提高厨房工作效率。

(3) 整体橱柜由工厂预制标准化生产，从下料、打孔、组装、抛光，再到安装，都有严格的标准化的要求，采用高温高压封边，封边后外表牢固整洁，不会出现砖砌橱柜门板和柜子锁合不紧等问题。经得起时间的考验，持久度更好使用寿命更长。

(4) 整体厨房橱柜应采用环保材料，避免有害气体长期存留。

6.3.3 装配式整体厨房的设备管线

1. 给水管线

(1) 进入住户的给水管道，在通向厨房的给水管道上宜增设控制阀门。

(2) 厨房内给水管道可沿地面敷设，也可采用隐蔽式的管道明装方式，且管中心与地面和墙面的间距不应大于 80mm。

（3）热水器水管应预留至热水器正下方且高出地面 1200～1400mm 处，左边为热水管，右边为冷水管，冷热水管间距宜不少于 150mm。

（4）冷热水给水管接口处应安装角阀，高度宜为 500mm。

（5）管道的隐蔽常用方式如下：

① 在橱柜背后预留 0.1m 的竖向管道区；

② 在橱柜与楼板之间留出空间敷设管道；

③ 洗涤池排水管在柜内，给水管和热水管沿墙上沿敷设，用吊顶或吊柜板方式隐蔽，竖向支管剔墙敷设。当冷热水供水系统采用分水器供水时，应用半柔性管材连接；当采用分别控制时，冷水、热水水阀上应有明显标识。

2. 排水管线

（1）厨房的排水立管应单独设置；排水量最大的排水点宜靠近排水立管。

（2）排水口及连接的排水管道应具备承受 90℃热水的能力。

（3）热水器泄压阀排水应导流至排水口。

（4）横支管转弯时应采用 45°弯头组合完成，隐蔽工程内的管道与管件之间，不得采用橡胶密封连接，且横支管上不得设置存水弯。

（5）立管的三通接口中心距地面完成面的高度，不应大于 300mm。

（6）厨房洗涤槽的排水管接口，距地面完成面宜为 400～500mm，伸出墙面完成面不小于 150mm，且高于主横支管中心不小于 100mm。

（7）对采用 PVC 管材、管件的排水管道进行加长处理时不应出现 S 状，且端部应留有不小于 60mm 长的直管。

3. 电气系统

（1）厨房的电气线路宜沿吊顶敷设。

（2）线缆沿架空地板敷设时，应采用套管或线槽保护，严禁直接敷设；线缆在架空地板敷设时，不应与热水、燃气管道交叉。

（3）导线应采用截面不小于 $5mm^2$ 的铜芯绝缘线，保护地线线径不得小于 N 线和 PE 线的线径。

（4）厨房插座应由独立回路供电。

（5）安装在 1.8m 及以下的插座均应采用安全型插座。

（6）厨房内应按相应用电设备布置专用单相三孔插座。

（7）嵌入式厨房电器的专用电源插座，应预留方便拔插的电源插头空间。

（8）靠近水、火的电源插座及接线，其管线应加保护层，插座及接线应符合《建筑电气工程施工质量验收规范》（GB 50303—2015）中的相关规定。

6.4 装配式整体厨房的施工

6.4.1 前期勘测要求

（1）检查现场地面是否平整，高低落差有多少。

（2）测量地面长、宽及对角线长度。

（3）测量内部净空高度。

（4）测量顶部长、宽及对角线长度。

（5）门洞、窗洞大小和位置。

（6）地梁、顶梁尺寸和位置。

（7）管井尺寸和位置。

（8）如果是多间厨房，需要每一间都要测量尺寸。

6.4.2 现场施工要求

（1）到现场后首先实测尺寸，是否符合安装要求。

（2）根据图纸将调节脚位置标出，将需要在地面敷设的水管电线等敷设完毕，不可影响调节脚的安装。

（3）铺设第一层调平层，四周尽量靠近土建墙和立管，如刚敷设的水、电线管，原有的地暖分水器等，可以将硅酸盖板切槽。

（4）铺设错缝层（如果有地暖先铺设地暖层铺设错缝层），同调平层一样尽量靠近土建墙和立管。

（5）根据实际尺寸和图纸在错缝层上用墨盒弹线，弹线尺寸为内空尺寸加壁板厚度，保证两条交叉线为直角。

（6）根据吊柜的安装位置在壁板后面粘贴相应的加强板。

（7）依照图纸将需要在壁板上安装或预埋的材料固定好，如给水管、排水管、线管、暗盒、外螺弯头、过墙弯头等。

（8）如有阳角先安装阳角处壁板，如有多个阳角先安装较大的阳角，如没有阳角先安装距离门口最远处的阴角。

（9）如果顶板是传统吊顶，壁板顶部需用（角码或调节固定件）干挂固定件加干挂连接板，由 M6×75mm 膨胀螺栓将两者固定进土建墙，另一端用 ST4.2×19mm 自钻钉固定到壁板的方式固定，并通过调节干挂固定件和干挂连接板的配合尺寸，保证壁板垂直，多块壁板组成的墙面为同一平面，如图 6-12 所示。

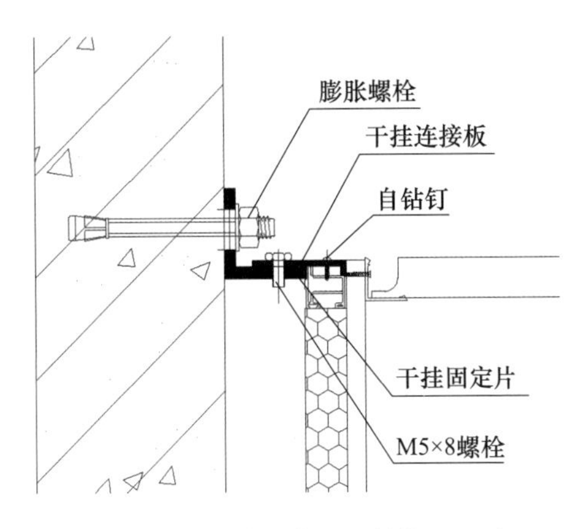

图 6-12 连接示意图（单位：mm）

（10）从门口向最里面铺设地面瓷砖，保证砖缝 2mm，地砖和墙面之间也要保证有 2mm 的缝隙。

（11）24h 后清理砖缝并打美缝，12h 后清理美缝并将打扫卫生。

（12）橱柜常规方式安装即可，但螺钉必须通过壁板打到背部的加强垫木上。

6.5 装配式整体厨房性能指标

根据《住宅整体厨房》（JG/T 184—2011）以及《厨房家具》（QB/T 2531—2010）等相关标准要求，装配式整体厨房应符合以下相关性能指标要求。

6.5.1 柜体板件的形状和位置公差

装配式整体厨房的柜体板件形状和位置公差应满足表 6-6 的相关规定。

表 6-6 柜体板件的形状和位置公差 （单位：mm）

序号	项目		技术要求
1	正视面板件翘曲度	对角线长度≥1400	≤3.0
		700≤对角线长度<1400	≤2.0
		对角线长度<700	≤1.0
2	底脚着地平稳性[a]		≤0.5
3	平整度	面板、正视面板件 0～150mm 范围内局部平整程度	≤0.2

续表

<table>
<tr><th>序号</th><th colspan="3">项目</th><th>技术要求</th></tr>
<tr><td rowspan="4">4</td><td rowspan="4">邻边垂直度</td><td colspan="2">门板及其他板件</td><td>≤2.0</td></tr>
<tr><td colspan="2">台面板</td><td>≤3.0</td></tr>
<tr><td rowspan="2">框架</td><td>对角线长度≥1000</td><td>≤3.0</td></tr>
<tr><td>对角线长度<1000</td><td>≤2.0</td></tr>
<tr><td rowspan="2">5</td><td rowspan="2">位差度</td><td colspan="2">门与框架、门与门相邻表面间的距离偏差（非设计要求的距离）</td><td>≤2.0</td></tr>
<tr><td colspan="2">抽屉与框架、抽屉与门、抽屉与抽屉相邻的表面间的距离（非设计要求的距离）</td><td>≤1.0</td></tr>
<tr><td rowspan="5">6</td><td rowspan="5">分缝</td><td rowspan="2">嵌装式开门</td><td>上、左、右分缝</td><td>≤1.5</td></tr>
<tr><td>中、下分缝</td><td>≤2.0</td></tr>
<tr><td>盖装式开门</td><td>门背面与框架平面的间隙</td><td>≤3.0</td></tr>
<tr><td>嵌装式抽屉</td><td>上、左、右分缝</td><td rowspan="2">≤2.5</td></tr>
<tr><td>盖装式抽屉</td><td>抽屉面背面与框架平面的间隙</td></tr>
<tr><td>7</td><td colspan="3">抽屉下垂度、摆动度</td><td>≤10</td></tr>
</table>

a 固定不可调底脚的要求，可调底脚不须测试。

6.5.2 理化性能

（1）人造板台面和柜体板理化性能要求见表 6-7。

表 6-7 人造板台面和柜体板理化性能

<table>
<tr><th rowspan="2">序号</th><th rowspan="2">项目</th><th rowspan="2">试验条件</th><th colspan="2">技术要求</th></tr>
<tr><th>台面板</th><th>柜体板</th></tr>
<tr><td>1</td><td>表面耐高温</td><td>(120±3)℃，2h</td><td>试件表面无裂纹</td><td>—</td></tr>
<tr><td>2</td><td>表面耐水蒸气</td><td>水蒸气
(60±5) min</td><td colspan="2">试件表面无突起、龟裂、变色等</td></tr>
<tr><td>3</td><td>表面耐干热</td><td>(180±1)℃，
20min</td><td>试件表面无鼓泡，某一角度看光泽有轻微变化</td><td>10min 表面无故跑，光泽和颜色允许有中等变化</td></tr>
<tr><td>4</td><td>表面耐冷热温差</td><td>(80±2)℃，2h
(−20±3)℃，2h</td><td>表面无裂纹、鼓泡和明显失光，四周期</td><td>(63±2)℃，(−20±3)℃，二周期表面无裂纹、鼓泡和明显失光</td></tr>
<tr><td>5</td><td>表面耐划痕</td><td>1.5N，划一圈</td><td>试件表面无整圈连续划痕</td><td>—</td></tr>
<tr><td>6</td><td>表面耐龟裂</td><td>70℃，24h</td><td>用 6 倍放大镜观察，表面无裂痕</td><td>用 6 倍放大镜观察，表面允许有细微裂痕</td></tr>
<tr><td>7</td><td>表面耐污染</td><td>少许酱油，24h</td><td>试件表面无污染或腐蚀痕迹</td><td>—</td></tr>
</table>

续表

序号	项目	试验条件	技术要求	
			台面板	柜体板
8	表面耐液	10%碳酸钠溶液 24h，30%乙酸溶液 24h	无印痕	表面轻微的变色印痕
9	表面耐磨性	漆膜磨耗仪，2000r	未露白	局部有明显露白（1000转）
10	表面抗冲击	漆膜冲击器，200mm	表面无裂痕，但可见冲击痕迹	允许有轻微裂纹，有 1～2 圈环裂或弧痕（100mm）
11	表面耐老化	老化试验仪，光泽仪	表面无开裂，失光＜10%	—
12	吸水厚度膨胀率	50mm×50mm，浸泡 24h	＜12%	浸泡 2h，＜8%

（2）人造石台面理化性能要求见表 6-8。

表 6-8　人造石台面理化性能

序号	项目	性能要求
1	光泽度	≥80 光泽单位
2	不平整度	≤4‰
3	巴氏硬度	≥40
4	耐冲击性	表面不产生裂纹
5	吸水率	≤0.5%
6	胶衣层厚度	0.35～0.60mm
7	耐热水性	无裂纹，不起泡
8	耐污染性	无明显变色

6.5.3　力学性能

（1）台面板力学性能要求见表 6-9。

表 6-9　台面板力学性能

序号	项目	试验条件	技术要求
1	垂直静载荷	加 750N 力，压 10s，10 次	台面无损伤，无影响使用功能的磨损或变形、无断裂或豁裂，连接件未出松动
2	垂直冲击	质量为 28.1g 铜球在 450mm 高度落下，3 处	
3	持续垂直静载荷	加载 $200kg/m^2$，7d	
4	耐久性	150N，30000 次	

（2）地柜柜体力学性能要求见表 6-10。

表 6-10　地柜柜体力学性能

序号	项目	试验条件	技术要求
1	搁板弯曲	加载 200kg/m^2，7d	无断裂或豁裂，不出现永久变形
2	搁板倾翻	100N	不倾翻
3	搁板支承件强度	1.7kg 钢块冲击能 1.66Nm，10 次	搁板销孔未出现磨损或变形，支承件位移≤3mm
4	柜门安装强度	离门沿 100mm 处挂 25kg 砝码，反复开启 10 次	各部无异常，外观及功能无影响
5	柜门水平载荷	门端 100mm 处，水平加 60N 力，10s，10 次	各部无异常，外观及功能无影响
6	底板强度	用 750N 力，压 10s，10 次	底板未出现严重影响使用功能的磨损或变形
7	柜门耐久性	1.5kg 反复开闭 40000 次	门与橱柜仍紧密相连，门与五金件均无破损，并未出现松动，铰链功能正常，门开关灵活，无阻滞现象
8	拉门强度	35kg，10 次	
9	拉门猛开	2kg，10 次	
10	翻门强度	300N，10 次	
11	翻门耐久性	20000 次	
12	抽屉和滑轨耐久性	加 33kg/m^2 载荷，反复开闭 40000 次	滑轨未出现永久性松动，抽屉及拉篮活动灵便、无异常噪声
13	抽屉快速开闭	以 1.0m/s 施加 50N 力，10 次	
14	抽屉及滑轨强度	抽屉底部均匀施加 25kg/m^2 的荷载，前端加 250N 力，10s，10 次	
15	主体结构和底架强度	侧面施 300N 力，4 处，高≤1.6m，10s，10 次	未出现松动，位移<10mm

（3）吊码、吊柜力学性能要求见表 6-11。

表 6-11　吊码、吊柜力学性能

序号	项目	试验条件	技术要求
1	吊码强度	加载 100kg/m^2，7d	吊码无变形、开裂、断裂现象
2	吊柜搁板超载	底板加 200kg/m^2，搁板加 100kg/m^2	搁板及支承件无破坏，卸载后变形量≤3mm
3	吊柜跌落	柜门关闭从 600mm 高度跌落	吊柜无结构损坏，无任何松动
4	吊柜主体结构强度	450N，10 次	位移≤10mm
5	吊柜水平冲击	150N 力冲击门中缝处，10 次	吊柜无任何松动和损坏
6	吊柜垂直冲击	150N 力冲击底板中心处，10 次	

第 7 章
装配式整体卫生间

7.1 装配式整体卫生间概述

7.1.1 概念及分类

1. 装配式整体卫生间的概念

装配式整体卫生间也称为整体浴室（Bathroom unit），是指由防水盘、壁板、顶板及支撑龙骨构成主体框架，并与各种洁具及功能配件组合而成，通过现场装配或整体吊装进行安装的独立卫生间模块，其构造示意如图 7-1 所示。装配式整体卫生间根据主体结构及饰面材料的不同主要分为：SMC 体系、彩钢板体系、瓷砖体系等。

我国自 20 世纪 90 年代提出住宅产业化概念，明确住宅部品体系的重要性后，出台了《整体浴室》（GB/T 13095—2021）、《住宅整体卫浴间》（JG/T 183—2011）、《装配式整体卫生间应用技术标准》（JGJ/T 467—2018），以规范行业的发展和技术进步。2018 年开始实施的《装配式建筑评价标准》（GB/T 51129—2017），也较好推动了整体卫浴在住宅建筑中的应用。

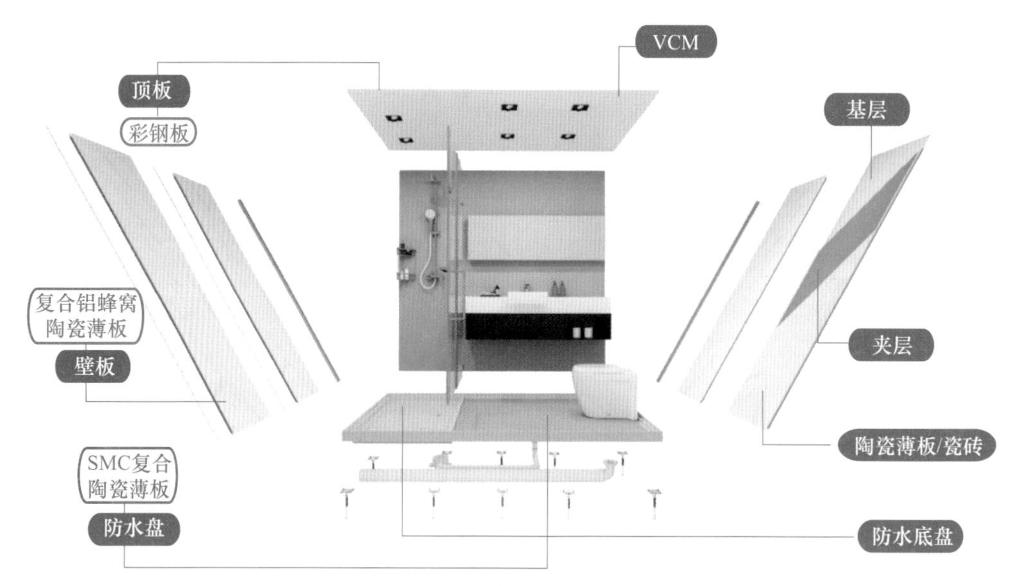

图 7-1　装配式整体卫生间构造示意图

2. 装配式整体卫生间的型式

装配式整体卫生间（整体浴室）是由构件及连接型材等构成主体结构，与各种部件下与辅件组成，具有淋浴、盆浴、洗漱、便溺等功能或这些功能之间组合，并通过现场装配或整体吊装进行安装的独立卫生单元。其中构件指构成整体浴室主体结构的防水盘、顶板、壁板、门等，部件指整体浴室所需的各种卫生洁具、五金件、电器等。辅件指与整体浴室配套使用的给排水管件、电线等。

按照不同功能之间的组合，整体浴室可分为 2 种型式、12 种类型。整体浴室型式、类型以及对应的不同功能见表 7-1。

表 7-1　装配式整体浴室的类型

型式	整体浴室类型	类型代号	功能
单一式	便溺类型	01	供排便用
	盆浴类型	02	供泡浴用
	洗漱类型	03	供洗漱用
	淋浴类型	04	供淋浴用
组合式	便溺、盆浴类型	05	供排便、泡浴用
	便溺、洗漱类型	06	供排便、洗漱用
	便溺、淋浴类型	07	供排便、淋浴用
	盆浴、洗漱类型	08	供泡浴、洗漱用
	淋浴、洗漱类型	09	供淋浴、洗漱用
	便溺、盆浴、洗漱类型	10	供排便、泡浴、洗漱用
	便溺、淋浴、洗漱类型	11	供排便、淋浴、洗漱用
	便溺、盆浴、洗漱组合类型	12	供排便、泡浴与洗漱分为两单元组合

7.1.2 装配式整体卫生间的发展现状及趋势

1. 发展现状

整体卫浴行业热度升温，进入这一领域的企业越来越多，不同基因的团队对于产品研发有着不同逻辑。

在过去，整体卫浴以固定尺寸、固定材料、固定应用场景为主，这一方面受制于工业制造水平的局限，同时也与行业规模息息相关。局限性的产品限制了产业的发展速度，过于小众的行业难以吸引到优秀的人才。整体卫浴行业没能形成正向循环，致使在近二十年的发展历程中，未能打开市场。

当下，受益于政策性引导和工业制造水平的提升，整体卫浴受关注度显著提升，更多的企业参与，产品从规格、材料方面都有了更丰富的选择，可定制的整体卫浴正在进入更多的应用场景当中。

未来，有了政策、资本、头部公司、新锐企业的多方加持，整体卫浴产品的技术路径更加多元，用来匹配更广泛的需求。

2. 发展趋势

近几年来，整装卫浴行业出现了一系列边际变化，压制整装卫浴普及的因素得到改善，B 端需求率先放量。随着整体卫浴相对于传统装修的性价比显现，经济型酒店首先开始采用整装卫浴产品。随着地产商积极推进装配式住宅开发，整装卫浴市场快速扩容，成长空间打开。

1）户型趋向标准化

近几年来，地产企业为了加快周转效率、节约研发成本、发挥集采优势、降低开发风险，纷纷推动标准化产品的连锁、复制型开发。其中的户型标准化使得整装卫浴企业可以针对 B 端客户开发模具，与客户达成长期合作，为规模化生产、降低产品价格提供了便利。

2）成本下移带来性价比提升

从成本端角度来看，公寓采用 SMC 材料，其成本显著小于传统卫浴。住宅整装卫浴装修大概 1.8～2 万元，其成本与传统卫浴接近。

对于全品类公司，采用自有品牌洁具成本可减少 10％～20％，随着规模优势的凸显，未来整装卫浴成本仍存在较大下降空间。

3）装配化施工降低人力成本

随着我国人力成本不断上升，整装卫浴的性价比优势逐渐显现。传统装修需要较多工人配合进行，而整装卫浴的安装更加简单、标准，一般仅需 2 名经过培训的工人。当前整装卫浴施工最快仅需 2 人，4h 即可完成，而传统卫浴所需十余个工种，装修工期至少 16d，时间成本优势明显。

4）材质升级提升美观度

近年来随着整装卫浴生产技术的提高，国内厂商推出了彩钢板、瓷砖复合板产品，为整装卫浴进入住宅项目打下了基础。彩钢板色彩丰富、光泽度高，廉价感明显降低；瓷砖复合板则是在壁板上直接铺贴瓷砖（或石材），外观与传统卫浴装修最为接近，符合大众对精装修住宅的审美需要。

7.1.3 装配式整体卫生间的设计要求

1. 总体设计要求

（1）装配式整体卫生间的产品选型应在建筑设计阶段进行，建筑设计应结合项目需求进行整体卫生间的设计选型，并应符合《住宅设计规范》（GB 50096—2011）、《住宅建筑规范》（GB 50368—2005）、《宿舍建筑设计规范》（JGJ 36—2016）和《旅馆建筑设计规范》（JGJ 62—2014）等的相关规定。

（2）设计选型应遵循模数协调的原则，并应与结构系统、外围护系统、设备与管线系统、内装系统进行一体化设计。

（3）整体卫生间的设计应遵循人体工程学的要求，内部设备布局应合理，并应进行标准化、系列化和精细化设计，且宜满足适老化的需求。

（4）整体卫生间应提高装配化水平，防水盘、壁板、顶板、检修口、连接件和加强件等主要组成部件应在工厂内制作完成。

（5）整体卫生间宜采用同层排水方式，当采取结构局部降板方式实现同层排水时，应结合排水方案及检修要求等因素确定降板区域，降板高度应根据防水底盘厚度、卫生器具布置方案、管道尺寸及敷设路径等因素确定。

（6）设备管线应进行综合设计，给水、热水、电气管线宜敷设在吊顶内；设计时应充分考虑更新、维护的需求，并应在相应的部位设置检修口或检修门。

（7）当采用整体卫生间时，宜优先安装整体卫生间，再施工安装整体卫生间周边墙体。

（8）装配式整体卫生间的主要技术指标应满足表 7-2 的相关要求。

表 7-2 装配式整体卫生间的主要性能要求

项目	性能要求	试验方法
挠度（mm）	＜3	遵循《整体浴室》（GB/T 13095—2021）的规定
巴柯尔硬度	＞35	
耐砂袋冲击	表面无变形、破损及裂纹等缺陷	
耐落球冲击	表面无裂纹等缺陷	

续表

项目	性能要求		试验方法
耐渗水性	无渗漏现象		遵循《整体浴室》（GB/T 13095—2021）的规定
耐酸性	外观	无裂纹、无分层等缺陷	
	巴柯尔硬度	>30	
耐碱性	外观	无裂纹、无分层等缺陷	
	巴柯尔硬度	>30	
耐污染性	色差<3.5		
耐热水性 A	表面无裂纹、鼓泡或明显变色		
耐热水性 B	表面无裂纹、鼓泡或明显变色		
防滑性能	静摩擦系数 *COF*≥0.6 防滑值 *BPN*>60（湿态）		遵循《建筑地面工程防滑技术规程》（JGJ/T 331—2014）的规定执行

2. 产品尺寸设计

根据使用空间尺寸，确定 SMC 整体浴室尺寸。一般情况下，SMC 整体浴室尺寸为空间尺寸减去 100～150mm。整体浴室垂直方向尺寸关系如图 7-2 所示。

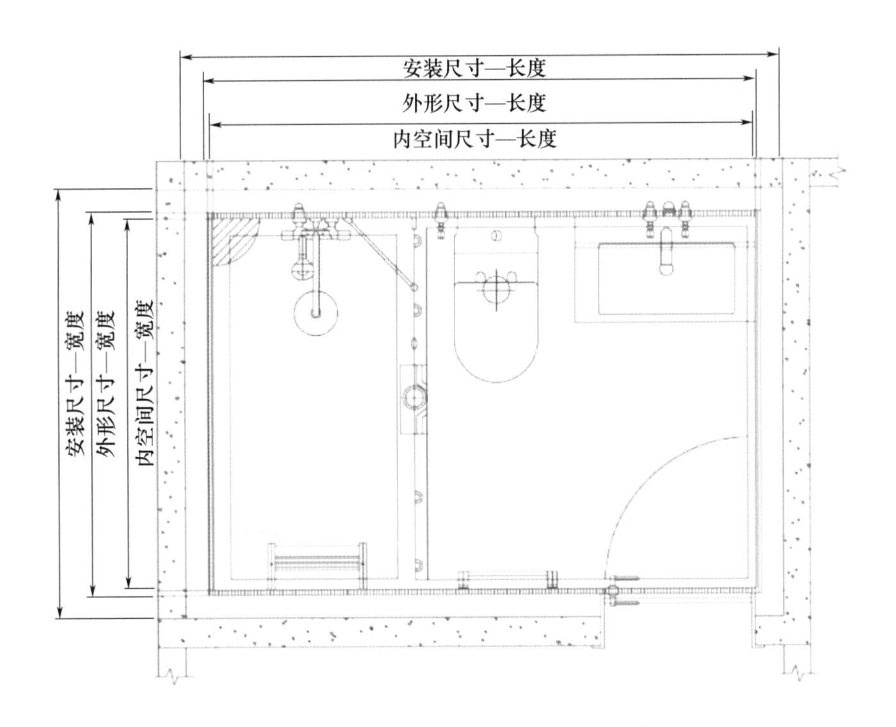

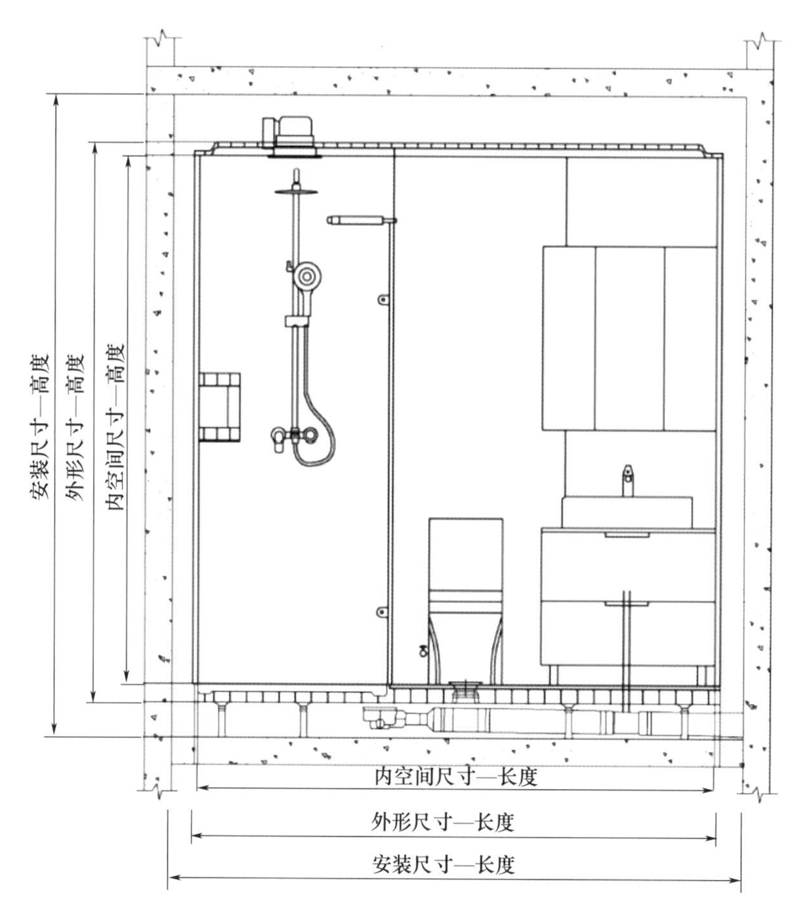

图 7-2 整体浴室垂直方向尺寸关系

3. 产品布局设计

根据用户空间尺寸大小以及实际需求，SMC 整体浴室可采用三合一、二分离以及三分离式布局。不同布局示意图如图 7-3～图 7-5 所示。

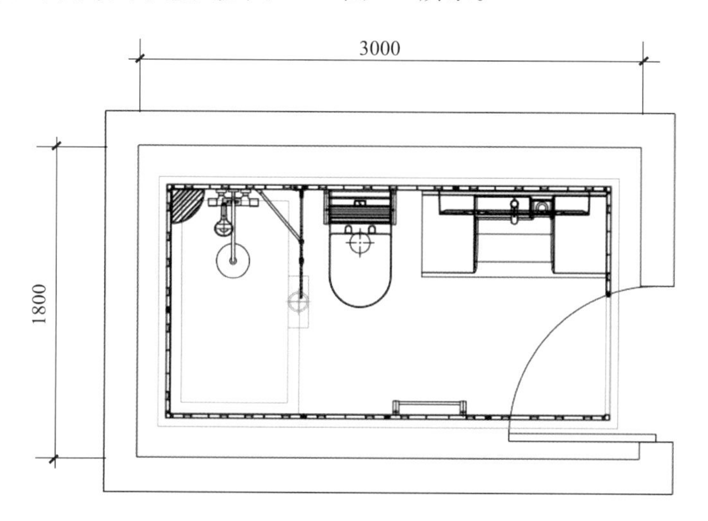

图 7-3 三合一式布局示意（单位：mm）

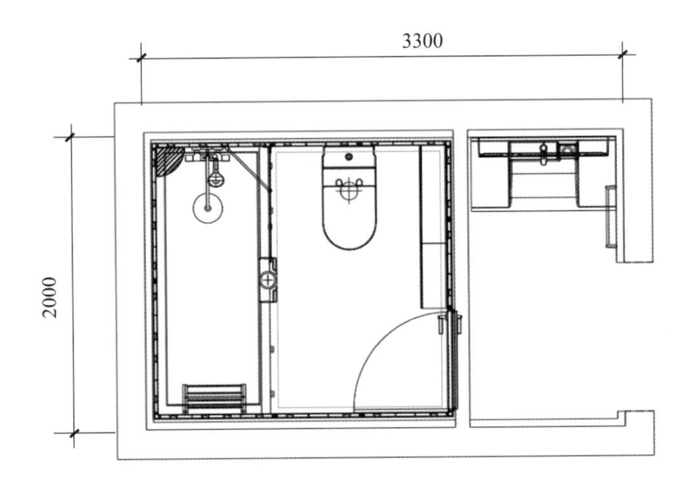

图 7-4 二分离式布局示意图（单位：mm）

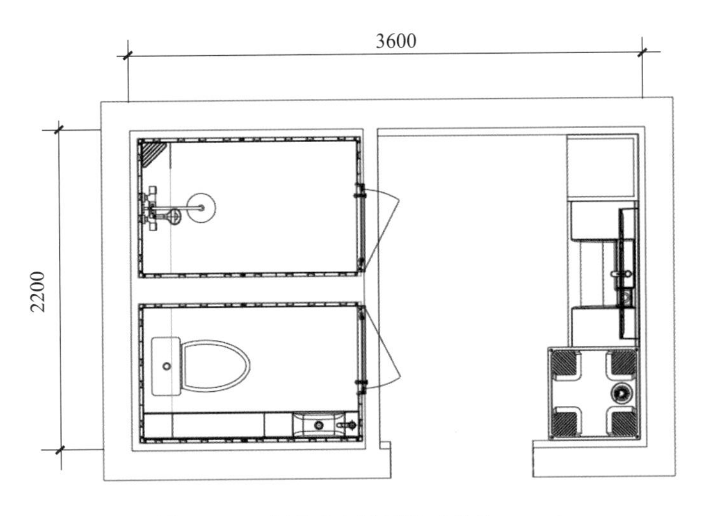

图 7-5 三分离式布局示意（单位：mm）

4. 排水结构设计

在排水结构上，整体浴室可采用同层排水或传统直排，其设计如图 7-6 和图 7-7 所示。

5. 产品设计流程

需求方提出新产品设计需求→设计师做效果图提案→评估确认提案后深化图纸和配置清单（CAD 深化图纸、表格制作配置）→分解下单工厂生产、采购外购→选择试装地点及安排试装人员→试装并记录过程→总结、形成作业指导。

软件工具方面，采用常用工业设计软件，效果图主要以“.dwg”“.pdf”“.ifc”等文件格式进行输出，一方面便于需方进行直观了解把握，另一方面有利于下一步生产制造环节的执行。

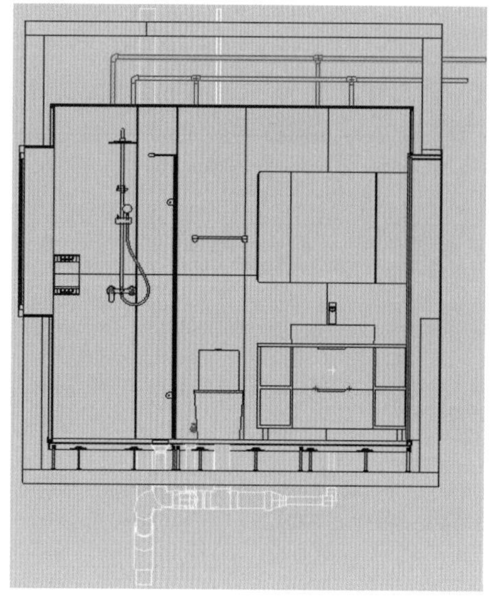

图 7-6　传统直排设计的整体浴室

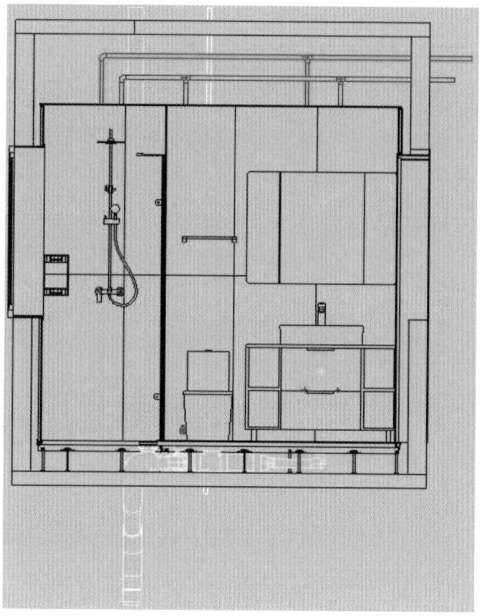

图 7-7　同层排水设计的整体浴室

7.2 SMC 整体卫生间

7.2.1　SMC 整体卫生间的组成

SMC 整体卫生间是由 SMC 一次性模压防水盘、SMC 壁板以及 SMC 顶板等组成。SMC 整体卫生间效果如图 7-8 所示。

图 7-8　SMC 整体卫生间效果图

7.2.2 SMC整体卫生间的主要技术特点

1. 材料性能优良

该整体卫生间采用不饱和聚酯树脂SMC复合材料制成，为热固性材料，由大型设备高温高压模压成型，具有耐磨、耐腐、耐老化、防火、抗压等特点。

2. 绿色低碳

表面独特的凹凸纹理等防滑设计与处理，洗浴安全；SMC复合材料，无有害物质渗漏，无毒无辐射，是环保产品。

3. 防污防霉

材料分子结构致密，吸水率仅为0.06%，表面没有微孔，不藏污纳垢。防污防霉。可采用圆角设计，无卫生死角，清洁性好。

4. 排水性能优良

防水盘表面有良好的流水性，增大水滴表面接触角，结合10‰～16‰的走水坡度设计，便于水的流动，排水性能优良。

5. 保温节能性好

导热系数（平均温度25℃）约0.081W/(m·K)，保温节能性能、隔热性能好，肤感舒适。

6. 历久弥新

表层耐磨工艺，整体浴室历久弥新。

7.2.3 SMC整体卫生间的技术性能

SMC整体卫生间主要采用SMC片料，经过一体模压制成，片料应符合表7-3要求，SMC整体卫生间的主要性能要求见表7-4。

表7-3 SMC片料指标要求

项目名称		单位	技术指标
片料	外观	—	颜色均匀、浸渍良好、无杂质、薄膜破损，平整
	单位质量	kg/m^2	4±0.3
	纤维含量	%	25±1.5
	薄膜剥离性	—	无片材混合物粘在薄膜表面
样板及产品	比重	g/cm^3	1.7～1.9
	色差	—	$\Delta E \leqslant 1.3$
	模塑收缩率	%	≤0.15
	弯曲强度	MPa	≥120

续表

项目名称		单位	技术指标
样板及产品	弯曲模量	CPa	≥8
	拉伸强度	MPa	≥40
	冲击强度（无缺口）	kJ/m^2	≥35
	巴柯硬度		≥35
	氧指数	%	≥27
	耐水煮性能	起泡、裂纹等	表面无裂纹，无鼓泡，无明显变化（80℃，100h）
		ΔE	≤1.5　（80℃，24h）

表 7-4　SMC 整体卫生间主要性能要求

项目	性能要求		试验方法
挠度（mm）	顶板、壁板≤7.0，防水盘≤3		按《整体浴室》（GB/T 13095—2021）的规定执行
巴柯尔硬度	≥35		
耐砂袋冲击	表面无变形、破损及裂纹等缺陷		
耐落球冲击	表面无裂纹等缺陷		
耐渗水性	无渗漏现象		
耐酸性	外观	无裂纹、分层等缺陷	
	巴柯尔硬度	≥30	
耐碱性	外观	无裂纹、分层等缺陷	
	巴柯尔硬度	≥30	
耐污染性	色差 ΔE≤3.5		
耐热水性 A	表面无裂纹、鼓泡或明显变色		
耐热水性 B	表面无裂纹、鼓泡或明显变色		

7.2.4　SMC 整体卫生间适用场景

SMC 材料质感温润，防摔防磕碰，表层增加耐磨工艺，耐腐、耐老化，性价比较高。配色简洁大方，适配于快捷酒店、宾馆公寓、康老项目等领域。比较典型的应用如北京青棠湾、成都吉利学院的 SMC 整体卫生间项目。

7.3　彩钢板整体卫生间

7.3.1　彩钢板整体卫生间的组成

彩钢板整体卫生间由 SMC 一次性模压底盘、彩钢板壁板以及彩钢板顶盖组成。彩钢板整体卫生间的效果如图 7-9 所示。

图 7-9 彩钢板整体卫生间效果图

7.3.2 彩钢板整体卫生间的主要特点

1. 表面观感更佳

彩钢板整体卫生间的彩钢板部品，是由钢板通过表面镀膜的处理工艺制作而成，与传统 SMC 集成卫浴部品相比，表面色彩多样、鲜艳逼真，整体外观美观，观感更佳。彩钢板部品结构如图 7-10 所示。

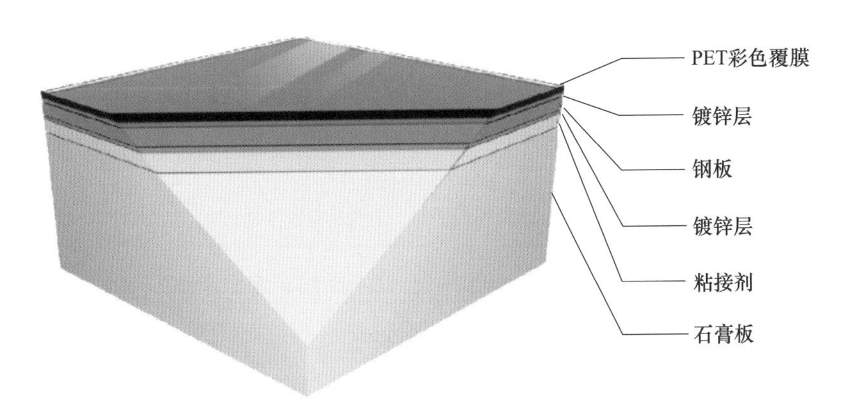

图 7-10 彩钢板部品结构示意图

2. 可满足小批量、定制化需求

采用智能化生产线，以及数控转塔冲床、自动折弯机等设备，无须固定模具，按需定制，宽度模数可在 300～1000mm 尺寸范围任意调整，满足个性化需求。另外，通过

90°以及 180°微弯钢板加工成型技术，可确保饰面层不断裂、不分层、不起泡等。通过边缘微弯增加钢板强度，延长壁板的使用寿命，同时在生产、施工过程中不易对人员造成伤害，确保安装施工及使用的安全性。彩钢板模数尺寸及横截面折弯示意如图 7-11 和图 7-12 所示。

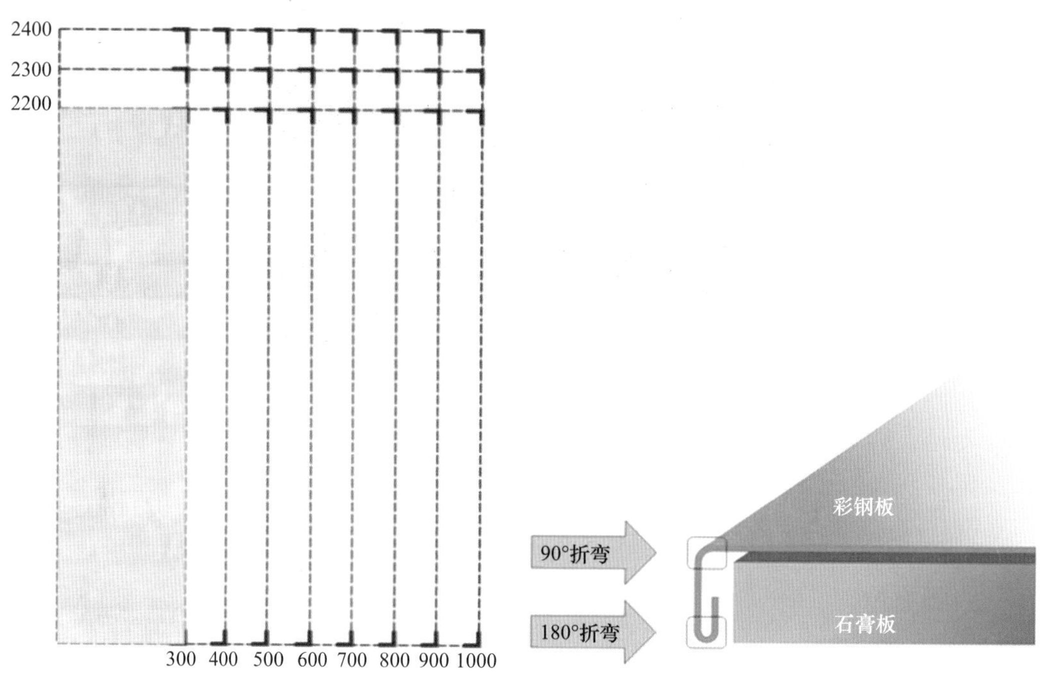

图 7-11　彩钢板模数尺寸（单位：mm）

图 7-12　彩钢板横截面折弯示意图

3. 可有效解决 SMC 集成卫浴的空洞感

VCM 集成卫浴部品采用“彩钢板＋补强板”的复合结构，可以有效解决传统 SMC 集成卫浴部品空洞感较强的问题。

7.3.3　彩钢板整体卫生间的技术性能

彩钢板整体卫生间主要由彩钢板壁板、彩钢板顶板、SMC 防水盘组成。其中，SMC 材料要求与 SMC 整体浴室相同，彩钢板的技术性能要求见表 7-5。

表 7-5　彩钢板材料的性能要求

检验项目	性能要求	试验方法
耐污染	色差 $\Delta E \leqslant 3.5$	按照《住宅用浴室设备》（JISA 4416—2005）标准要求
铅笔硬度	彩钢壁板表面划痕硬度（铅笔法）进行，用铅笔以 45°角下压，HB 铅笔测试无异常	
耐中性盐雾	≥240h，正面 10 级无起泡，背部无红锈	

续表

检验项目	性能要求	试验方法
耐酸碱	把 50mm×100mm 的试片放入浓度为 10%、20℃的盐酸中泡 5h 后洗净，试片的金属露出面及端部没有生锈或明显褪色	按照《住宅用浴室设备》(JISA 4416—2005) 要求
耐沸水	将 50mm×100mm 的试片放入 95℃以上水中，浸泡 3h，不得有油漆剥落、裂纹的现象	
附着力	在 100 个 1mm×1mm 的格子上粘贴透明胶，要求不产生剥离	
耐干热	彩钢壁板样块在 (130±10)℃的恒温室中放置 3h	
耐温水性	在 (60±2)℃的温水中浸泡 7h，取出后在常温室内放置 17h，反复 15 次表面无起泡，脱落等现象	
自熄性	10mm×150mm 的试验片，涂层朝下，倾斜 45°角，从下方以 25mm 的火焰加热 20s，移去火焰后，要立即熄灭	

彩钢板整体浴室的主要性能要求见表 7-6。

表 7-6 彩钢板整体浴室主要性能要求

项目	性能要求		试验方法
挠度	顶板、壁板≤7.0，防水盘≤3		按照《整体浴室》(GB/T 13095—2021) 的规定执行
巴柯尔硬度	≥35		
耐砂袋冲击	表面无变形、破损及裂纹等缺陷		
耐落球冲击	表面无裂纹等缺陷		
耐渗水性	无渗漏现象		
耐酸性	外观	无裂纹、分层等缺陷	
	巴柯尔硬度	≥30	
耐碱性	外观	无裂纹、分层等缺陷	
	巴柯尔硬度	≥30	
耐污染性	色差 $\Delta E \leq 3.5$		
耐热水性 A	表面无裂纹、鼓泡或明显变色		
耐热水性 B	表面无裂纹、鼓泡或明显变色		

7.3.4 彩钢板整体卫生间适用场景

彩钢板是采用覆 PET/PVC 膜钢板作为面层，利用模具将铝蜂窝及背板复合而成新型装配式板材。材料环保无污染，耐腐蚀性强，易加工成型，且花色丰富多样，可媲美木饰面及石材表面质感。

该系列整体浴室适配于精品酒店、精装地产、高端养老等领域。如深圳招商地产的高端商业项目，采用彩钢板系列整体浴室，彰显品牌住宅的高端品质。

7.4 瓷砖体系整体卫生间

7.4.1 瓷砖体系整体卫生间的组成

瓷砖类整体卫生间主要是指以瓷砖饰面为主体的卫生间，目前较为常见的包括铝蜂窝复合瓷砖体系、SMC 复合陶瓷薄板体系、PU 复合瓷砖体系等。另外，随着岩板的广泛应用，饰面也可以选用岩板材料。

1. 铝蜂窝复合瓷砖体系

铝蜂窝复合瓷砖系列整体卫生间，防水底盘是由铝蜂窝复合瓷砖面材一体化成型，壁板可采用铝蜂窝板、镀锌钢板复合瓷砖面材，顶板可采用铝蜂窝板、彩钢板、SMC 板材等。铝蜂窝板结构及防水底盘示意如图 7-13 所示。

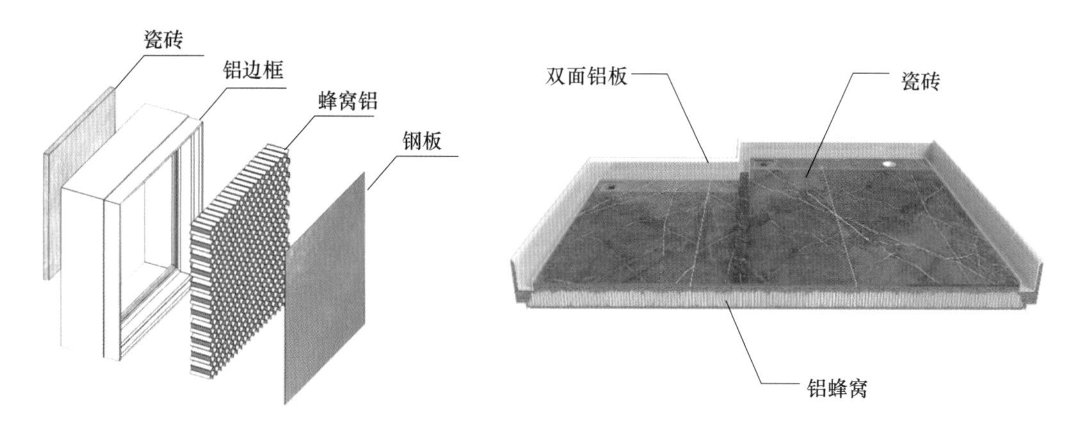

图 7-13　铝蜂窝板结构及防水底盘示意图

该体系是应用铝蜂窝结构，通过复合聚氨酯，在高温高压下聚合瓷砖制作而成的新型板材，具有质量轻、强度高，隔声隔热、防潮耐腐蚀，质感稳重、安装简易等特点。

通常情况下，50mm 的厚度，每平方米仅 30kg，承重每平方米却超过 200kg。六边形的蜂窝状密合度高，所需材料小，受力均匀，承重力强，同时柔韧性高，可满足各种个性化定制。

2. SMC 复合陶瓷薄板体系

该类型的整体卫生间是由 SMC 防水盘、“SMC 复合材料＋陶瓷薄板壁板”、彩钢板顶板组成。SMC 复合陶瓷薄板整体卫生间效果图如图 7-14 所示。

其中，防水底盘采用 SMC 一体化基板，饰面层采用陶瓷薄板铺贴，如图 7-15 所示。

图 7-14 SMC 复合陶瓷薄板整体浴室

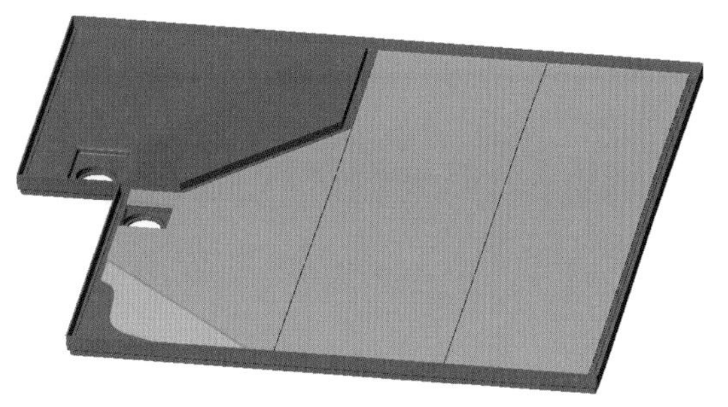

图 7-15 陶瓷薄板饰面 SMC 防水底盘结构图

3. PU 复合瓷砖体系

该体系防水底盘和壁板，主要采用高分子 PU（聚氨酯）发泡材料与瓷砖复合的工艺技术整体制作而成。具有防水性能优良、强度高、质量轻、结构稳定、防颤动、隔热和防腐蚀性能好等诸多优点。PU 复合瓷砖体系防水底盘和壁板结构示意如图 7-16 和图 7-17 所示。

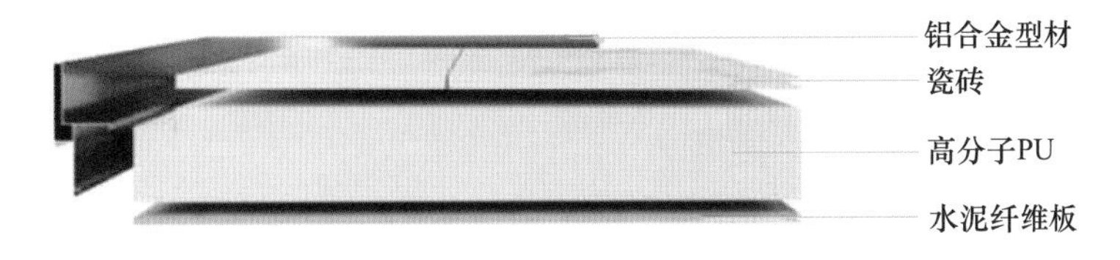

图 7-16 PU 复合瓷砖体系防水底盘结构示意图

图 7-17 PU 复合瓷砖体系壁板结构示意图

7.4.2 瓷砖体系整体卫生间的主要特点

采用先进制造工艺，所有部品部件均在工厂进行标准化、模数化生产。生产精度高，资源利用率高，可以大量节省原材料、能源、水电等资源，节能效果良好。

瓷砖是由高岭土等无机非金属材料经过研磨、成粉级配、高压成形、高温烧成等工艺制成，其理化指标与应用性能稳定，除了具有传统整体浴室的防水、防臭、不漏水等特点，更具有良好的耐候性、耐酸碱性、耐腐蚀性、耐紫外线和空气抗氧化性等，且耐踩磨、耐刮划，不老化、无辐射，表面易清洁，具有良好的使用性。

产品表面通过对素材进行高清晰度扫描及原图编辑设计，运用高精度喷墨打印和高温色釉技术，可将天然原木、石材等饰面效果还原于陶瓷薄板饰面上，表面色彩光泽良好、肌理纹路和质地质感真实自然，具有良好的装饰效果。

7.4.3 瓷砖体系整体卫生间主要技术性能

瓷砖材料的主要性能要求见表 7-7。

表 7-7 瓷砖材料性能要求

序号	项目	要求
1	吸水率	≤0.05
2	耐污染性能	≤2 级
3	耐化学腐蚀性能	试验后无明显损伤
4	莫氏硬度	≥5 级
5	线膨胀系数	$\leq 4\times10^{-5}$
6	湿膨胀系数	≤0.5mm/m
7	氧指数	≥35
8	耐划痕性能	试验后无明显划痕
9	耐人工气候老化性能	试验后无破坏，变色≤2 级
10	耐磨性能	$\leq 3.5\times10^{-3}g/cm^2$
11	尺寸稳定性	≤0.06mm
12	耐高温性能	试验后无破坏、无明显变色
13	防滑性能	静摩擦力≥0.5
14	压缩强度	≥150MPa
15	弯曲强度	≥35MPa
16	抗落球冲击性能	≥3.5J
17	抗冻融性能	试验后无破坏，弯曲强度≥30MPa
18	剪切强度	≥15MPa
19	弹性模量	≥35GPa
20	泊松比	≥0.15

瓷砖饰面整体卫生间基本性能要求见表 7-8。

表 7-8 瓷砖饰面整体浴室性能要求

序号	测试项目	测试基准
1	外观	表面洁净，纹路一致，无色差，无裂纹，无污染等现象；边角处2mm×5mm（宽×长）限度范围崩边缺角允许
2	长度尺寸	长度偏差：(0，2) mm
3	宽度尺寸	宽度偏差：(−0.5，0) mm
4	厚度尺寸	厚度偏差：(1，0.5) mm
5	缝隙尺寸	2mm±0.5mm
6	表面平整度尺寸	表面平整度偏差：每米长度不大于 1mm
7	连接部位密封性	满足《整体浴室》(GB/T 13095—2021) 要求
8	耐冲击性测试	满足《整体浴室》(GB/T 13095—2021) 要求
9	挠度	满足《整体浴室》(GB/T 13095—2021) 要求，壁板挠度≤7mm
10	卫浴五金承重能力	满足《卫生间附属配件》(QB/T 1560—2017) 要求
11	镜柜挂装承重能力	满足《卫浴家具》(GB 24977—2010) 要求

7.4.4 适用场景及选用建议

瓷砖体系是由陶瓷面板作为饰面层，金属型材作为框架，复合背板而成的新型装配式瓷砖饰面复合板材，质感丰富。材料保留了陶瓷的真实肌理，且可实现个性化定制，适配于中高端地产、中高档酒店项目。

如杭州龙湖紫荆港商业公寓，其整体卫生间采用复合陶瓷薄板为墙板材料，彩钢板为顶盖，“SMC＋陶瓷薄板”为底盘，整体提升浴室质感，且装配快捷，有效缩短工期，大大节约了劳动成本。

7.5 装配式整体卫生间的施工流程

装配式整体卫生间的施工安装，根据项目需求和产品结构不同，可分为整体吊装和现场装配。整体吊装相对简单，直接吊装到安装位置固定即可。采用现场装配的施工方式，各技术体系略有不同，基本的安装流程如图 7-18 所示。

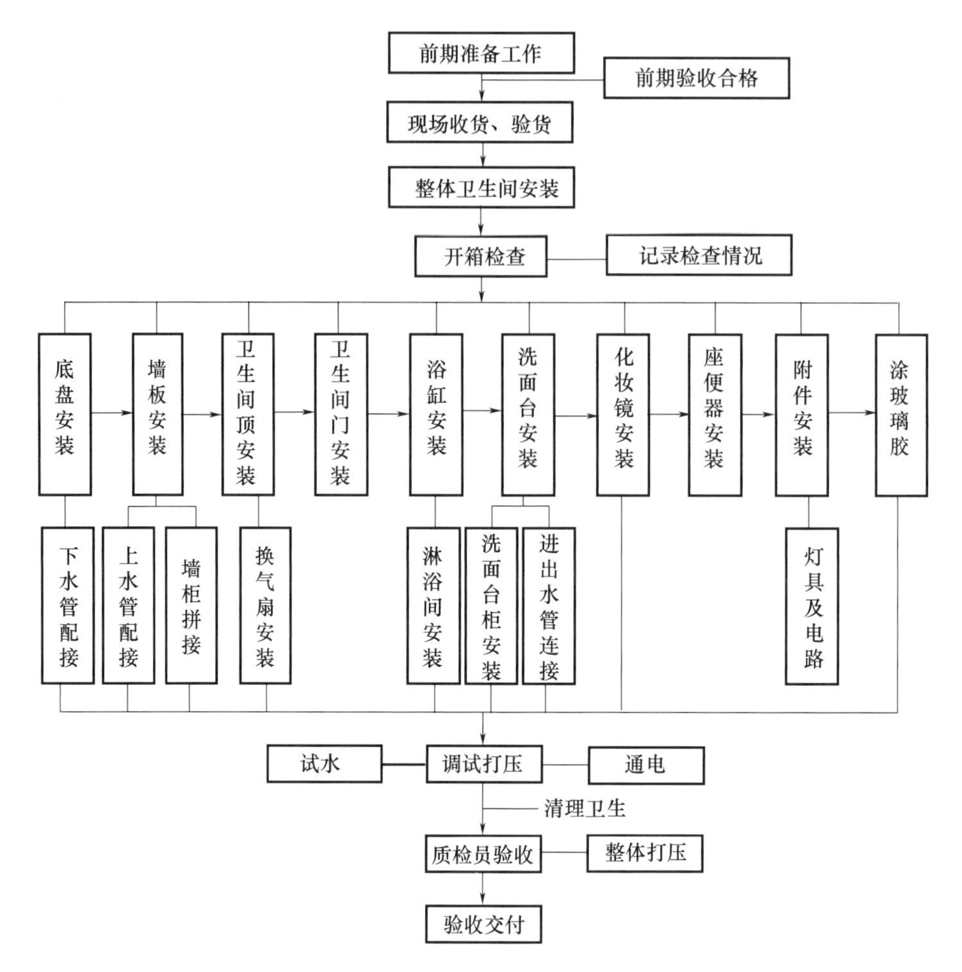

图 7-18　整体卫生间施工安装流程

第8章 装配式装修典型项目案例

8.1 长江都市智慧总部办公楼装配式装修项目

8.1.1 项目概况

长江都市智慧总部办公楼紧邻南京市地铁3号线卡子门站，为南京长江都市建筑设计股份有限公司自用办公楼，大楼总建筑面积约2.45万平方米，地上16层，建筑高度69m。主要功能为办公、会议、健身、餐厅等功能，是一座低碳建造、智慧运营的现代办公建筑，更是长江都市探索绿色健康办公空间、建筑可持续运营管理的实践平台。该项目鸟瞰实景、办公楼标准层平面如图8-1和图8-2所示。

图8-1 南京长江都市智慧总部鸟瞰实景

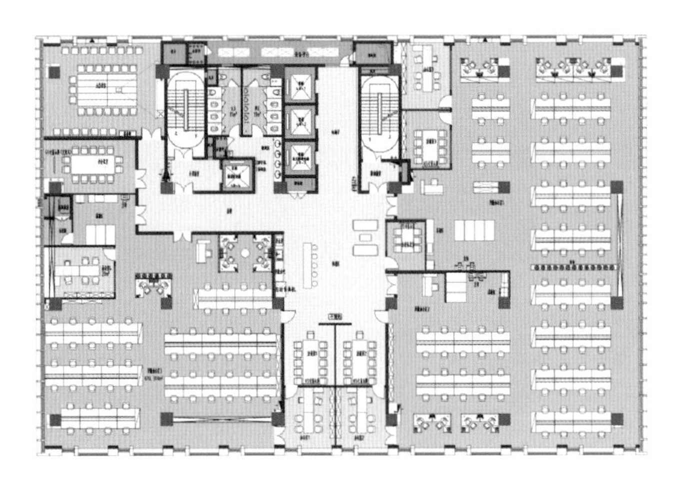

图 8-2　办公楼标准层平面图

8.1.2　项目设计理念

项目围绕绿色健康、智慧创新的设计理念，以装配化装修为主要技术手段，规避不必要的技术间歇、缩短装修工期；采用工业化内装部品，如轻钢龙骨轻质隔墙、装配化架空地板、装配化快装墙板、装配化吊顶等实现管线与主体结构分离，保护建筑主体的同时也有利于日后的翻新维护。以绿色设计、绿色选材技术策略实现可持续性的绿色健康建筑体系，达到《健康建筑评价标准》（T/ASC 02—2021）健康三星级标准。项目突出健康、舒适、人文的特性，打造可感知、可调节、可成长且易维护、可更换的新一代办公建筑，是江苏省首次规模化应用装配化装修的现代办公建筑。

8.1.3　SI 建筑体系技术设计

1. “适应生长”可变的空间

1）优化结构形式，采用“框架结构＋屈曲支撑结构体系”

项目结合公司实际需求，对原有建筑平面进行优化调整，将原有框架核心筒结构形式改为“框架结构＋屈曲支撑结构体系”。大幅减少不可拆卸墙体，增加轻质隔墙对办公空间分隔，满足将来根据不同需求改变办公平面的可变性，从而提高了建筑的适应性和灵活性。平面利用率提高 5.3%，同时使用非砌筑内隔墙能够大幅减少约 125t 钢筋用量，混凝土用量减少约 1177m^3，减少 1162t 碳排放，如图 8-3 所示。

2）可变平面设计，采用轻质隔墙体系

智慧总部办公楼按照“少规格、多组合”的原则，对原有建筑平面进行优化调整，减少不可拆卸墙体，增加轻质隔墙对办公空间分隔，满足将来根据不同需求改变办公平面的可变性，从而提高了建筑的适应性和灵活性。同时，办公楼由于不断变化的团队协作方式，成长期企业凝聚高效工作力，宜满足不同时期不同形式的个性化、生长性及复用性需求。通过不同需求和意愿变换空间功能和空间尺寸大小，使空间的主动性、灵活性更强。办公楼轻质隔墙应用范围，会议模式和培训模式如图 8-4 和图 8-5 所示。

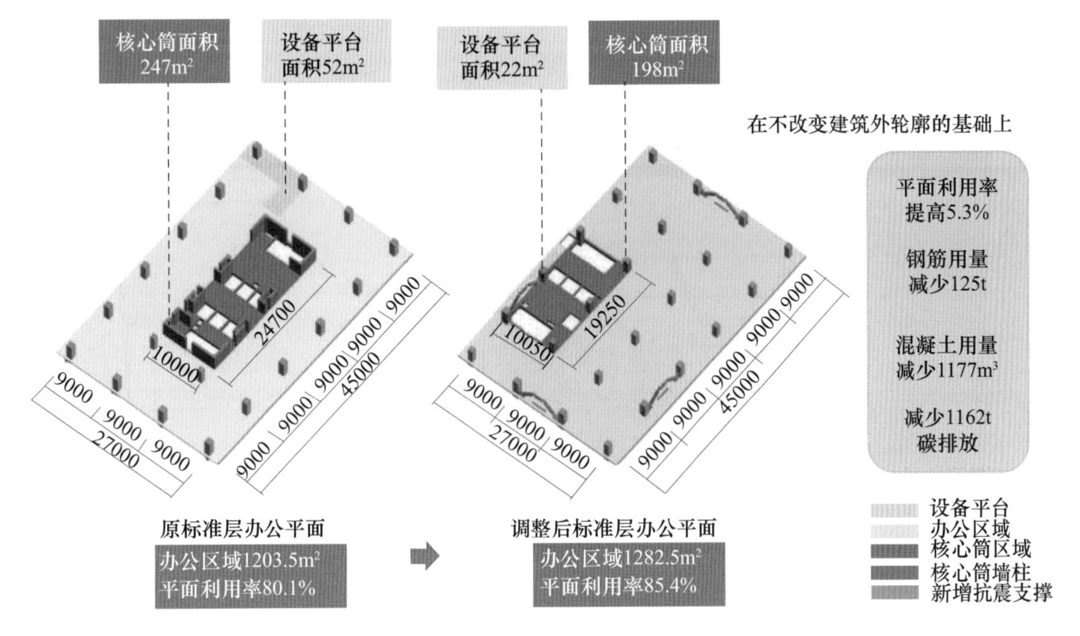

图 8-3　办公楼结构优化（长度单位：mm）

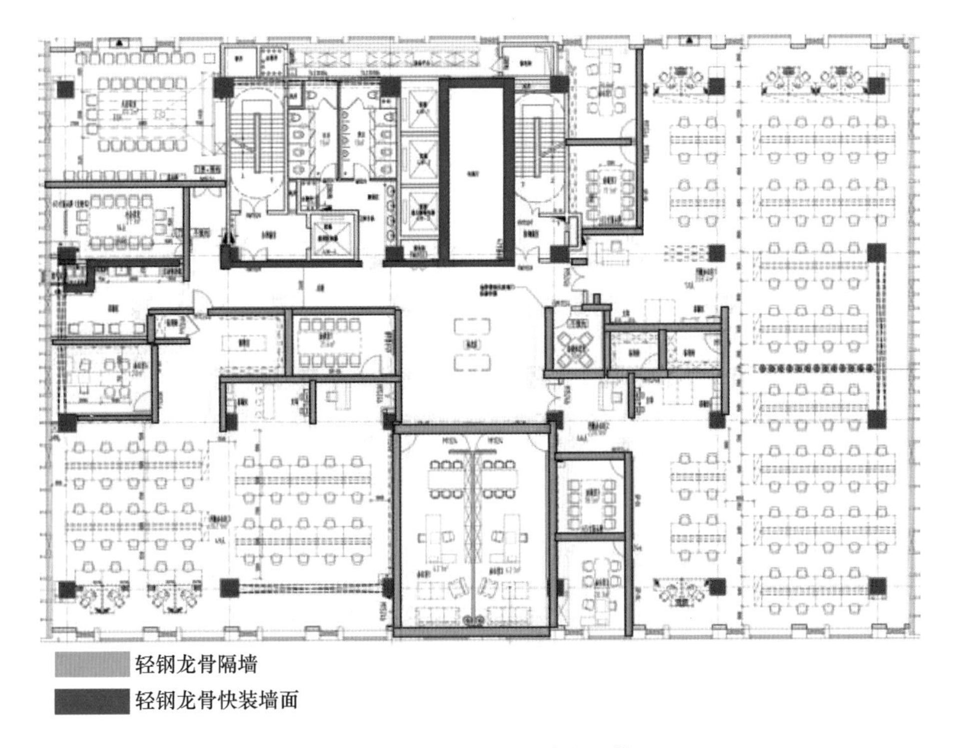

图 8-4　办公楼轻质隔墙应用范围

图 8-5　会议模式和培训模式

2. 可维护、可更换技术体系

办公楼选择经济、可变、易维护的“装配整体式框架结构＋轻质隔墙＋架空楼地面＋集成吊顶＋硅酸钙”体系。空调、排风、排污等管道敷设在装配化楼地面架空层和吊顶空间内，给水、电气管线敷设在轻质隔墙、地面架空层、集成吊顶空腔内。预制部品、部件结合室内使用功能和内装要求进行管线、孔洞预留及安装加固措施，实现管线与建筑支撑体分离，管线维修更换不破坏主体结构，使空间可变、易维护，如图 8-6 和图 8-7 所示。例如，办公楼智能化布线通过地面架空空腔进行敷设，提升设备灵活度，以适应后期改造装修中的多变动性，使得空间组织更为灵活，维护检修便捷。

图 8-6　办公楼轻质隔墙空腔敷设技术

图 8-7 办公楼架空地面空腔敷设技术

3. 无砌筑、无抹灰工艺

本项目采用硅酸钙体系自饰面复合墙板，采用自攻螺钉、卡钩连接，接缝处采用收边条拼接、锁扣等物理连接方式实现无抹灰，地面通过专用支撑模块及扣件方式实现可靠支撑和连接找平，代替自流平，实现无抹灰的干法施工，如图 8-8～图 8-10 所示。

图 8-8 成品饰面板物理连接

图 8-9 办公楼自饰面复合墙板干法施工

图 8-10　办公楼地面干法施工

8.1.4　标准化、模块化设计

1. 标准功能模块设计

办公建筑的功能固定，空间形态序列统一，个性化要求不突出。按照工业化产品设计方法，进行模数化、标准化、模块化设计，将功能空间分成各个功能模块体系。办公建筑的功能模块应注重布局灵活，组合可变，通过高效合理的模块标准化排布以及灵活的空间模块和家具组合实现多样性。

项目的标准化模块包含开敞办公模块、会议模块、独立办公模块、服务模块等。其中大中小型会议、组合会议、视频会议等不同等级的会议室及会议系统灵活组合、形式多样，同时，家具选型及强电设计满足不同场景模式需求，如图 8-11～图 8-13 所示。

图 8-11　形式多样办公模块

图 8-12 灵活的群组

图 8-13 办公楼会议室装配化装修实景

2. 部品部件标准化设计选型

办公楼装修设计总面积约 24509.1m²，大楼约 80%新建墙体采用轻钢龙骨隔墙以及装配化墙板饰面，会议室装配化墙板达 100%装配化率。吊顶采用矿棉吸声板、铝扣板等，地面采用约 75%的架空楼地面体系，标准化部品部件的应用提高了施工效率。装配式装修技术及方案应用见表 8-1 和表 8-2。

表 8-1 装配化装修技术应用表

技术配置选项		实施情况	装配化装修面积	装配化率
工业化生产及通用部品	装配化内隔墙	√	约 7680m²	约占内隔墙 80%
	架空楼地面	√	约 15860m²	约占装修地面 75%
	集成吊顶	√	约 2610m²	约占总吊顶（不包含裸顶）70%
	集成内门窗	√	约 105.41m²	采用 100%集成内门窗
	其他工业化部品部件	√	—	—
技术	一体化设计	√	—	—
	管线分离	√	—	—
	干法施工	√	—	—

表 8-2　办公楼装配式装修整体解决方案

分类	技术系统		技术配置	应用空间
办公楼装配式化装修整体解决方案	装配化内隔墙	轻质隔墙	“轻钢龙骨双层石膏板隔墙＋自饰面墙板”	高管（高层）办公室；会议室；会所
			成品隔断；玻璃隔断	会议室（局部）
		快装墙面	“调平龙骨＋自饰面墙板”	原建筑内墙体（除核心筒外）
			干挂墙板	大堂公共区
	装配化吊顶	裸顶	—	开敞办公区（局部装饰穿孔板、格栅、木塑复合等装饰板）
		集成吊顶	矿棉板、硅钙板（穿孔吸声）	办公室、会议室
	装配化楼地面	架空楼地面	标准架空模块、“多基层架空模块＋SPC、PVC、地毯、木地板”等	开敞办公区、高管（高层）办公室、独立办公室、会议室、走道、会所
		预制地面	预制水磨石	大堂公共区

3. 管线与设备集成模块

项目采用轻钢龙骨体系，通过 38 调平龙骨、钉型塑料调平胀塞等架空材料形成结构面层与装饰面层双层贴面墙，通过轻钢龙骨规格尺寸对墙面厚度进行控制，预留50～75mm 墙体空腔。同时选用了 PVC 调整脚和硅酸钙架空模块形成空腔。因此，墙面、吊顶及地面系统实现了管线与主体的分离，在其空腔敷设电气管线、开关、插座、面板等电气元件，采用快插接头，满足设备端口接入的无限拓展，快速安装。管线与设备集成模块如图 8-14 所示。

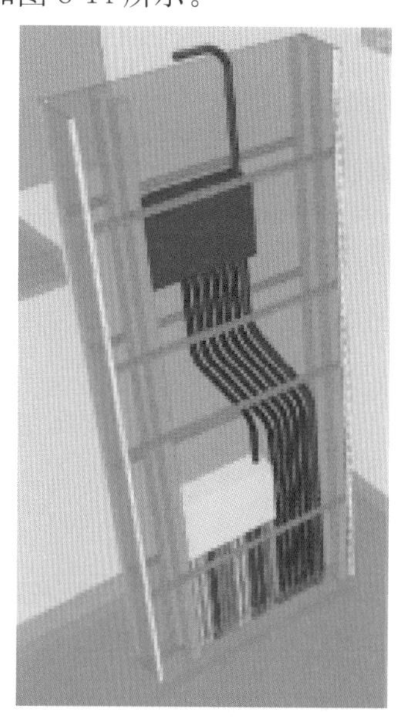

图 8-14　管线与设备集成模块

8.1.5 高效技术集成体系设计

1. 装配化装修关键技术设计

1）“双层石膏板轻质隔墙＋硅酸钙体系＋成品隔断”

项目采用经济、可变、易维护的“轻质隔墙＋硅酸钙体系”成品隔断。轻钢龙骨隔墙敷设管线满填岩棉后增加一层纸面石膏板，增加强度同时有效提高会议室隔声性能。轻钢龙骨内部做局部基层板加固便于安装电视及电子屏幕等。办公区等墙面多采用玻璃隔断、解决自然采光差，空间压抑。同时，不同会议模块采用不同饰面材料。轻质隔墙施工现场及轻质隔墙双层石膏板隔声做法示意如图 8-15 和图 8-16 所示。

图 8-15　长江都市办公楼轻质隔墙施工现场

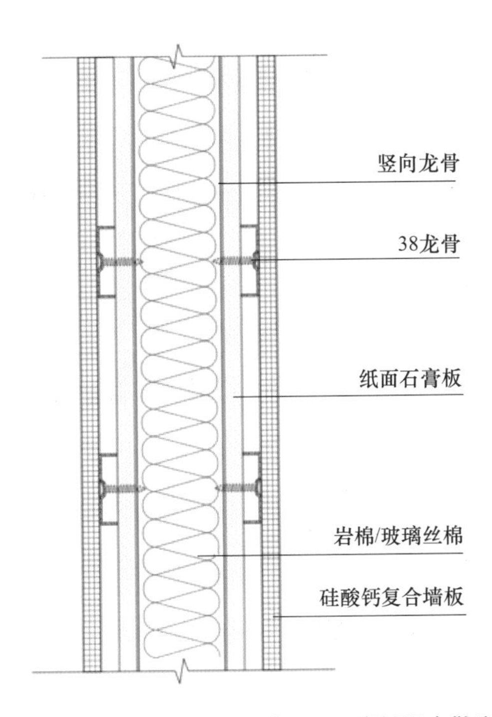

图 8-16　长江都市办公楼轻质隔墙双层石膏板隔声做法示意图

2）硅酸钙体系架空楼地面＋双层基层

项目采用硅酸钙架空模块、地面调整脚、饰面复合地板和各类连接部件构成。公共区域（会议室）采用双层硅酸钙基层，实现楼板缓冲减振，提升楼层隔声性能。在不同功能区域采用不同的地面面层材料，饰面丰富，安装快捷。会议室、公区采用耐磨的PVC地胶，办公区采用SPC地板，高层办公会议室采用仿木地板或地毯，如图8-17～图8-19所示。

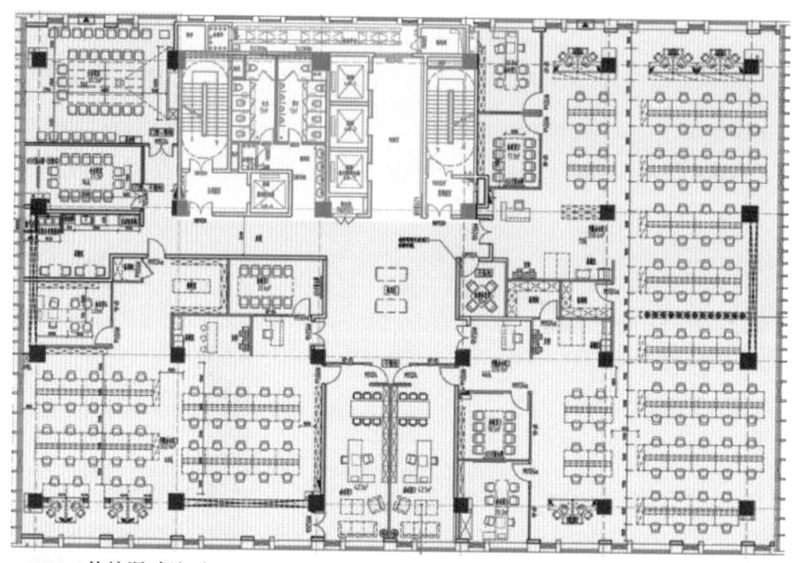

图8-17　长江都市办公楼标准层装配化内隔墙平面分布图

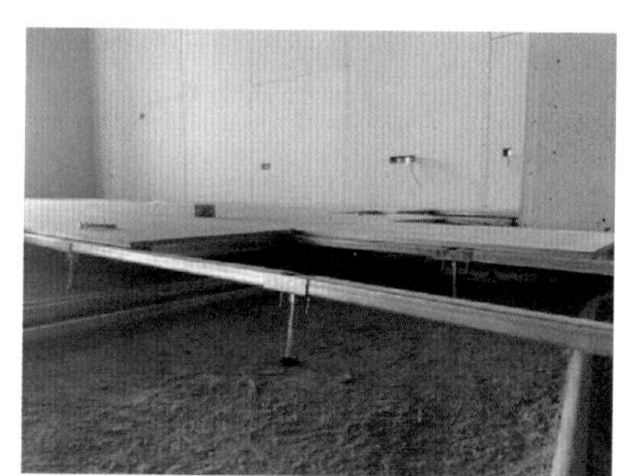

图8-18　长江都市办公楼装配化楼地面安装现场照片

办公区:
SPC地板

会议室:仿地毯
纹地胶(块材)

公区:浅灰色
地胶(卷材)

高层办公室:浅色
木纹地板

接待室:
阻燃地毯

图 8-19 长江都市办公楼装配化楼地面面层兼容多样

3)“裸顶+集成吊顶”相结合

办公楼通过开敞办公区采用全裸顶，小型办公、会议室采用装配化吊顶，实现干法施工，快捷安装。小型会议室均采用硅酸钙吊顶（穿孔吸声），配合专用龙骨、线管、接口、灯具、吊扇、智能照明等设备设施等集成设计，实现搭接自动调平，免吊挂易安装，如图 8-20 所示。

图 8-20 办公区吊顶现场照片

2. 装修一体化设计

办公楼装修大规模采用装配化装修一体化技术，研发双层石膏板隔声轻质隔墙，实现保温、隔声一体化，提升办公环境品质。建立了架空地面、集成吊顶的一体化设计方法。通过干法施工、快速安装，实现了工厂化生产、现场一次性安装到位、减少施工现场湿作业的效果。办公一体化设计主要涉及：空调设备的风管、水管、喷淋管等设备系统与吊顶、架空地面一体化设计。强弱电的线槽、插座点位等与墙面一体化设计。整体收纳与墙体一体化设计等。通过装修一体化集成设计，减少现场问题，提高施工精度。

3. 装修精细化设计

长江都市智慧总部大楼，以绿色、健康发展理念为指引，着力打造健康活力、高效便捷的办公空间，大楼按照健康建筑三星级标准打造，独立新风系统经多重过滤送至室内，$PM_{2.5}$过滤效率达到90%以上；办公区空气质量传感器实时监测空气质量和环境温湿度，联动新风和空调系统，为员工创造健康、舒适的办公环境；大楼提供直饮水，并设置水质监测系统，保证员工饮水健康。

项目顺应“双碳”发展需求，充分考虑资源综合利用和生态节能，积极使用复合材料，真正做到“无天然石材、无原木木材”的绿色节能环保型办公建筑装修。卫生间采用1级节水卫生洁具；楼梯间采用感应灯具控制，公共空间采用智能控制；办公区设计电扇，与空调穿插使用等方式达到节水、节电、节能。同时办公楼采用装配化装修，减少湿法作业，降低室内施工时产生的二次污染。使用高分子无机材料，减少油漆、胶粘剂材料等的使用。设计考虑新风净化系统、直饮水楼宇全覆盖。同时在部分空间内增加垂直绿化等，增加绿色空间的多样化设计，如图8-21～图8-23所示。

图8-21　顶面电扇改善通风环境图

图8-22　办公区照明分回路分空间控制

图 8-23 垂直绿化应用效果图

同时办公空间设置员工休息区、茶歇区、健身房、瑜伽舞蹈室、休息室、淋浴间、睡眠舱、母婴室、多功能运动空间等复合空间体现人文设计，有益员工身心健康。

8.1.6 基于 BIM 技术的专业协同设计

项目采用设计施工全过程一体化数字化 BIM 协同，在设计过程中，全专业全过程的配合与落实紧密，同时通过 BIM 信息化协同设计减少管线碰撞等问题。项目通过预制部件工厂批量定制加工生产，现场安装，交叉作业方便有序，缩短工期，提质增效，如图 8-24 和图 8-25 所示。

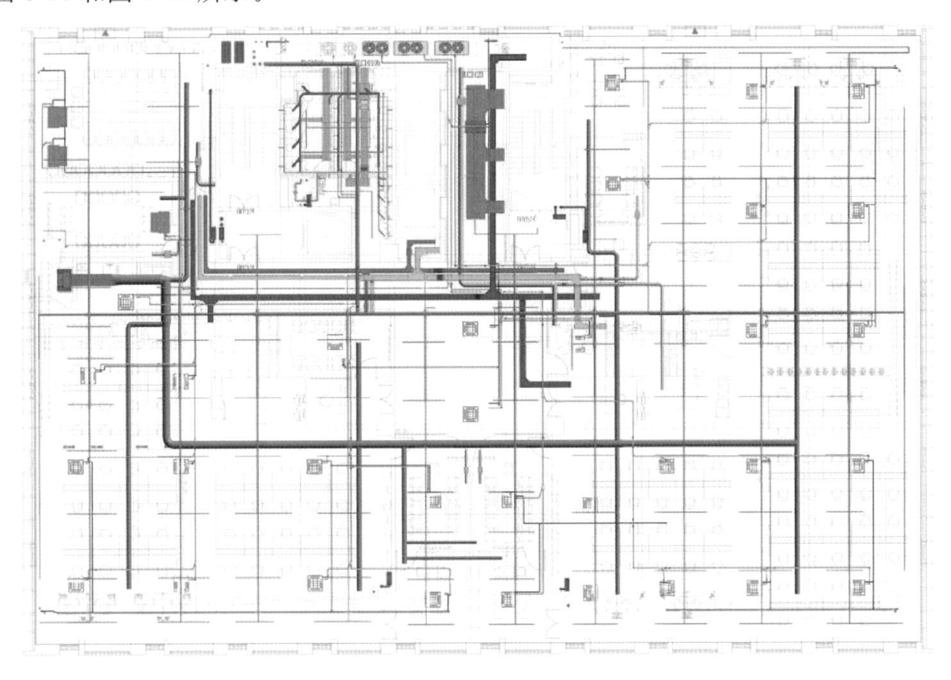

图 8-24 办公楼标准层管线综合平面图

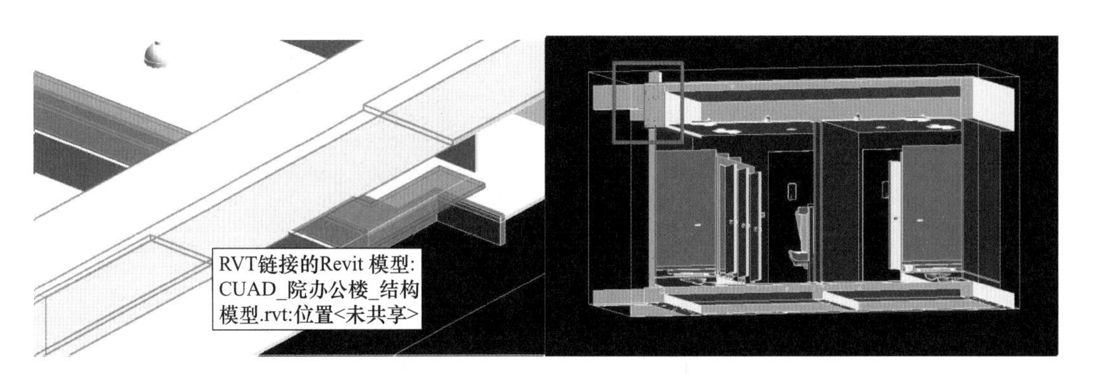

图 8-25 办公楼 BIM 管线碰撞问题

8.1.7 效益分析

1. 社会效益分析

本项目探索以企业为主体、以市场为导向、产学研相结合的模式，形成“研究开发—工程化研究—典型工程示范—产业化”绿色产业链，项目通过系统化全面采用装配化装修技术本项目，以总部大楼为载体，基于数字科技的智慧建筑运营，积极探索绿色低碳、环境友好的建造方式将长江都市总部大楼打造为一座“绿色低碳智慧建筑创新示范基地”，为既有建筑装配化装修改造工程的建设起到了较好的示范和指导作用。

2. 环境效益分析

项目结合公司实际需求，对原有建筑平面进行优化调整，将原有框架核心筒结构形式改为“框架结构＋屈曲支撑结构”体系，大幅减少不可拆卸墙体，增加轻质隔墙对办公空间分隔，满足将来根据不同需求改变办公平面的可变性，从而提高了建筑的适应性和灵活性。平面利用率提高 5.3%，钢筋用量减少 125t，混凝土用量减少 1177m^3，减少 1162t 碳排放。

项目采用干式工法，充分考虑资源综合利用和生态节能，积极使用复合材料，节省了超过 1400m^3 的水泥砂浆，相当于减少 2096t 二氧化碳排放，真正做到“无天然石材、无原木木材”的绿色节能环保型办公建筑装修。

3. 经济效益分析

本项目以 SI 系统、新型工业化部品的装配化装修方式，通过与土建协同化、一体化设计，使得穿插施工快 25%，整体项目快 50%，工期缩短了 50%～70%，且通过优化组织管理，大大降低了用工量，降低了工人的劳动强度，实现使项目达到绿色、节能、降本、增效的目的，取得了良好的经济效益。

8.2 北京融创树村棚户区改造装配式装修项目

8.2.1 项目概况

北京融创树村棚户区改造项目位于北京市海淀区海淀镇，项目北临农大南路，南至衔坊路，西临树村路，东临树村东一路；本工程共 22 个单体，主楼地上 6 层，地下 3 层，车库地下 2 层，总建筑面积为 17.4 万平方米。该项目全面实施绿建三星标准，实施超低能耗建筑面积达到总面积的比例为 100%，实施健康建筑面积达到总面积的比例为 100%，全国首批高标准商品住宅建设项目。

海淀树村高标准住宅项目，位于北京市海淀区核心板块，全面实施三星级绿色建筑、健康建筑，超低能耗建筑，在高端商品房项目中首次采用装配式全装修的。在保证建筑安全耐久、资源节约、低碳环保的同时，助力住宅居住产品迭代升级，打造更生态、更健康、舒适宜居的居住空间。

8.2.2 项目实施内容及评价标准

项目落实北京市高品质住宅项目建设管理要求，实行《装配式建筑评价标准》(GB/T 51129—2017)、《绿色建筑评价标准》(GB/T 50378—2019)、《健康建筑评价标准》(T/ASC 02—2016) 等标准。在装配式建筑一项中，实现了装配率不小于 91%，较高的装配率使主体结构和装配式装修应用占比方面实现了较大的突破。高标准商品住宅建设方案评审内容和评分标准见表 8-3。

表 8-3 高标准商品住宅建设方案评审内容和评分标准

<table>
<tr><th rowspan="8">第一部分：建筑品质（总分 100 分）</th><th>评审项目</th><th colspan="2">标准</th><th>分值</th><th>备注</th></tr>
<tr><td>绿色建筑（总分 18 分）</td><td colspan="2">全面实施三星级绿色建筑</td><td>18 分</td><td>—</td></tr>
<tr><td rowspan="3">装配式建筑（总分 20 分）</td><td rowspan="2">装配率（13 分）</td><td>76%≤装配率≤90%</td><td>8 分</td><td rowspan="2">—</td></tr>
<tr><td>装配率≥91%</td><td>13 分</td></tr>
<tr><td colspan="2">全面实施装配式装修（7 分）</td><td>7 分</td><td>—</td></tr>
<tr><td rowspan="2">超低能耗建筑（总分 20 分）</td><td colspan="2">项目实施超低能耗建筑面积达到总面积的 30%，且超低能耗面积不低于 5 万平方米</td><td>15 分</td><td rowspan="2">总面积按地上控制规模面积计算；实施比例 30%～50%时，采用插值法计算得分</td></tr>
<tr><td colspan="2">项目实施超低能耗建筑面积达到总面积的 50%，且超低能耗面积不低于 10 万平方米或总面积低于 5 万平方米时，全部实施超低能耗建筑</td><td>20 分</td></tr>
</table>

续表

<table>
<tr><th></th><th>评审项目</th><th colspan="2">标准</th><th>分值</th><th>备注</th></tr>
<tr><td rowspan="11">第一部分：
建筑品质
（总分 100 分）</td><td>健康建筑
（总分 6 分）</td><td colspan="2">项目实施健康建筑面积达到总面积的 30%，且不低于 5 万平方米；或总面积低于 5 万平方米时，全部实施健康建筑</td><td>6 分</td><td>—</td></tr>
<tr><td rowspan="6">宜居技术应用
（总分 16 分）</td><td rowspan="2">绿色建材应用
（6 分）</td><td>采用通过三星级绿色建材认证的预拌混凝土、预拌砂浆、保温材料、建筑门窗、防水卷材、防水涂料（每选用 1 类且 100%使用得 1 分，满分 4 分）</td><td>4 分</td><td>—</td></tr>
<tr><td>住宅小区内道路、园林绿化等公共设施项目建设所用路面砖、植草砖、道路无机料、路缘石等 100%使用建筑垃圾再生产品</td><td>2 分</td><td>—</td></tr>
<tr><td colspan="2">外墙保温工程、防水工程承诺质量保修期限不少于 15 年，屋面保温工程、建筑门窗承诺质量保修期限不少于 8 年</td><td>3 分</td><td>—</td></tr>
<tr><td colspan="2">至少 1 栋采用减振/(隔振）技术</td><td>3 分</td><td>—</td></tr>
<tr><td colspan="2">可变空间设计</td><td>2 分</td><td>—</td></tr>
<tr><td colspan="2">智能家居应用</td><td>2 分</td><td>—</td></tr>
<tr><td rowspan="4">管理模式
（总分 20 分）</td><td colspan="2">采用工程总承包模式</td><td>5 分</td><td>—</td></tr>
<tr><td colspan="2">采取建筑师负责制</td><td>5 分</td><td>—</td></tr>
<tr><td colspan="2">投保绿色建筑性能责任保险，引入风险防控机制</td><td>5 分</td><td>—</td></tr>
<tr><td colspan="2">全生命期（规划、勘察、设计、施工、运维）应用 BIM 技术</td><td>5 分</td><td>设计、施工、运维阶段应用 BIM 技术得 4 分</td></tr>
</table>

以北京市《装配式建筑评价标准》（DB11/T 1831—2021）为评分机制，见表 8-4，在“装修和设备管线”得分项上，保证 80%左右的得分率。除了公共区域的装修配比，还保证居室墙、地的全装配，以及厨房、卫生间等独立产品空间的覆盖，如图 8-26 所示。

装配式装修采用装饰面层、基材、功能模块及配构件构成，通过标准化工厂生产加工，现场组装、干法施工，实现良好的节能、节材效益，真正达到高品质建造，联合创新技术达成工业化建筑实施目的。成果体系以自身核心数据体系支撑的优势，创建新型、颠覆型的应用逻辑及场景，更符合新时代下对空间灵活、多变的需求；研发技术成果可指导或应用于其他项目中，促进建设有据可依。建设成果推动其他项目建设的工业化进程及发展。

图 8-26　装配式覆盖居室空间

表 8-4　装配式建筑评价评分标准

评价项			评价要求	评价分值	最低分值
主体结构 Q1 （45 分）	柱、支撑、承重墙、延性墙板等竖向构件		35%≤比例≤80%	20～30*	15
	梁、楼板、屋面板、楼梯、阳台、空调板等构件		70%≤比例≤80%	10～15*	
围护墙和 内隔墙 Q2 （20 分）	围护墙非砌筑非现浇		比例≥60%	5	10
	围护墙与保温、装饰一体化		50%≤比例≤80%	2～5*	
	内隔墙非砌筑		比例≥60%	5	
	内隔墙与管线、装修一体化		50%≤比例≤80%	2～5*	
装修和 设备管线 Q3 （35 分）	全装修		—	5	5
	公共区域装修采用干式工法	公共建筑	比例≥70%	3	6
		居住建筑	比例≥60%		
	干式工法楼面、地面		70%≤比例≤90%	3～6*	
	集成厨房		70%≤比例≤90%	3～6*	
	集成卫生间		70%≤比例≤90%	3～6*	
	管线分离	电气管线	60%≤比例≤80%	2～5*	
		给（排）水管线	60%≤比例≤80%	1～2*	
		供暖管线	70%≤比例≤100%	1～2*	

续表

评价项		评价要求	评价分值	最低分值
加分项 Q5 （6 分）	信息化技术应用	设计、生产、 施工全过程应用	3	—
	绿色建筑评价星级等级	二星级	2	—
		三星级	3	—

注：表中带“＊”项的分值采用“内插法”计算，计算结果取小数点后 1 位。

8.2.3 技术体系及部品系统应用

1. 装配式隔墙及墙面技术体系

户型内非承重隔墙，主要采用轻钢龙骨隔墙体系，依据墙体的使用功能及建筑预留条件需求不同，分为单层龙骨隔墙和双层龙骨隔墙。具体做法为：首先，搭建 75 轻钢龙骨框架结构，内部填充防火隔音岩棉；然后，依据深化图纸要求，安装管线于轻钢龙骨结构空腔中；其次，在石膏板上依据点位进行开孔，并将石膏板固定于轻钢龙骨墙外侧，保证岩棉的密封性，提高使用寿命；再次，安装挂装横龙骨于石膏板上，使用调平螺栓进行局部调整，保证墙板安装平整；最后，墙板采用背挂或者侧挂件一次固定于横龙骨上。轻钢龙骨隔墙挂墙板示意如图 8-27 所示。

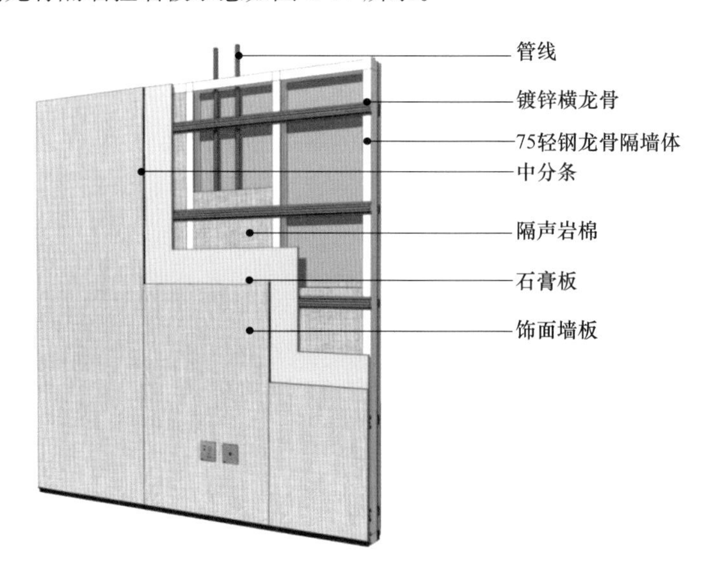

图 8-27 轻钢龙骨隔墙挂墙板示意图

最终验收可依据《居住建筑室内装配式装修工程技术规程》（DB11/T 1553—2018）进行平整度验收。其他验收需要参考国家防火、隔声等标准要求。

装配式墙板采用横向龙骨和连接件的搭配使用实现墙板挂装。横向龙骨通过调平连接件固定于隔墙上，调平件通过物理调平，保证墙面平整度，墙板通过侧挂的方式进行拼装，并固定于横向龙骨上，板与板之间可使用各类安装构件，实现灯光、密拼、装饰拼缝等效果，满足不同的设计需求。基层板材可采用无机板材和高分子板材两种，其中无机板材隔声、强度、耐久性更好，高分子板材在现场裁切灵活度上更好。饰面层则可以选择膜系列（包括 PVC 膜、PET 膜、CPL 膜等）、真实面料系列（壁布、皮革等）、瓷砖和石材等材料，可实现的饰面效果较为丰富，造型美观。各类连接构件示意如图 8-28所示。

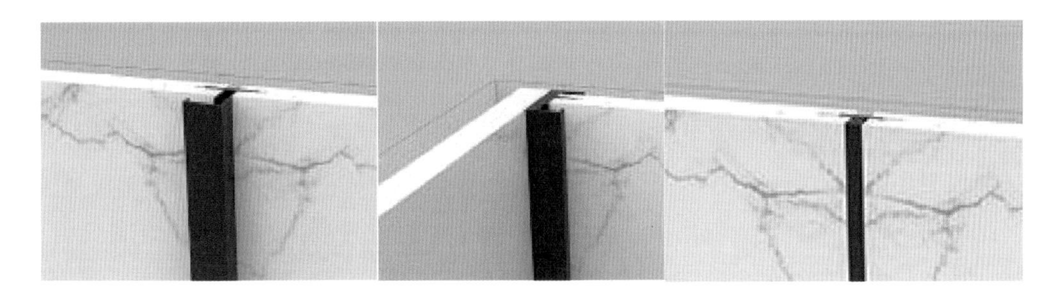

图 8-28　各类连接构件示意图

2. 架空地面技术体系

装配式架空地面从采暖方式上可分为采暖式和非采暖式架空地面，主要由支撑调节层、受力结构层、采暖模块层和饰面层组成。地面支脚依据基层板上的标准间距开孔进行安装，支撑于建筑楼地面上并进行调平；架空层内可敷设水电管线，并在调平后的支脚上固定基层板，基层板常规采用强度较高的无机板，再在基层板上敷设地暖模块，地暖模块上铺设平衡层，起到找平和保护地暖层的作用，最后敷设粘接层和面层。架空地面节点、模型示意如图 8-29 所示。

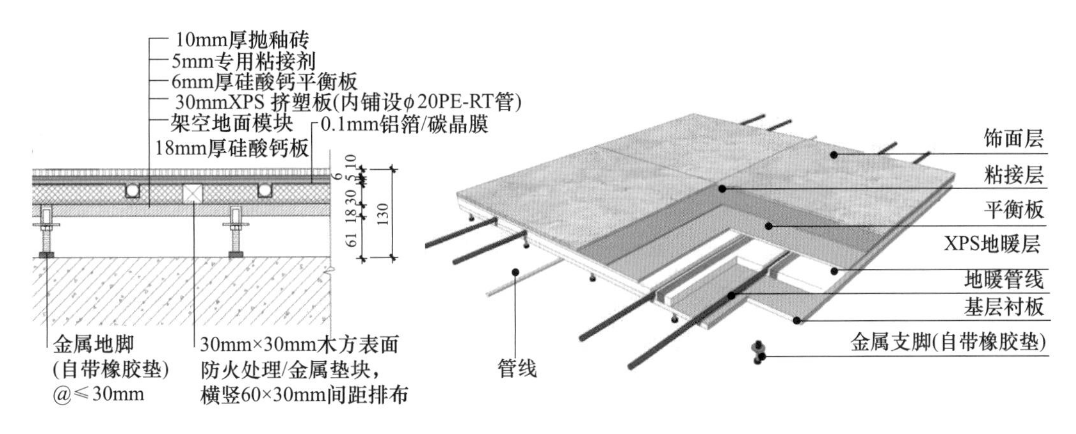

图 8-29　架空地面节点、模型示意图（单位：mm）

金属支脚可依据使用高度调节，有效解决地面、楼板表面不平整问题，无须找平。金属支脚自带橡胶垫，具有一定的缓冲、减振作用。金属支脚具备上调平功能，便于在基层板敷设后统一进行平整度调整，更加便捷、高效，灵活性更强。

采暖模块由聚苯乙烯一体化而成的干式低温热水采暖系统，主要组成是厚度为30mm的聚苯乙烯垫板。聚苯乙烯导热系数较低，常用于各类保温系统中，因此其具有较好的隔热作用，加设铝箔膜，有效防止采暖水热量向下传导，散热均匀稳定。

平衡层通常使用无机板材，与基层板材质相同，厚度依据项目需求可灵活选择。饰面层可选择市场成品材质，如石材、瓷砖、木地板等均可。

架空地面空腔高度需要依据实际地面管线敷设所需高度以及最终空间使用高度进行确定，因此需与BIM专业结合，进行管线预排，保证架空空腔高度合适。

3. 集成卫生间技术体系

集成卫生间包含集成吊顶、复合墙板和防水底盘。集成吊顶通常采用铝扣板吊顶，或者结合需求使用蜂窝铝大板吊顶。瓷砖复合墙板主要包含两种技术体系：铝蜂窝复合瓷砖体系、聚氨酯发泡复合瓷砖体系；防水底盘瓷砖体系包含ABS防水地盘、聚氨酯发泡金属边框防水底盘，如图8-30所示。

图8-30　聚氨酯发泡复合瓷砖墙板、铝蜂窝复合瓷砖墙板

1）复合瓷砖墙板

聚氨酯发泡复合瓷砖体系，工艺使用不小于20年，瓷砖复合工艺成熟稳定，采用高温高压一体成型，密度高，瓷砖复合面无空鼓率和气泡，避免瓷砖后期脱落和墙板基材变形等问题的出现。墙板安装依靠整体卫浴自身的六面体结构，直接落于防水底盘上，在使用相同体系的聚氨酯发泡防水底盘时，不需要依托建筑墙体，直接落于底盘上的卡槽中，不破坏卫生间建筑做好的防水层；如与ABS底盘组合，则需要通过构件与建筑墙体进行连接，提高墙板的稳定性。瓷砖壁板使用高密度的聚氨酯发泡，保温性能较好、减少墙板背后产生冷凝水的情况。其示意如图8-31所示（完成面厚度50～70mm，挂装设备需在背后增设加固板材或构件）。

铝蜂窝复合瓷砖体系通过大量的胶水粘贴瓷砖，在工厂复合一体成型。墙板通过挂装龙骨与结构墙体进行连接，其首先要安装20竖龙骨于建筑墙体上，然后将扣件型材安装至竖龙骨上，再将铝蜂窝复合瓷砖墙板扣挂到竖龙骨的扣件上，并对扣挂部位进行牢固性检查；墙板与建筑墙体之间有空腔，如图 8-32 所示（完成面厚度 50～70mm，挂装设备需在背后增设加固板材或构件）。

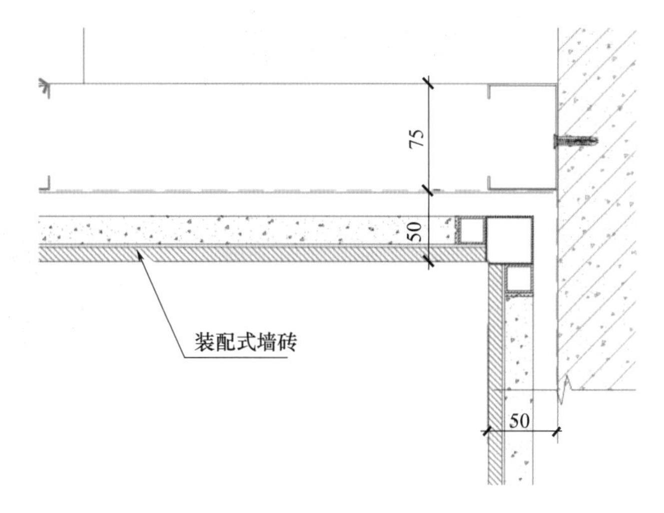

图 8-31 聚氨酯发泡复合瓷砖墙板节点示意图（单位：mm）

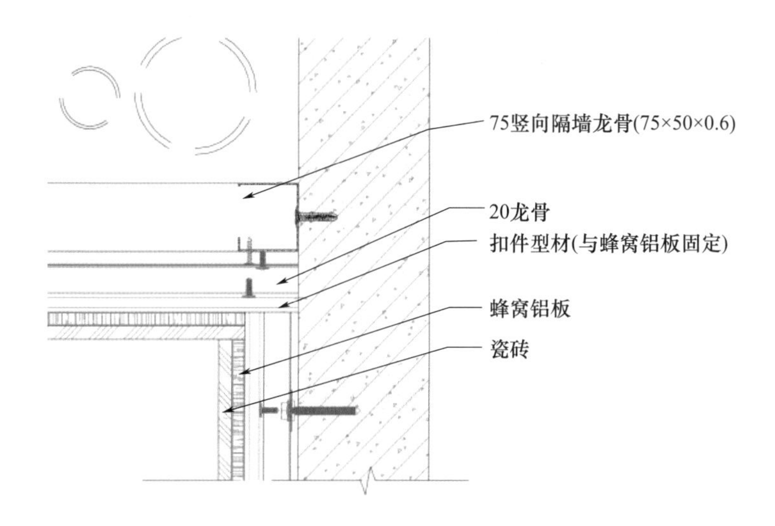

图 8-32 铝蜂窝复合瓷砖墙板连接节点示意图（单位：mm）

2）聚氨酯发泡金属边框防水底盘

聚氨酯发泡金属边框防水底盘，其金属边框可以适应空间大小进行适当调节，对空间具有良好的适应性；聚氨酯填充质量更轻，防水性能优良；面层与聚氨酯黏附能力强，保温性好；但也存在可能风险，如果发泡填充不完全，则会影响底盘整体防水效果的耐久性。此防水底盘与聚氨酯复合瓷砖墙板、蜂窝铝板吊顶，可组成瓷砖体系的整体卫浴产品，具有较好的独立性，和建筑墙体连接较少。

安装时防水底盘整块搬运安装于金属支脚上，并依据排水坡度进行调平，墙板与防水底盘交接位置需要采用密封胶等材质进行处理，防止卡槽进水。墙面防潮膜需折弯到防水反坎内，预防水汽外溢。其示意如图 8-33 所示。

图 8-33 聚氨酯发泡防水底盘示意图

ABS 防水底盘安装与聚氨酯发泡防水底盘安装方式不同。首先，安装架空地面的金属支脚（自带橡胶垫）与基层板；其次，安装 ABS 防水底盘于基层板上，并用粘接层固；再次，在 ABS 上铺装防水卷材，防水卷材上翻至防水反沿上，墙面防潮膜需铺装压制在防水卷材下，为防水底盘带来二次防水功效，同时与饰面粘接层衔接更牢固；最后，在防水卷材上铺装粘接层和饰面层，并对饰面层缝隙进行处理。

在安装工序上，聚氨酯发泡防水底盘铺装工序更为简便，工厂复合一体化程度较高，现场无需层层铺接，安装效率更高。但在模块厚度上，ABS 防水底盘模块更薄，同等高度下预留的空腔高度更充足，便于排水管线铺设以及整体架空高度的把控。其连接示意如图 8-34 所示。

图 8-34 ABS 防水底盘连接示意图

4. 集成厨房技术体系

集成厨房架空地面与居室架空地面体系相同，厨房由于地面管线较多，因此其在管综排布模拟时需要解决架空高度、墙地面管线交接转换空间的问题，需要深化相关部位节点。

集成厨房墙面以饰面材质分为多种体系，可使用与卫生间相同技术体系的复合瓷砖墙板，还可以使用挂装墙板体系、装配式复合瓷砖体系。挂装墙板体系采用无机板，安装方式与客餐厅方法相同，但厨房区域需要在横龙骨安装前，墙面增加防潮膜通顶，起到防水效果，然后依次安装横龙骨、挂装墙板即可。饰面可采用 UV 打印等形式工厂预加工，形成瓷砖肌理，其防火等级满足国家对于厨房空间的燃烧等级要求。装配式复合瓷砖与挂装墙板示意如图 8-35 和图 8-36 所示。

图 8-35 装配式复合瓷砖示意图

图 8-36 挂装墙板示意图

装配式复合瓷砖，是将成品瓷砖运输至工厂，在其背后预加工装配式榫卯边框构件，现场安装完横龙骨后，直接卡接在上下两端的横龙骨中间，然后依次拼成，相较于前三种安装方式，此类方式是将传统单块瓷砖的湿法工艺用构件取代，安装效率上不如前三种，前三种为大板安装。如遇墙面瓷砖较大以 600mm×1200mm 为例，则需要在瓷砖中间位置加设竖龙骨，进行固定，提高龙骨对瓷砖的拉力，提高大砖稳定性。

8.2.4 绿色施工与安装

当前住宅装修仍采用传统的材料及工艺进行施工，存在工期长、工序繁多、施工现场混乱、噪声大、扬尘大、材料甲醛含量高、装修废料多、浪费大等弊端，与国家节能减排政策以及建筑行业工业化发展路径相违背。

装配式装修通过集成厨房、集成卫生间、架空地面、装配式隔墙及墙面、装配式吊顶等标准化产品体系，将全屋的装修材料部品形式在工厂生产、加工，采用干式施工，现场无湿作业、无胶、无噪声、无污染，材料均为无机材料，从源头上杜绝有害化学物质的产生，减少装修产生的建筑垃圾，降低降解垃圾产生的碳排放量。

管线分离技术与BIM可视化技术结合，科学合理联动各类组件，管线敷设于SI结构空腔内，现场无剔槽修补、布线开槽，减少各类管线穿插，减少管线用料。后期检修、更换便利，便于灵活调整，提高使用品质。

采用集成部件及集成工艺进行装配式建筑的全装修施工，是装修行业的创新，实现了工业化生产、装配式施工，满足绿色施工（“四节一环保”）要求，达到节能减排的目的，标准化作业较好的与工业化、智能化专业结合，顺应建筑工业化、智能化建造发展趋势。

8.2.5 技术创新亮点

高标准住宅项目，在高端商品房中首次采用全装配式装修的技术体系，对于装配式装修以及高端商品房来说，是一次重要的融合，对于今后装配式装修的广泛应用起到良好的示范作用。

架空式地暖结构采用具有橡胶垫的金属支脚，改善单一金属支脚产生的晃动、异响等问题，金属支脚注入发泡粘接剂，与地面柔性连接，带来一定的缓冲作用，增强与建筑楼板的摩擦力，支脚更稳固。上调平的调节模式，便于基层板统一调整，提高施工效率。地暖层能够有效将热量上反，减少热损耗。

8.3 深圳龙湖冠寓南山地铁站店公寓装配式装修项目

8.3.1 项目概况

龙湖冠寓是龙湖地产打造的公寓品牌，着眼于解决城市新青年质量租房难题。在产品设计方面，冠寓坚持与客户共研，打造极致标准化户型产品，同时围绕租户的生活轨迹，打造 8 个户内模块，多达 105 个标准户型以满足不同租户需求的生活场景。在家具配置方面，增加多项品质生活配置，遮光隔声窗帘、集成式 IPD 卫浴、采用知名大品牌最新节能环保家电。在装修建造方面，得益于龙湖集团多航道业务协同发展，冠寓采用集团自主研发设计的绿色环保建材，整体采用装配式集成装修，更加环保健康以及可实现“即装即住”，提升产品品质和项目落地效率，降低翻修成本，实现降本增效。

深圳龙湖冠寓南山地铁站店公寓装配式装修项目是一个全新的改造项目，施工范围包括 1～7 层结构加固及外立面装饰，以及室内整体装配式装修。涉及户内共 15 个户型，100 间房，公区模块包含厨房、餐厅、接待前台、多功能厅等多个公共空间。项目施工历时 123d，采用装配式装修技术，高效实现整体设计效果。项目外立面方案及竣工效果如图 8-37 所示。

图 8-37　项目外立面方案及竣工图

8.3.2　项目实施内容

该项目拆除了原有隔墙、窗户、吊顶、原有楼梯、屋面瓷砖、外立面局部瓷砖。需要新改建的项目包括：墙体砌筑、部分楼板加建及加固、电梯及电梯井道、外墙铝合金窗、阳台铝合金推拉门、外墙装饰造型、空调；给排水、强弱电及增容、消防等设施的改造升级。室内安装项目包括：装配式墙板、装配式地板、装配式整体卫浴门、家具家电、五金等设施的安装。该项目采用了龙湖冠寓多套装配式技术模块，包括标配模块和选配模块，如图 8-38 所示，见表 8-5。

N个户内模块组合成一个户型；每个户内模块，需包含该模块使用区域内的天地墙做法、家具、电器、灯具、五金洁具、开关插座等所有配置的选型及空间定位尺寸，形成相互绑定的关系(详见模块施工图)。

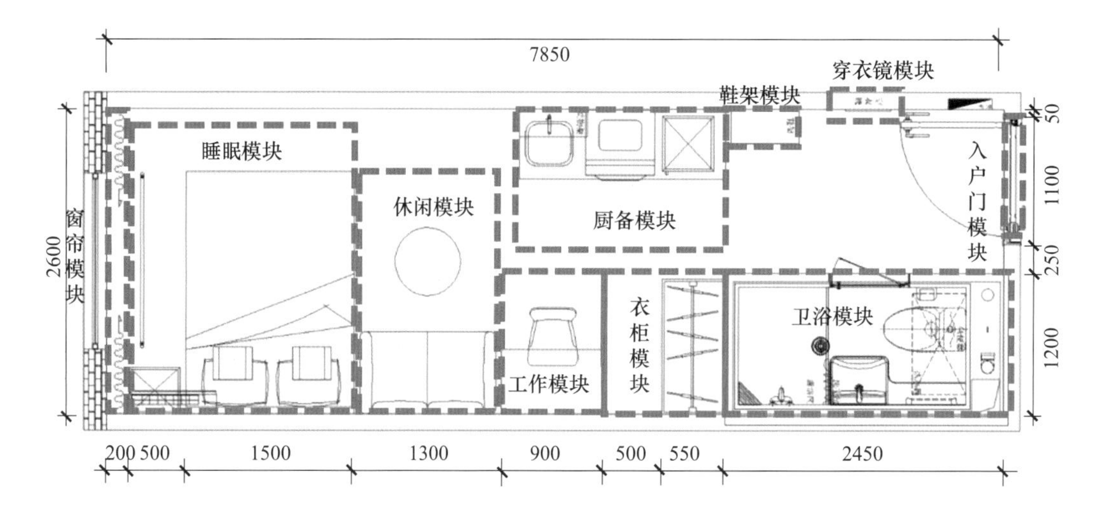

图 8-38 龙湖装配式装修技术模块（单位：mm）

表 8-5 主要部位装配式技术体系的应用

适用部位	做法编号	做法名称	分层序号	分层做法
墙体	C3-户内-墙体-03	轻钢龙骨分户隔墙	3	满填 80mm 厚×80kg/m³ 容重岩棉
			2	C 型 100 系列轻钢隔墙龙骨@600mm，38 系列贯通横撑龙骨加固@1200mm
			1	U 型 100 系列轻钢隔墙天地龙骨，沿顶、地处铺设橡胶隔声垫
	C3-户内-墙体-04	轻钢龙骨分室隔墙	2	C 型 50 系列轻钢隔墙龙骨@300mm
			1	U 型 50 系列轻钢隔墙天地龙骨

续表

适用部位	做法编号	做法名称	分层序号	分层做法
墙体	C3-户内-墙体-05	轻钢龙骨分室隔墙	2	C型100系列轻钢隔墙龙骨@600mm，38系列贯通横撑龙骨加固@1200mm
			1	U型100系列轻钢隔墙天地龙骨，沿顶、地处铺设橡胶隔声垫
			2	室内腻子找平、打磨，2遍成活
			1	单层9.5mm石膏板
	C3-户内-墙面-05	饰面板墙面（砌筑墙）	2	9mm饰面板（带工字条连接件，枪钉固定）
			1	50横向副龙骨@600mm加内嵌木方调平
	C3-户内-墙面-06	饰面板墙面（龙骨分户墙）	3	9mm饰面板（工字型材连接件，直钉或自攻螺丝固定）
			2	结构胶粘接墙板@400mm
			1	9.5mm石膏板基层（华南地区用玻镁板）
	C3-户内-墙面-07	饰面板墙面（龙骨卫浴墙）	2	9mm饰面板（工字型材连接件，直钉或自攻螺丝固定）
			1	结构胶粘接墙板@400mm
	C3-户内-墙面-08	窗台板	3	硅酮耐候密封胶勾缝收口：人造石窗台板与铝合金窗交接处
			2	15mm人造石饰面
			1	粘接剂粘接@300mm，条形粘接
	C3-户内-墙面-09	挂镜线	2	几字型成品挂镜收边条
			1	枪钉/结构胶粘接固定
	C3-户内-墙面-10	踢脚线	3	80mm成品PVC踢脚线
			2	枪钉或自攻螺丝固定
			1	水泥压力板基层
	C3-户内-墙面-11	墙裙线	2	几字型成品墙裙收边条
			1	枪钉/结构胶粘接固定
地面	C3-户内-地面-01	SPC地板	2	4mm锁扣地板
			1	1mm防潮膜
		SPC地板	3	4mm锁扣地板
			2	1mm防潮膜
			1	3mm水泥自流平
		SPC地板	3	4mm锁扣地板
			2	1mm防潮膜
			1	≤30mm水泥砂浆压光找平
			1	基层清理、浇水润湿
整体卫浴	C3-户内-卫浴-01	装配式整体卫浴	1	SMC整体卫浴安装

8.3.3 技术体系及部品系统应用

1. 装配式墙面系统

采用龙湖自主研发的墙面体系，具有高阻燃、耐磨性能高、花色丰富、表面易清理；A 级防火，绿色环保无甲醛；并且施工简单，安装工效快，防水防潮。其示意如图 8-39所示。

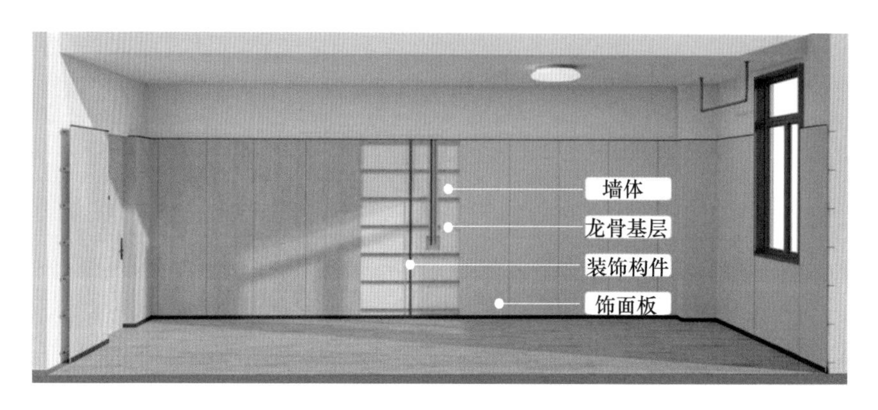

图 8-39 装配式墙面系统示意图

1）系统构成

该系统由调平龙骨、连接固定构件、多样的防火饰面板组成，调平龙骨通过找平螺栓出墙距离调整完成找平，连接固定件通过自攻钉固定在龙骨上，多样的饰面板根据设计需求插接拼接的方式安装完成。采用 M 型轻钢龙骨，由面板接触面凸起形成螺母空间，横向螺栓孔洞设置，保证接触面与连接件有足够的握钉空间，同时吸收螺母占用空间方便安装，其安装节点示意如图 8-40 所示。饰面板采用防火型材料，主要结构如图 8-41所示，具体技术性能指标见表 8-6。

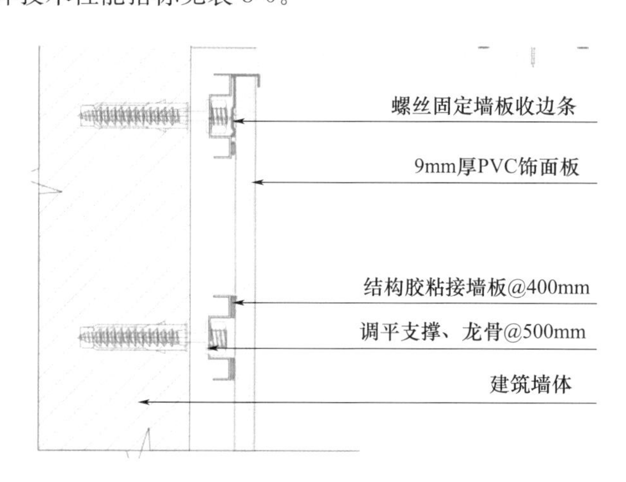

图 8-40 墙面板安装节点示意图

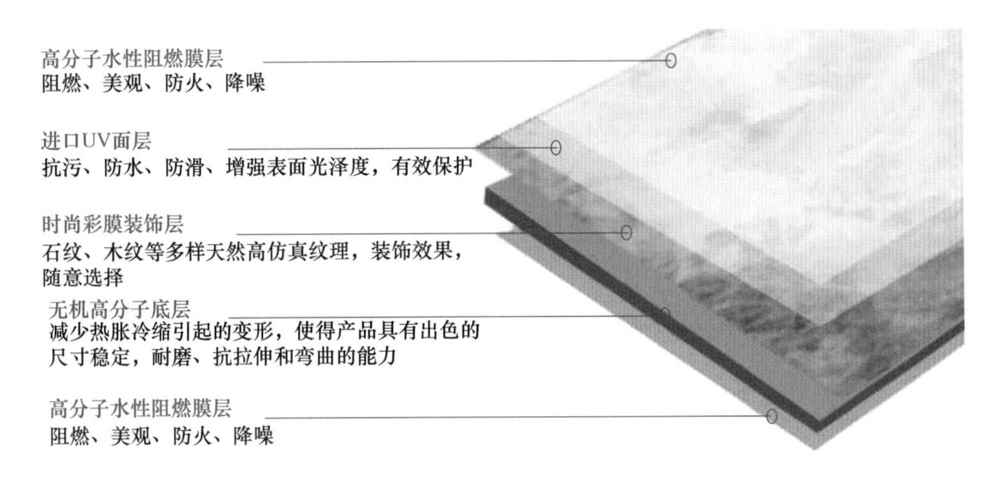

图 8-41 防火型饰面板结构图

表 8-6 饰面板主要技术参数

项目	指标要求	检验结果
防火等级	A2	A2
甲醛释放限量（mg/m^3）	0.124	未检出
放射性核素比活度	内照射指数≤1.0	未检出
抗折强度（MPa）	>10	15
线性膨胀系数	—	6.57×10^{-6}

2）墙面系统施工安装流程

墙面平整度测量→墙面放线→安装调平龙骨→检查平整度→安装墙板构件及饰面板→顶角线、踢脚线安装→清理现场，成品保护。墙面效果如图 8-42 所示。

图 8-42 装配式墙面效果图

2. 装配式地面系统

该系统由调节支脚、调平板、地暖模块、SPC 地板组成，通过旋转地脚的上下咬合找齐高度，覆盖调平板达到平整。地暖模块可直接放置，上面铺贴 SPC 地板，通过卡扣式快速拼装完成，如图 8-43 所示。

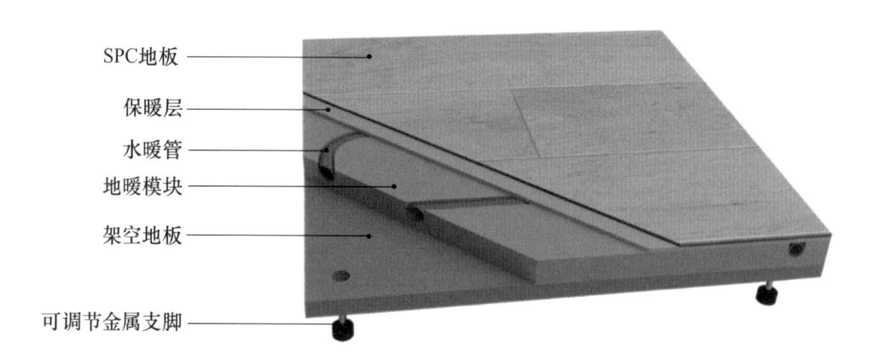

图 8-43　装配式地面系统结构示意图

可调节支撑专利技术，通过点状支撑结构满足高强度的荷载能力。架空地板采用SPC 地板，饰面丰富多样，材料使用环保配方，不含重金属、邻苯二甲酸酯、甲醇等有害物质，凭借其出色的稳定性和耐用性，既解决了实木地板受潮变形霉烂的问题，又解决了其他装修材料的甲醛问题。可实现快速安装，有效提升施工速率，消除了对传统工人手艺的依赖。装配式地面系统主要的安装节点如图 8-44 所示。

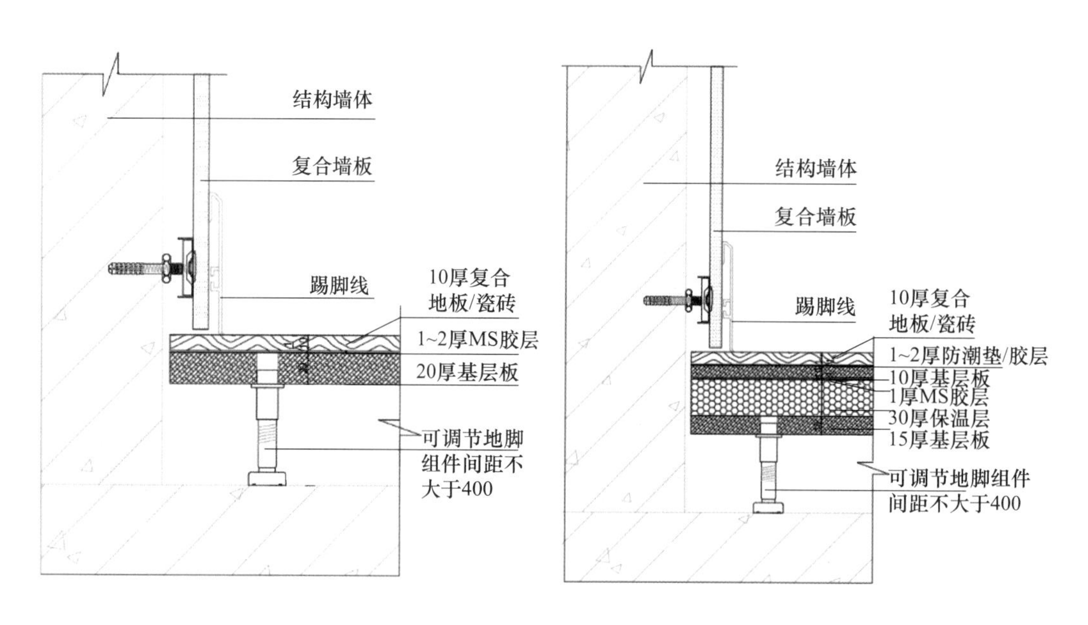

图 8-44　装配式地面系统节点示意图（单位：mm）

主要施工流程图如下：地面平整度测量→地面放线→安装调平地脚→水平仪校准→安装架空板→安装干法地暖模块及饰面板→清理现场，成品保护。室内地面铺装效果如图 8-45 和图 8-46 所示。

图 8-45 装配式户内地面效果图

图 8-46 装配式公区地面效果图

3. 装配式整体卫浴

整体卫浴主要由复合底盘、集成壁板、集成天花组成，有 SMC 系列、瓷砖系列等。现场通过调节地脚架空防水底盘，将排水管线等铺设在底盘下方，到现场由工人直接通过底盘上的反边插接，每块壁板之间通过卡件拼接，严丝合缝确保潮气、水不外漏，顶面直接通过轻钢龙骨挂接大饰面集成板。其示意如图 8-47 所示。

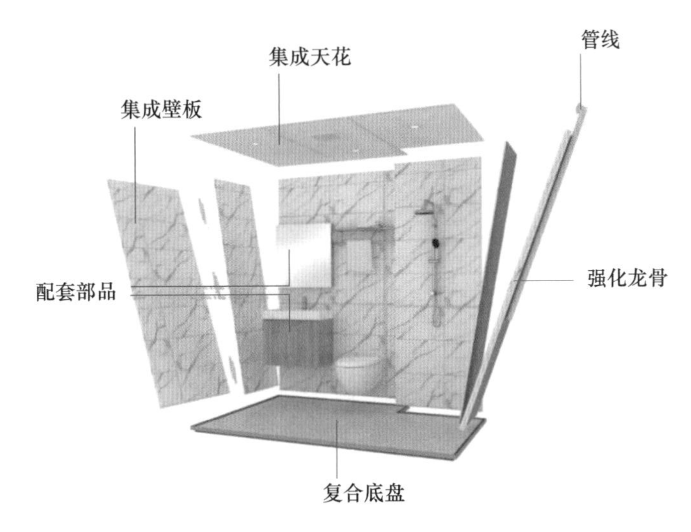

图 8-47 装配式整体卫浴结构示意图

整体卫浴的材料具有抗老化、不变色、抗磨损、绿色无甲醛的特性，材料致密、安装快速、轻质高强等优点，整体浴室壁板饰面效果美观，可选花色丰富，能适应不同的装修风格；通过工厂预制、现场干法施工、快速拼装，避免传统卫浴湿法粘贴工时长、污染的问题，实现装配式安装。

装配式整体卫浴的主要施工流程如下：底盘就位→安装壁板、天花→安装五金洁具等→连接卫浴管线→安装门窗套→验收及成品保护。整体卫浴效果如图 8-48 所示。

图 8-48 装配式整体卫浴效果图

8.3.4 装配式绿色施工的意义

1. 减少资源和能源消耗

传统施工，采用水泥砂浆砌筑的方式，资源能源利用效率低，施工垃圾排放量大，扬尘和噪声环境污染严重。发展装配式内装在节能、节材和减排方面的成效已在实际项目中得到证明。在资源能源消耗和污染排放方面，装配式内装相比水泥砂浆，建造阶段可以大幅度减少施工用水、施工用电的消耗，并减少 80%以上的施工垃圾排放，减少碳排放和对环境带来的扬尘和噪声污染，有利于改善城市环境、提高建筑综合质量和性能、推进生态文明建设。

2. 减少施工现场粉尘排放

装配式施工现场的 $PM_{2.5}$ 和 PM_{10} 的排放较少。主要原因包括：一是由于采用工厂生产的标准部品，减少了传统施工材料在施工过程中产生的扬尘。二是墙体无须抹灰，减少了装修粉刷打磨等易起灰尘的现场作业。三是减少了地板和墙板等的切割工作，减少了粉尘排放。

3. 减少施工现场噪声排放

装配式施工减少了噪声排放。在传统施工过程中，采用的机械设备较多，产生了大量施工噪声，硬装初期施工阶段噪声的强度大都在 80～90dB。相对而言，装配式施工过程基本无噪声。部品在工厂中生产，减少了现场的大量噪声和瓷砖切割的高频摩擦声。施工全流程均为干法施工，板材均为龙湖自研，板材各项指标符合国家标准，施工周期短，显著增加经济效益，用工少，功效高降低碳排放，促进社会经济效益。

4. 节约时间和成本

装配式内装由于大量采用标注化部品，主要生产在工厂里进行，能实现大规模穿插施工，现场施工工期可大幅度缩短，形成了“空间换时间”方式，可以大大加快开发周期，节省开发建设管理费用和财务成本，从而在总体上降低开发成本。

5. 降低综合造价

装配式内装发展初期，装配式内装造价高于传统建造方式，其主要原因在于标准化部品应用量不足导致无法充分发挥工业化批量生产的价格优势。但如果能够在标准化、模数化的基础上，提高通用产品应用比例，形成规模化生产，工程造价可与传统方式基本持平。

6. 提升质量和性能

发展装配式内装，主要采取以工厂生产为主的部品制造取代现场建造方式，工业化生产的部品部件质量稳定；以装配化作业取代手工砌筑作业，能大幅度减少施工失误和人为错误保证施工质量；装配式建造方式可有效提高产品精度，解决系统性质量通病，减少内装后期维修维护费用，延长建筑使用寿命。采用装配式建造方式，能够全面提升房屋品质和性能，让人民群众共享科技进步和供给侧改革带来的发展成果。

7. 有利于安全生产

装配式内装促进了农民工向产业工人转变，这些工人技术水平相对较高、专业知识较多、安全意识较强、综合素质较好，从而减少了施工生产过程中不安全因素的影响。同时，装配式建造方式有利于提高建筑业的科技水平，推动技术进步，提升生产效率，促进生产方式转型升级。

8.4 北京亚朵酒店（外经贸大学店）装配式装修改造项目

8.4.1 项目实施概况

该项目有客房 180 余间，由变形积木公司实施了室内整体装配式装修设计与施工，采用多个装配式技术模块的组合，实现了整体装配化施工。通过卫生间三分离处理，入口处独立衣帽模块，家具标准化模块，卫生间玻璃隔断围合等模块化设计理念，利用变形积木墙、顶、地、卫浴多部品配合使用，干法施工，在 3 个月内完成了 180 余间客房，快速高效、保质保量完工交付。酒店大堂效果如图 8-49 所示。

图 8-49 酒店大堂效果图

8.4.2 技术体系及部品系统的应用

1. 积木装配式墙面系统

该系统是由龙骨、调平件、快装墙板、踢脚线等组成，主要是通过龙骨和调平件对墙面进行调平处理，然后将带面层的装饰墙板通过卡件固定在龙骨上。该系统的主要特点是通过卡件安装，不需螺丝或胶，标准化施工操作便捷，极大提高施工效率；墙板可拆卸，采用“热熔胶包覆技术＋壁纸、壁布、皮质、肤感膜等材料”，不受冷热潮湿环境影响，不会降低其黏性。无甲醛、TVOC 污染物释放，可即装即住；墙板中空结构，有效提升保温与隔声功能，安装完成后的墙面厚度在 15～20mm，墙面结构及安装效果如图 8-50 和图 8-51 所示。

2. 积木装配式地面系统

该系统由调平件、干式地暖模块、地暖管、防潮垫、饰面板等组成。调平件支撑定制模块，架空层里布置水暖地管；调平件调平高度 25mm 以上，楼面偏差适配性强；地暖模块工厂预制，预制沟槽铺设直径 20mm 的地暖管，布置灵活；基面分离，面层可使用瓷砖、石材、地板等任何传统材料；根据具体项目适配有无地暖部品：有地暖层完成厚度最小值为 75mm，无地暖层完成厚度最小值为 60mm。标准化施工，无干燥期、可与其他工序交叉作业，提高施工效率。系统结构及安装效果如图 8-52～图 8-54 所示。

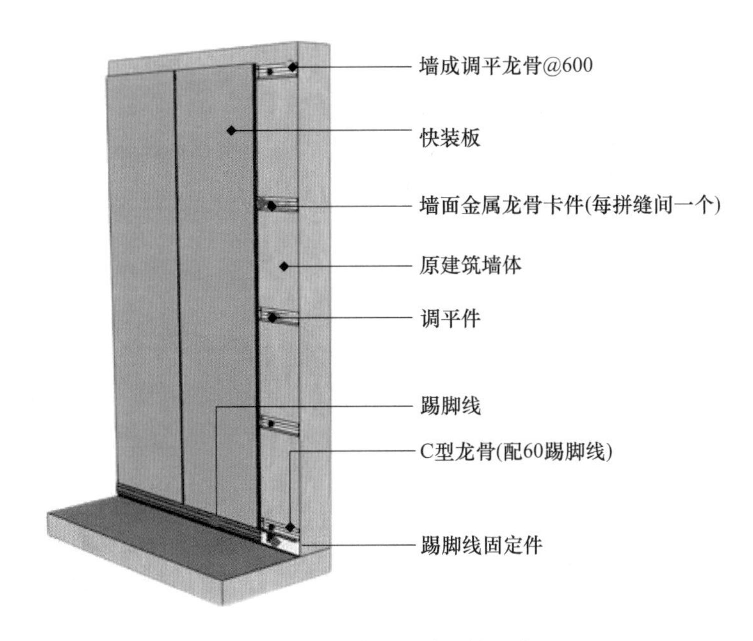

图 8-50 积木墙面系统结构示意图

图 8-51 积木墙面效果图

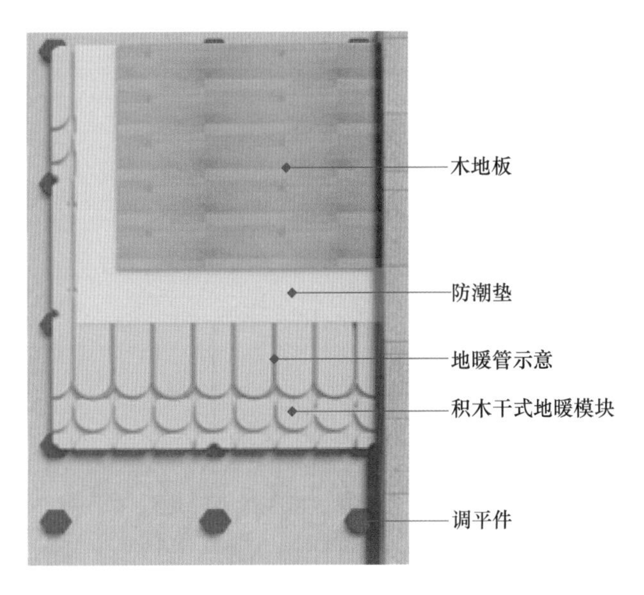

图 8-52 积木地面系统结构示意图

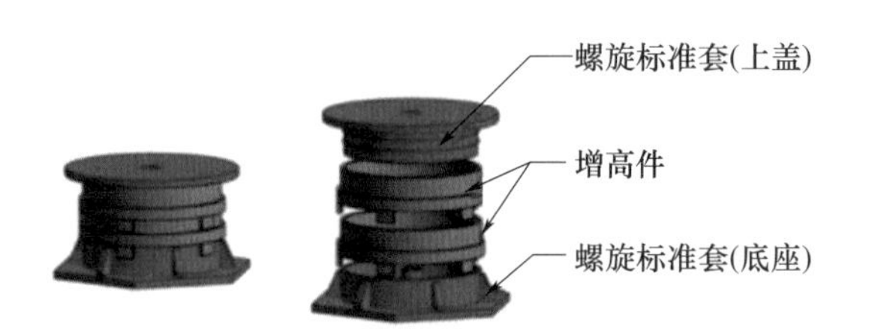

图 8-53　积木地面调平件

图 8-54　积木地面效果图

3. 积木装配式天花系统

该系统由轻钢龙骨、石膏板（硅酸钙板/木塑板）、吊杆、卡件等组成。天花模块适用和兼容各类吊顶龙骨体系，双层 9.5mm 厚石膏板错位安装。其中，石膏板表面满涂丙烯酸溶液，增强无纺纸附着力，提升防腐性能。滚涂糯米胶，满粘无纺纸容纳层后喷涂白色乳胶漆。系统结构及安装效果如图 8-55 和图 8-56 所示。

硅酸钙块板、石塑条板吊顶体系适用于厨、卫、阳台空间和多种形式组合吊顶，可根据项目需求选择防火等级 A/B 部品。

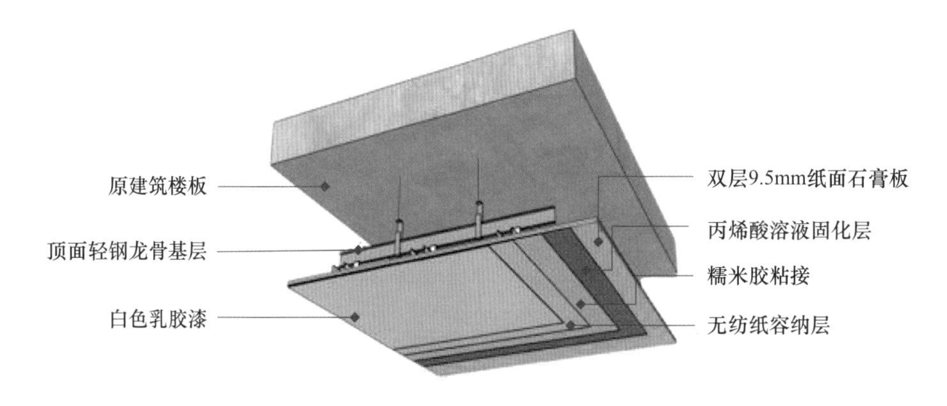

图 8-55　积木天花系统结构示意图

图 8-56 积木天花效果图

4. 积木集成卫浴系统

该体系主要是由防水底盘、集成墙板、集成吊顶等组成。防水底盘为一体化模压框架，采用“铝蜂窝＋瓷砖材料”复合而成，吸水率低，杜绝渗漏；自带走水坡度，可调节底盘，设置合理的1°～3°走水坡度确保不积水；底盘采用翻边设计止水防漏，采用专用快排地漏，整体密封坐便器：适应同层、异层、集成排水等各种结构。墙板嵌入止水条，整体防水；壁板与墙体之间留有一定空隙，形成空气保温层。防水盘、壁板、顶板形成保湿箱体结构，保温隔声效果好；饰面层可采用“瓷砖、大理石、铝板覆膜＋纳米涂层技术”等多种面材，风格多样，面材个性定制。

防水底盘结构及集成卫浴安装效果如图 8-57 和图 8-58 所示。

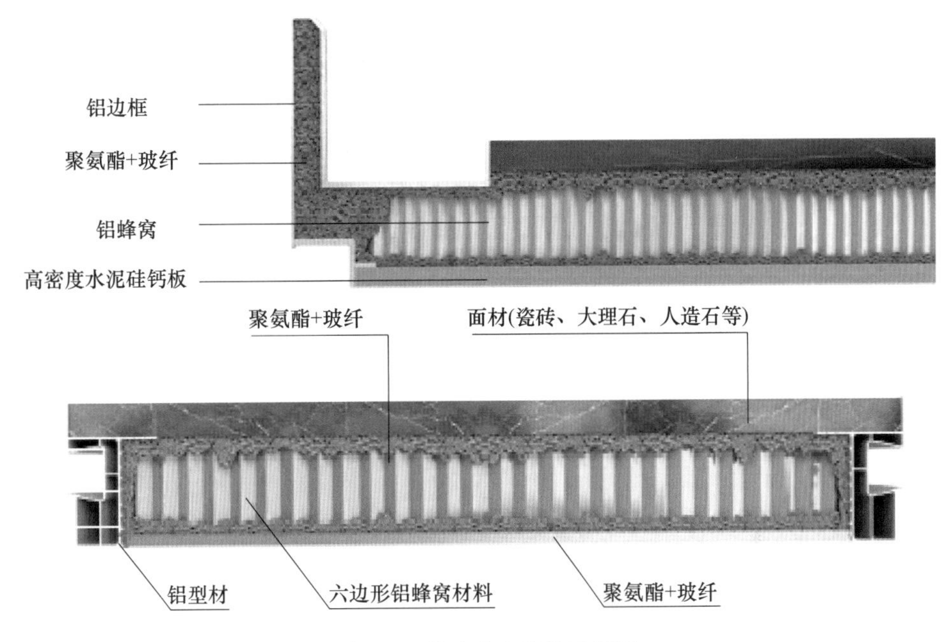

图 8-57 防水底盘结构示意图

图 8-58 积木集成卫浴效果图

8.4.3 变形积木装配式装修技术特点

1. 干法施工工艺，装配式低噪声

变革传统装修工艺，部品部件由工厂预制生产，产业工人现场搭积木式组装，流程上省去开槽、切割、找平等粉尘和噪声较多的环节，使所有空间装配一体化成型，最终以无噪声的方式完成亚朵的大规模的装修。

2. 标准化施工，高质量交付

以 BIM 为核心的信息化协同系统，从设计、生产到施工全链条数字化，每一步实现精细化管控，标准化设计、标准化产品到标准化施工，脱离了人为因素的影响，整体提升交付的水准，带来更高品质的入住体验。

3. 绿色环保，满足即装即住

部品绿色环保，安装过程几乎无有害物质产生，甲醛检测趋近于零，满足即装即住，并减少建筑垃圾 70%以上，减少粉尘污染 80%以上。

4. 部品可拆卸，降低维护成本

项目到单部品提供 5 年质保，部品支持模块换新和局部维修，方便后续运维。

5. 有效提升项目效益

相比传统施工，工期缩短 50%，成本节省 10%，环保提升 10 倍，维护减少 80%。

8.5 扬州绿地健康城装配式装修项目

8.5.1 项目概况

扬州绿地健康城项目，位于扬州市真州北路东侧、体育公园铁路沿线北侧，该地块项目为18F高层，建筑面积为124679m^2，其中地下面积为35684m^2。该项目由江苏省建实施建筑主体建设，总面积达30万平方米，包含大型总部基地和健康住宅。该项目引进绿地集团健康建筑“四全产品体系”，由南京长江都市建筑设计股份有限公司承担建筑设计，获得“三星级健康建筑”“二星级绿色建筑”。

该项目住宅部分为装配式建筑，苏州柯利达装配式建筑股份有限公司实施装配式装修施工，装配化装修工程造价为3.74亿元。户型包括小高层的110m^2、130m^{2}户型以及洋房的125m^{2}户型。装配化装修内容包括装配式整体卫生间、装配式整体厨房、装配式地暖地面系统、装配式墙面系统、全屋收纳、橱柜、电器、洁具、灯具等部品部件，吊顶乳胶漆为传统装修。

8.5.2 装配式技术体系的应用

扬州绿地健康城项目采用的装配式装修基于SI体系的分离法，装配式装修设计优化内容包括各类界面构件的拆分、整体卫生间设计与装配式节点构造设计等。

1. 装配式整体卫生间

卫生间采用铝蜂窝结构，铝蜂窝通过聚氨酯玻璃纤维高温高压条件下复合瓷砖面层，形成装配式整体卫生间包括整体防水底盘和墙板。采用干法施工，杜绝了渗漏，具有质量轻，强度好，刚性好，质感稳重，成本适中，安装简易等特点。

2. 装配式厨房

厨房采用的铝蜂窝结构与卫生间采用同样技术，厨房采用干铺地面，技术特点为：

（1）自动化复合瓷砖地板生产线，确保精细度；

（2）确保瓷砖复合的牢度、平面度和使用寿命；

（3）专用支撑模块（通过螺纹调节高度）及扣件实现施工现场快速拼装。

3. 装配式地暖地面系统

地面采用了装配式地暖地面系统，做法包括地板地面与石材地面两种。地板地面从下至上依次为：底部调节支架→欧松板基层→地暖模块及地暖盘管→实木复合地板。石材地面从下向上构造：底部调节支架→欧松板基层→地暖模块及地暖盘管→硅酸钙板→石材胶贴。地面效果如图 8-59 所示。

图 8-59　地面效果图

4. 装配式墙面系统

墙面采用了装配式墙板系统，包括调平底座、横向装配式龙骨和竹木纤维板（面层墙布包覆），只需用螺丝刀就可取代粉刷、批灰、打磨、裱糊、铺贴。墙面采用装配式竹木纤维板，防火达到 B1 级，墙面施工速度快，隔声防潮、耐腐蚀、防虫蛀，竹木纤维板表面可覆膜达到多种装饰效果，效果如图 8-60 所示。竹木纤维墙板环保易清洁，甲醛含量为 0.04mg/L，TVOC 含量为 $0.12\mu g/m^3$。

图 8-60　墙面效果图

除了以上几个主要的装配化装修实施内容外，该项目的收纳橱柜与门、门套也均采用标准化预制，现场安装的方式实施完成。

参考文献

［1］ 中国建筑标准设计研究院有限公司．装配式内装修技术标准：JGJ/T 491—2021［S］．北京：中国建筑工业出版社，2021：6.

［2］ 中国建筑标准设计研究院有限公司．装配式室内墙面系统应用技术规程：T/CECS 1018—2022［S］．北京：中国建筑工业出版社，2021：2.

［3］ 中国建筑标准设计研究院有限公司．装配式整体卫生间应用技术标准：JGJ/T 467—2018［S］. 北京：中国建筑工业出版社，2018：12.

［4］ 住房和城乡建设部．住宅装配化装修主要部品部件尺寸指南．2021：9.

［5］ 家页．家页智库．2021 装配式卫浴发展白皮书．2021：8.

［6］ 中国建材工业经济研究会装配式建筑和绿色发展分会．2022 中国装配式装修产业发展指南. 2022：9.

［7］ 钱嘉宏，刘勃．装配式墙面地面技术研究与应用［J］．建设科技，2021（2）．

［8］ 刘勃，杜丽娟，王鹏．装配式架空地面体系研究［J］．绿色建筑，2021（3）．

［9］ 杜丽娟，刘勃，王鹏．装配式快装墙面系统研究［J］．绿色建筑，2021（2）．

［10］ 李峰．装配式建筑内隔墙系统集成化的优势和应用［J］．新材料·新装饰，2021（15）．